KB025444

중국요리 백과사전

신디킴
임선영
지음

상상출판

중국요리 백과사전

한국인이 좋아하는 진짜 중국 음식

목차

프롤로그

중국요리를 책 한 권으로 독파하는 짜릿함

중국요리는 프랑스, 이탈리아, 태국 음식과 더불어 세계 4대 음식으로 꼽힙니다. 중국인들조차도 다 먹어보지 못하고 죽는다는 중국요리에는 어떤 맛들이 있을까요? 14억 인구가 삼시 세끼에 3찬만 차려 먹는다고 해도 하루에만 126억 가지의 요리들이 차려집니다. 그 안에는 산해진미에서부터 소소한 집안의 가정식까지 다양한 맛들이 삶의 희로애락에 젖어 듭니다.

이 책은 중국요리를 한국 독자들에게 알기 쉽게 전달하자는 취지로 시작되었습니다. 이 책 한 권이면 중국의 8대 요리를 근간으로 역사와 문화 지식을 이해할 수 있도록 말이지요. 중국요리를 좋아하고 중국에 장기 거주한 사람들이 모여 일을 꾸몄기에 같은 방향성을 지니고 일을 시작할 수 있었습니다.

물론 쉬운 작업은 아니리라 여겼지만 일을 진행할수록 중국 음식의 방대한 양에 놀랐습니다. 그제야 음식의 거대한 대양에 발을 들여놓은 것을 깨달았지요. 때로는 풍덩 빠지기도 하고, 때로는 주변을 서성이기도 하고, 중국 음식을 평생토록 한 노포의 주방을 만나기도 하고, 향신료를 직접 맛보며 한국 음식과 비교하기도 하면서 이 책의 페이지를 채워 갔습니다.

이 책이 있기까지는 중국에서 발간되는 매거진 〈Morning Beijing/Shanghai〉에서 10년 동안 편집장으로 지낸 경험이 밑바탕이 되었습니다. 단순한 이론서나 개론서를 넘어서 이 책을 따라 가시면 미식을 테마로 한 제대로 된 중국 여행을 즐기실 수 있을 겁니다. 더 나아가서 맛보는 데 그치지 않고 오늘 먹은 음식이 중국요리의 어떤 계보에서 발달했으며, 그 수준은 어떤지 척 하고 가늠할 수 있는 든든한 내비게이션을 곁에 둔 셈이 됩니다.

한국에서는 중국요리의 애정이 짜장면과 짬뽕, 탕수육에서부터 시작되었으나 이제 그 관심의 범위가 훨씬 넓어지고 있습니다. 중국의 음식을 이해하고 맛을 보면 불의 쓰임, 칼의 작용, 식재료의 다양성, 웍의 에너지, 요리사의 감성과 테크닉에 관하여 상상의 경계가 폭발적으로 확대되는 경험을 하게 됩니다. 특히 음식에 담긴 이야기를 통해서 맛있는 음식은 가장 사랑하는 사람에게 해 주는 음식임을 깨닫게 되지요.

책에는 중국 8대 요리의 역사, 지리적인 특징, 식재료의 종류, 향신료의 쓰임을 기본적으로 정리하였고, 이에 곁들여 중국 명인들이 전수하는 정통 레시피를 어렵게 얻어 귀하게 공개합니다. 이 책 한 권이면 중국요리 초보도 전문가 이상의 식견을 가질 수 있으리라 자신합니다.

끝으로 직접 작업을 시작할 수 있도록 용기를 주신 임선영 작가님, 출간의 과정을 이끌어 주신 유철상 대표님과 이유나 편집자님께 깊은 감사를 드립니다.

2019년 9월 **신디킴**

동북지역
화북지역
서북지역
화동지역
중남지역
서남지역
*직할시
신장위구르족자치구
간쑤성
칭하이성
시짱(티베트)자치구

중국 전도

헤이룽장성
닝샤후이족자치구
지린성
네이멍구(내몽고)
자치구
랴오닝성
허베이성
베이징시
톈진시
산시성
산둥성
산시
(섬서)성
허난성
장쑤성
상하이시
안후이성
후베이성
쓰촨성
충칭시
저장성
장시성
후난성
푸젠성
꾸이저우성
타이완
광둥성
윈난성
광시좡족
자치구
홍콩
마카오
하이난성

융합과 포용의 미학, 중국요리

음식은 예술이자 학문입니다. 단순한 끼니의 문제를 넘어 인류의 역사를 가능케 한 위대한 창조물이지요. 이 안에는 전통과 문화, 생활상이 내포되어 있습니다. 공자는 음식을 중요시 여겨 "음식은 정교하고 섬세할수록 좋다(食不厭精, 膾不厭細)"라고 제자들을 가르쳤습니다.

중국의 음식 문화는 지리적 환경, 역사의 흐름, 소수민족의 특성이 다양하게 융합되어 5천 년의 역사를 이어왔습니다. 왕조가 구축될 때마다 문화적 충돌과 조화가 거듭되었고 자연스레 음식의 발전으로 이어졌습니다. 요리 안에는 중국인들의 사상, 도덕 관념, 자연관과 민족관, 생활 방식, 신앙과 예절이 반영되기에 음식 문화는 날로 풍요로워졌습니다.

중국요리는 유기적인 흐름이 작용합니다. 식재료의 조화, 양념의 배합, 칼과 불의 에너지 등 모든 것이 타임라인에 맞게 유기적으로 작동해야 합니다. 따라서 "융합과 포용의 미학"을 강조합니다.

맛에는 절대적 기준이 없습니다. 오감의 기분 좋은 충돌로 새로운 맛이 탄생하며 사람을 즐겁게 합니다. 중국요리는 거대한 용광로 같습니다. 동북아시아에서 중앙아시아로 이르는 광활한 대지, 사시사철을 한순간에 포용하는 계절의 신비가 요리에 녹아들었습니다. 요리사는 식재료에 따라 칼을 다루고 맛을 끌어올리기 위해 다양한 향신료를 연구합니다. 불의 세기는 날것과 익힘 사이에서 절묘한 식감을 발견해내었습니다. 소수민족의 다양한 생활 문화는 중국요리에 개방과 창조의 기틀을 마련해주었습니다.

중국요리의 주요 특징

① 식재료

바다와 산, 밭과 논에서 나는 동식물 재료 중 자주 이용되는 재료는 3,000가지가 넘습니다. 동물의 살코기는 물론이고 내장, 껍질, 피, 귀, 뿔 등 모든 것을 활용합니다. 또한 너른 영토에 운송과 보관이 편리하도록 말린 식자재가 발달했습니다. 식재료가 다양하니 조합이 중요한 법. 재료의 배합 시에는 차고 따뜻한 기운, 맛, 색, 형상 등을 고려합니다.

② 양념의 배합

양념이나 소스를 단독으로 쓰는 법 없이 다양하게 조합하여 맛을 창조합니다. 고추, 후추, 소금, 굴 소스 등의 천연 향신료, 간장, 두반장, 삭힌 두부 등의 발효 소스는 요리사의 의도에 따라 섬세하게 배합됩니다.

③ 도구의 다양한 조리법

웍 하나에 국자 하나만 잘 다루어도 삶기, 볶기, 튀김, 졸임, 훈제, 찜, 탕 등 수많은 조리법을 구현할 수 있습니다.

④ 맛

단맛(甘), 짠맛(咸), 신맛(酸), 쓴맛(苦), 매운맛(辛)의 오미의 조화를 중시합니다. 복잡 미묘한 맛의 배합을 통해 세계 어느 요리도 흉내 낼 수 없는 다양성을 이끌어냅니다.

⑤ 불의 힘, 시간의 조절

중국요리의 가장 큰 특징을 한마디로 표현하라고 하면, 불의 세기와 적절한 시간 조절이라고 하겠습니다. 중화요리의 대부분은 강력한 화력으로 웍을 사용하여 순식간에 조리하기에 재료 본래의 맛을 잘 살릴 수 있습니다. 세계의 조리법 중 화력이 가장 센 요리가 중국 음식입니다. 그만큼 불 조절, 조리 타이밍에 공력이 없으면 같은 배합, 동일 레시피에도 전혀 다른 맛이 나오게 됩니다.

⑥ 기름의 사용

중국요리는 200도 정도의 발연점에서 단시간에 볶아 영양 손실을 줄이고 식재료 본래의 맛은 끌어올립니다. 기름을 적절하게 활용하면 식재료의 식감과 맛이 차원이 다르게 변모하여 중국요리의 다양성에 견인차가 됩니다.

중국 8대 요리

중국요리는 범위가 넓고 다양하여 이를 체계화하려는 노력이 지속되었습니다. 청나라 때 본격적으로 산둥요리, 쓰촨요리, 광둥요리, 화이양요리를 기본으로 4대 요리 체계가 잡혔습니다. 더 나아가 청나라 말기에 저장요리, 푸젠요리, 후난요리, 후이저우요리가 추가되면서 지금의 중국 8대 요리 체계가 완성되었습니다.

중국은 친링(秦岭)과 화이허(淮河)를 분기점으로 남방과 북방으로 나뉩니다. 북방과 남방은 지형과 기후의 차이로 생활 습관이나 식문화가 극명히 다릅니다. 북방은 소와 양을 키우기 좋아 소고기, 양고기를 즐겨 먹고, 남방은 수산과 가축이 풍부하여 해산물, 가금류 요리를 자주 해 먹습니다. 북방은 날씨가 추워 요리 맛이 진하고 짠 것이 특징이며, 남방은 날이 온화하여 단맛이 강하고 서남지역은 다습하기에 매운맛을 선호합니다.

① 산둥요리 鲁菜

중국 산둥(山东)지역의 요리로 북방에서 유일하게 8대 요리에 이름을 올렸습니다. 베이징요리의 원형이자 중국 궁중요리의 기반입니다. 역사는 북송 무렵까지 거슬러 올라가 명, 청나라 시대에는 궁중요리로서 베이징의 황궁을 장악했습니다. 산둥성은 춘추시대 노나라나 제나라 등 많은 제후국이 성립된 지역입니다. 유구한 제후 문화를 바탕으로 중원의 농촌 지대와 황해의 어촌을 두고 있기에 식재료가 풍부했습니다. 산둥성의 취푸(曲阜)는 공자의 고향으로 유가 사상의 본고장이기도 합니다. 취푸에서는 공자에게 바치는 제사 요리를 만들기 위해 독창적인 조리법이 발전하기도 하였습니다. 산둥요리의 특징은 향기가 특별하며, 맛이 짜고, 씹는 맛은 부드러우며, 채색이 선명하고, 조형이 섬세합니다. 투명한 국물(清汤)에 파를 많이 사용합니다. 또한 바다가 인접하여 생선과 조개류 요리가 다양한 것도 특징입니다.

② 쓰촨요리 川菜

쓰촨(四川)요리 하면 매운맛이 떠오릅니다. 타지에 비해 향이 강한 화자오나 매운 고추 등 향신료를 많이 넣습니다. 톡 쏘는 얼얼한 매운맛의 '마라(麻辣)'가 맛을 지배하는데 습도가 높은 기후에 몸에 쌓인 습독을 제거하기 위함입니다. 내륙 지방이라 해산물은 드물고, 곡류나 야채, 닭, 오리를 주재료로 조리합니다.

③ 광둥요리 粤菜

광둥(广东)요리는 식재료의 다양성으로 중국요리의 으뜸입니다. 네발 달린 것이면 책상 빼고 무엇이든 요리로 만들어진다는 말이 이곳에서 나왔지요. 남쪽 바다의 해산물, 다양한 열대 과일, 아열대 기후 채소들은 제각기 황홀한 맛을 선사합니다. 식재료 본연의 맛을 살려내는 데 기본을 두고 있으며 제비집, 상어지느러미, 뱀 등과 같은 진귀한 재료들도 흔히 등장합니다. 홍콩이나 마카오에 거주하던 외국인들에 의해 유럽식 요리나 인도, 말레이시아, 태국, 베트남 요리가 전해져 다양하고 특이한 음식 문화가 형성되었습니다.

④ 장쑤요리 苏菜

장쑤(江苏)는 '어미지향(鱼米之乡, 생선과 쌀의 고향)'이라 불리며 강남 도시 문화를 기반으로 요리가 발전했습니다. 강 일대의 비옥한 평야에서 농산물이 자라나고 장강의 젖줄을 따라 민물고기, 동중국해에서 잡아 올린 바닷고기가 마를 날이 없지요. 일반적으로 맛이 담백하며 식감이 부드럽게 될 때까지 조리합니다. 제철 식재료의 맛을 살리는 데 힘쓰고, 음식을 담아냈을 때 형상과 색감의 조화를 중시하며 국물을 활용하여 맛을 더하는 특징이 있습니다.

⑤ 저장요리 浙菜

저장(浙江)은 산해진미의 식재료가 다양합니다. 첸탕장(钱塘江) 유역의 호수에서는 민물 생선, 새우, 물새가, 동중국해에서는 바다 생선과 해조류, 내륙에서는 야생초와 야채 및 과일이 풍요롭지요. 남송 시기의 수도였던 항저우는 당시 북방지역의 조리법이 전파되어 강남 일대와 북방의 조리법이 조화를 이룬 요리가 개발되었습니다. 위안메이(袁枚) 등 저명한 미식 미문가들의 등장으로 음식 자료들의 체계가 잡히고 정리되어 문서로 남아 있습니다. 고문서에는 섬세하고 정갈한 조리법이 빛을 발합니다. 저장요리는 미학적 가치도 뛰어나서 계절의 진미에 산수의 아름다움이 녹아들어갑니다. 소동파의 이름에서 유래된 동파육을 비롯하여, 역사와 이야기가 담긴 요리가 식욕과 함께 문화적 상상력을 충족시킵니다.

⑥ 푸젠요리 闽菜

푸젠(福建)요리는 신선하고 깔끔한 맛의 선미(鲜味)를 추구합니다. 자연스러운 풍미에 부드러운 식감, 한마디로 요란을 떨지 않는 맛입니다. 조리법은 섬세하고 복잡하지만 결과물은 평온하고 정갈합니다. 바다와 인접하니 해산물이 풍부하고 온난한 아열대성 기후 조건으로 다양한 농산물이 끊이지 않습니다. 일찍부터 동남아시아 지역과 교류도 빈번해 외국에서 들여온 소스들이 본토의 양념과 어우러져 창의적 맛의 세계가 펼쳐집니다.

⑦ 후난요리 湘菜

사천요리, 귀주요리와 더불어 고추를 많이 사용하는 중국식 매운 요리의 대표주자입니다. 쓰촨의 얼얼한 매운맛 '마라'와는 다르게 매운맛이 지긋한 본연의 성질에 집중합니다. 주로 절임고추를 이용하여 매운맛을 냅니다. 신중국의 초대 주석 마오쩌둥의 고향이 후난(湖南)인 덕분에 마오가 생전에 즐겼던 요리와 식성에 맞춰 구성된 '마오자차이(毛家菜)'라는 특별한 요리 계열이 있기도 합니다.

⑧ 후이저우요리 徽菜

중국 중부에 위치한 안후이성 후이저우(徽州)는 바다와 단절되고, 남부는 산이 많으며, 중부와 북부는 장강, 회하 유역으로 이어져 있습니다. 따라서 산에서 채취하는 산나물, 차, 죽순, 버섯이 바탕이 되며 야생동물을 쓰고 민물 생선과 자라 등을 조리했습니다. 내륙 지역인 만큼 발효법과 저장법이 발달했지요. 청나라 시기 항저우와 베이징을 잇는 경항대운하를 통해 상업을 흥성시킨 후이상(徽商)이 있었습니다. 거대한 부를 쌓은 상인들은 한 시기를 풍미하면서 음식 문화를 급속도로 발전시킵니다. 한때는 상하이지역에만 후이저우요리 전문점이 500여 개가 있었습니다.

오늘날 중국요리를 이해하는 관점

현대적 관점으로는 8대 요리를 제외하고도 차오저우(潮州), 둥베이(东北), 상하이(上海), 장시(江西), 후베이(湖北), 베이징(北京), 톈진(天津), 허베이(河北), 허난(河南) 등 보다 다분화 된 요리계열로 분류합니다. 각 계열마다 고유의 조리법과 색깔을 지니며 지역 문화의 특징을 잘 보여 줍니다.

또한 종교의 영향으로 무슬림을 신봉하는 소수민족에 의해 '칭전(清真)'이라 불리는 무슬림요리도 하나의 중요한 계통을 이루었습니다. 이슬람 율법에 따라 돼지고기와 일부 해산물이 금기시되며 술로 맛을 내지 않는다는 엄격한 원칙을 준수합니다. 쇠고기국수와 양고기국수, 양꼬치 등이 대표적이며 주로 허브를 사용하여 향을 냅니다.

중국요리의 다양성과 내재된 힘은 상상을 초월합니다. 그 가짓수가 다양하여 중국인들도 평생 다 먹어보지 못하고 세상을 뜹니다. 요리계열에 대해 기본적인 이해와 상식을 지닌다면 한입만 맛보아도 분별력이 생기며 문화유산을 자신의 것으로 소화할 수 있을 것입니다. 이는 단순히 맛있는 요리를 먹는 데 그치지 않고 수천 년을 이어온 중국 문화의 정수를 흡수하여 실생활에 활용할 수 있는 좋은 계기가 되어줄 것입니다.

Part 1

중국요리의 정석

8대 요리

01 **루차이(鲁菜) - 산둥요리** : 중국 북방요리의 대표주자

02 **촨차이(川菜) - 쓰촨요리** : 천의 얼굴, 쓰촨의 매운맛

03 **웨차이(粤菜) - 광둥요리** : 자연과의 일치를 이루는 고급 음식 문화

04 **쑤차이(苏菜) - 장쑤요리** : 격조 높은 국빈 만찬 요리

05 **저차이(浙菜) - 저장요리** : 자연의 밑그림에 인문이 색칠한 요리 예술

06 **민차이(闽菜) - 푸젠요리** : 화교의 고향 요리, 전통과 외래문화의 다양한 변주

07 **샹차이(湘菜) - 후난요리** : 강산을 넘나드는 호탕하고 칼칼한 매운맛

08 **후이차이(徽菜) - 후이저우요리** : 재력과 학식을 겸비한 상인들의 식문화

01

루차이(魯菜)_ 산둥요리

중국 북방요리의 대표주자

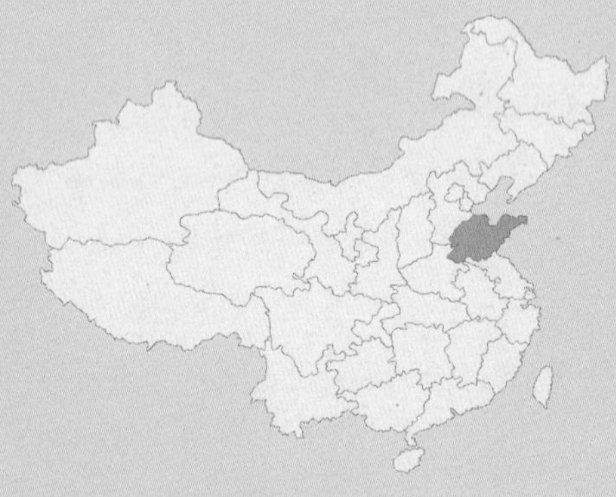

루차이(鲁菜)는 중국 북부지역 요리의 정수이자 황하 유역의 식문화를 대표합니다. 중국의 수도 베이징(北京), 톈진(天津)을 포함한 화베이(华北), 둥베이(东北)지역 요리법에도 지대한 영향을 끼쳤습니다. 춘추전국 시기 공자와 맹자도 음식을 논하는데 당시의 요리는 이미 상당 수준에 도달하였음을 짐작할 수 있습니다.

산둥지역은 삼면이 바다로 둘러싸인 반도이자 내륙은 너른 구릉과 평원에 강과 호수까지 교차합니다. 사계절이 분명하고 기후 조건이 쾌적하여 사람이 살기 좋고 풍부한 식재료가 생산되었습니다. 해산물, 육류, 오곡백과 등 그야말로 철마다 신선한 식재료가 쏟아져 나왔지요.

루차이의 특징

루차이의 조리법 중 '빠오(爆)'가 가장 유명한데 고온의 기름에서 살짝 튀기는 방식입니다. 빠오 조리법은 원재료 고유의 풍미와 영양의 손실을 줄이고 부드러우면서도 바삭거리는 식감을 잘 살려 주었지요. 중식 셰프의 현란한 웍 돌리기 기술이 바로 이 빠오법에서 시작되었습니다.

루차이 풍미의 핵심은 육수인데요. 맑은 칭탕(清汤)과 뽀얗게 우려낸 나이탕(奶汤) 두 종류가 있습니다. 육수는 요리에 향미를 더할 뿐 아니라 영양분이 주재료로 배어 들어가 조화로운 건강식으로 인정받게 되었습니다.

건강에 유익한 파, 생강, 마늘을 넣는 것도 루차이의 특징입니다. 루차이는 마늘, 파를 기름에 볶아 향을 내며 시작합니다. 파, 마늘이 없다면 아무리 기예가 뛰어난 요리사라 할지라도 루차이의 맛을 끌어낼 수 없습니다. 마늘, 파는 산둥 사람들의 DNA 속에 깊이 새겨져 있는 중요한 식재료입니다.

루차이의 구분

루차이를 세분하면 지난(济南) 주변의 치루(齐鲁)요리, 웨이하이(威海) 주변의 자오둥(胶东)요리, 공자의 고향 취푸(曲阜)를 중심으로 하는 쿵푸(孔府)요리로 구분할 수 있습니다.

치루요리는 담백하고 신선하며 바삭하면서도 부드러운 것이 특징입니다. "100가지 요리에 겹치는 맛이 없다"는 치루요리는 값비싼 산해진미부터 소박한 채소요리까지 폭넓고 다양합니다. 강낭콩, 두부, 육류의 내장 같은 식재료는 요리사의 솜씨가 더해져 진미로 거듭나지요.

자오둥요리는 산둥성 동부지역 요리로 빠오(爆, 뜨거운 기름에 단시간 튀김), 자(炸, 기름에 튀김), 파(扒, 센 불에 볶다가 물을 넣어 졸임), 류(熘, 기름에 튀기거나 물에 데친 것을 양념과 함께 센 불에 볶음), 쩡(蒸, 찜)이 유명합니다. 신선하고 담백한 맛이 특징이며 새우, 소라, 전복,

굴, 다시마 등이 주재료입니다.

쿵푸요리는 공자를 기리는 제례에서 기원하며 조리법이 까다롭고 정교하며, 음식의 특성에 따른 식기의 사용이 엄격한 연회 요리입니다.

한국 화교 가운데는 산둥성 출신이 많아 한국의 중화요리에도 많은 영향을 끼쳤습니다. 짜장면, 짬뽕 등도 따지고 보면 루차이에서 그 기원을 찾을 수 있습니다.

01

대파와 해삼의 멋진 만남

충사오하이선葱烧海参

랴오둥반도(辽东半岛)에 위치한 산둥은 예로부터 물산이 풍부하고 특히 해산물의 품질이 좋아 황실에 진공되었습니다. 그중 산둥산 돌기해삼은 중국 전역 최고 등급으로 평가받습니다. 중국요리에서 해삼은 전복, 상어지느러미, 제비집과 더불어 바다 요리의 '4대 천왕'으로 불립니다. 예로부터 매우 진귀한 식재료이자 약으로 쓰였습니다. 해삼은 고혈압, 동맥경화, 간염 등 질병 예방 및 치료에 뛰어난 효능을 보이면서 고단백 저지방으로 인기가 높았지요.

산둥요리의 영혼, 탕

산둥요리 가운데 유명한 해삼 요리로 총사오하이선(葱烧海参)을 꼽습니다. 대파해삼볶음으로 땅의 가장 평범한 식재료인 대파와 바다의 가장 귀한 해삼의 만남입니다. 해삼에 풍부한 풍미를 입히기 위해서는 특별한 과정이 필요합니다. 바로 산둥요리의 영혼으로 불리는 육수에 그 비밀이 있습니다. 산둥에서는 "군인의 창, 요리사의 탕(当兵的枪, 厨子的汤)"이라는 말이 있습니다. 산둥요리는 겉으로 조미료를 살살 뿌려 맛을 급조하는 것이 아니라 충분한 시간을 두고 육수를 우려내어 내면의 감칠맛으로 요리를 살려냅니다. 육수를 잘 뽑고 적절히 사용하여 맛의 중용을 지키는 솜씨는 산둥요리의 핵심입니다.

산둥요리에서 밑간용 육수를 내는 것은 '댜오칭탕(吊清汤)'이라고 합니다. 돼지다리, 돼지 척추뼈, 오리고기, 닭고기를 넣고 4시간 동안 약불에서 뭉근히 달입니다. 다 끓여낸 탕은 잔잔한 기름기와 찻물처럼 맑은 색이 감돕니다. 닭고기 가슴살을 잘게 다져 탕에 넣고 다시 팔팔 끓입니다. 이때 닭고기와 함께 육수 위로 떠오른 거품과 기름을 말끔히 제거해야 합니다. 육수를 완전히 식혔다가 다시 한번 다진 닭고기 가슴살을 넣고 같은 방법으로 끓여냅니다. 다져 넣은 닭고기 가슴살은 육수의 기름과 거품을 흡수하여 육수를 더욱 맑게 합니다.

해삼은 먼저 물에 데쳐낸 후 내장을 제거합니다. 약한 불에서 약 40분간 끓인 후 다시 따뜻한 물에 6시간 정도 충분히 불립니다. 파는 8센티미터 길이로 잘라서 하얀 뿌리 부분만 사용합니다. 파를 볶아 기름을 낸 후 해삼을 넣어 은근히 볶습니다. 이때 향긋한 파 기름을 내는 것이 총사오하이선의 포인트입니다. 파는 슬쩍 볶으면 향이 충분하지 않고 지나치면 타버리기 때문

산둥산 돌기해삼

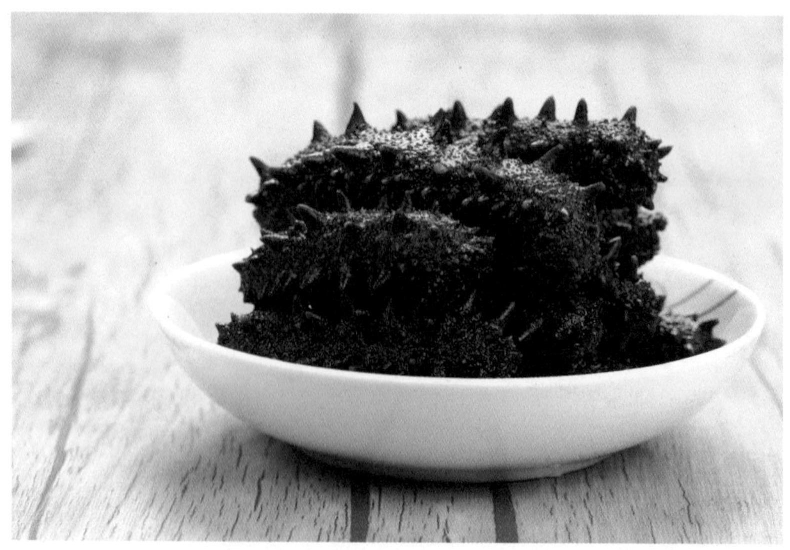

에 불 조절을 잘해야 합니다.

파를 충분히 볶은 다음 불린 해삼을 넣어 함께 볶습니다. 그리고 육수를 부어 약한 불에 졸여줍니다. 해삼은 파로 인해 더욱 향긋해지며 대파는 해삼의 감칠맛으로 달근한 고기처럼 맛있어집니다. 영양이 풍부하고 감칠맛이 나는 충사오하이선은 산둥요리의 대표입니다.

Tip 산둥요리 전문점 쥐펑더(聚丰德)

산둥요리의 대표 맛집으로는 지난에 자리한 쥐펑더가 있다. 1947년에 세워진 쥐펑더는 당시 가장 유명한 음식점 세 곳의 이름에서 따왔는데 '쥐빈위안(聚宾园)'의 '쥐(聚)', '타이펑러우(泰丰楼)'의 '펑(丰)', '췐쥐더(全聚德)'의 '더(德)'를 조합했다. 세 음식점 조리 기법의 장점만을 취하겠다는 취지이다. 현재 쥐펑더는 3대 산둥 음식점 중 하나로 산둥요리의 발원지이자 산둥요리 전문가를 양성하는 사관학교로 더욱 유명하다.

달콤하고 살살 녹는 캐러멜 돼지 대창

지우좐따창 九转大肠

산동요리 중에는 지우좐따창(九转大肠)이라고 하는 유명한 요리가 있습니다. 대창을 여러 번 겹쳐 씌워 캐러멜 소스에 볶은 달콤한 요리입니다. 금단(金丹, 도교에서 선인이 황금을 제련하듯 정령으로 빚어 장생불사의 효능이 발휘된다는 명약)을 빚듯 정성껏 아홉 번 조리했다 하여 '지우좐따창'이라 부릅니다. 산동요리의 화려한 웍의 기술로 탄생하는 요리입니다.

꼿꼿하게 오롯이 서 있는 대창을 맛보면 겉은 바삭하고 속은 촉촉 쫄깃하니 입안에서 사르르 녹습니다. 달콤한 묘미 안에는 약간의 신맛과 짠맛, 알싸한 매운맛이 살아 있습니다. 대창의 잡내는 20여 가지 약초를 넣어 깨끗이 날리고 여러 번 겹쳐 조리하여 입체적인 식감을 연출합니다.

구전금단에서 얻은 이름

이 요리는 청나라 광서(光绪)황제 때 지난(济南) 지우화린(九华林)이라고 하는 음식점에서 시작되어 유명해졌습니다. 음식점 주인은 도교의 "구구귀일(九九归一, 9를 9로 나누면 1이 되는 것처럼 사물은 돌고 돌아 다시 원점으로 귀결됨을 의미)"을 신봉하여 특히 숫자 9를 좋아했습니다. 어느 날 그가 손님들에게 간장을 넣어 조리한 대창을 선보이자 그 맛을 본 식객들은 무릎을 탁 치며 감탄했습니다. 흥에 겨운 식객은 주인이 좋아하는 9자를 더해 구전대창, 지우좐따창이라는 이름을 지어 주었습니다. 아홉 번 돌고 돌려서 금단을 만든다는 구전금단(九转金丹)에서 영감을 얻은 것이죠. 주인은 크게 감동하여 그 뒤로 이 요리를 지우좐따창이라 불렀습니다.

대창은 깨끗이 손질하고 젓가락을 이용하여 겹겹이 씌워줍니다. 파, 생강, 향모초(香茅草), 산초, 산사(山楂, 사과 맛이 나는 작은 사과 모양의 열매), 백주를 넣고 뜨거운 물에 데쳐냅니다. 대창은 여러 겹으로 접어 탄탄하게 만든 후 손가락 마디만큼 잘라 설 수 있게 만들고, 기름에 튀겨 황금빛이 돌게 합니다. 그다음 웍에 설탕을 듬뿍 넣고 볶아 캐러멜 소스를 만든 후 반지 모양으로 잘린 대창을 투하합니다. 웍을 계속 돌리면서 졸여 달콤한 맛이 대창 속까지 스며들도록 합니다. 간장, 식초, 소금, 후춧가루, 계피가루 등을 넣고 마무리합니다. 물 한 방울 넣지 않고 오직 웍의 기술로 조리하는 것이 포인트입니다. 자칫 타버리기 쉬운 캐러멜을 능란하게 조율하며 대창에 달콤함을 입히는 것이 지우좐따창의 핵심 기술입니다.

화려한 웍의 기술로 탄생하는 요리

웍의 기술

강렬히 타오르는 화력에 서커스의 한 장면처럼 웍을 돌리는 기술은 산둥요리의 특징입니다. 식재료는 처음부터 끝까지 오직 웍을 슬쩍슬쩍 스치면서 타지 않고 불맛을 입습니다. 또한 색감, 맛 등이 조직 안까지 고루 분포됩니다. 중국의 요리사는 첫 수업에서 모래를 잔뜩 넣고 묵직한 웍을 끊임없이 돌리는 법부터 배웁니다. 불의 세기, 웍의 무게를 오직 팔 근육으로 가늠하며 식재료와 불의 사이에서 밀고 당기는 기법입니다.

센 불, 화려한 테크닉을 필요한 지우좐따창은 가정식이 아닌 연회석에 자주 등장합니다. 한국의 곱창구이를 좋아한다면 중국의 달콤한 곱창요리도 맛있다는 감탄사가 나올 것입니다.

Tip 중국의 대창요리

중국에는 다양한 대창요리가 있다. 동북지역의 리우페이창(溜肥肠)은 대창과 푸른 고추를 볶은 요리이고, 저장지역의 훙사오페이창(红烧肥肠)은 간장 소스로 맛을 더한 요리, 쓰촨, 후난지역의 깐궈페이창(干锅肥肠)은 매운맛을 내는 대창 전골요리이다. 대창은 중국 전역에서 널리 사랑받고 있지만 그중 지우좐따창이 가장 고급 요리로 꼽힌다.

03

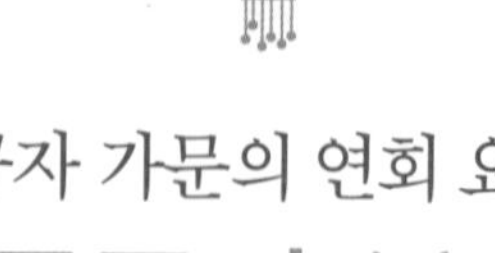

공자 가문의 연회 요리
쿵푸연 孔府宴

산둥성 취푸(曲阜)는 공자의 고향으로 공자의 가문 쿵푸(孔府)가 있습니다. 공자의 후손들은 대대로 전통을 계승하고 공자를 기리는 제사를 올립니다. 중국에서 공씨 집안은 '천하제일가(天下第一家)'로 꼽히며 성인의 후손으로 각별한 대우를 받습니다. 건륭황제가 딸을 시집 보낼 정도로 사회적 지위도 높습니다. 송나라 때부터 공씨 가문의 장손은 세습 제후의 직위인 연성공(衍圣公)으로 임명되어 공림과 공묘를 관리하고 제사를 주관하는 것 외에 취푸에서 세금을 걷기도 했습니다. 유교 문화를 중시한 중국의 여러 황제들은 공자의 가르침을 배우고 행하며 취푸를 찾아 제사에 참석하곤 했습니다.

천하제일가, 공씨

공씨 집안의 연성공은 다양한 요리를 개발해 제사에 참석한 황제와 관리들을 융숭히 대접했고, 그것이 중국 최고의 연회 요리, 쿵푸연(孔府宴)이 되었습니다. 중국요리의 최고봉이라 부르는 '만한전석'도 쿵푸연에서 발전된 형식입니다. 쿵푸연은 그 문화적 의미와 가치를 인정받아 2015년 유네스코 무형 문화재로 등재되었습니다.

쿵푸연은 공자의 탄생일, 기일, 집안의 가례에 따라 군(君), 신(臣), 부(父), 자(子) 등 직분에 따라 연회 규모와 형식을 갖추었습니다. 1등연은 황제를 모시는 만한연으로, 청나라 국빈연회의 기준에 따라 은식기에 196가지의 산해진미가 등장합니다. 2등연은 집안 자제들의 혼례상으로 고기와 야채, 견과류, 생선 등 모든 상에 오르는 음식과 가짓수에 의미를 부여합니다. 이와 같이 연회상은 다양한 등급으로 나누어 그에 맞는 식재료를 엄선하여 조리해 올립니다.

공자 가문의 가정식

쿵푸연이라 해서 모두 진귀한 식재료만 사용하는 것이 아니라 공자 가문 대대로 내려온 가정식도 포함됩니다. 콩나물, 계란 등 일반적인 재료들을 가문의 전통 조리법으로 요리하는데 그중에는 편하고 맛있게 먹을 수 있는 죽도 있습니다. 취푸를 아홉 번이나 방문한 건륭황제는 산해진미보다 일상의 지혜가 담긴 공자 가문 가정식에 깊은 관심을 지녔다고 기록되어 있습니다.

공자를 기리는 제례

순두부에 버섯, 죽순, 해삼, 지단을 곁들여 만든 이핀더우푸(一品豆腐), 비취처럼 푸른 오이와 새우를 곁들인 볶음 요리 페이추이샤환(翡翠虾环), 오리고기를 이용한 탕 요리 선셴야즈(神仙鸭子) 등이 취푸에 가면 일반적으로 맛볼 수 있는 쿵푸연 요리입니다.

쿵푸연은 중국 각지에서 시집온 대갓집 규수들이 친정에서 데리고 온 요리사들과 교류를 거듭하면서 다양한 형태로 발전해 나갔습니다. 쿵푸연은 이제 공씨 집안의 전유물이 아닌 루차이 계열의 특별한 형식으로 자리 잡았습니다. 중국의 셰프 지망생들이 이 요리를 배우고자 취푸를 찾고 있습니다.

04

기차에서 즐기는 국민 치킨

더저우파지 德州扒鸡

한국의 치킨이 배달 음식의 대표주자라면 중국의 치킨은 기차 음식의 대표입니다. 드라마 <별에서 온 그대>가 중국에서 흥행할 때 '치맥'이 중국 젊은이들 사이에서도 트렌드가 되었습니다. 한국처럼 총알 배송되는 치킨집이 없기에 KFC에서 직접 닭다리를 사다가 맥주와 곁들여 전지현 씨 흉내를 내곤 했지요.

기차 여행의 동반자

원래 중국에서 치킨을 즐기는 최고의 스폿은 기차입니다. 중국은 광활한 대륙이라 일단 떠나면 적게는 4시간, 보통 하루나 이틀의 여정이 되곤 합니다. 따라서 기차에서 음식을 먹는 것은 여행의 무료함을 달래주는 유일한 낙이었습니다. 이때 가장 맛있는 동반자는 치킨이었지요.

기차 안에서도 중국인의 미식의 기지는 다양하게 발휘되었습니다. 사오지(烧鸡, 닭구이), 쉰지(熏鸡, 닭훈제구이) 등 닭을 여러 방식으로 요리해 먹었는데 특히 인기가 높은 것은 파지(扒鸡, 탈골계)입니다. 손으로 살짝 털기만 해도 뼈에서 살이 후루룩 떨어지고 살은 부들부들 쫀득하며 잔뼈까지 오독오독 씹어 먹을 수 있기에 특별한 식기가 없이도 편하게 먹을 수 있는 장점이 있습니다. 파지는 청나라 때부터 황실에 조공을 올리던 닭요리로 탈골 조리 기술은 국가 무형 문화재로 등재되었습니다.

파지 전문점, 더순자이

산둥성 더저우의 더순자이(德顺斋)에서 최초로 만든 더저우파지는 100

여 년의 역사를 자랑합니다. 더저우파지는 겉은 바삭하고 속은 촉촉하며 갖가지 향신료를 가득 넣어 닭고기에 독특한 풍미를 더했습니다. 짭조름한 육질은 부들부들 연하고 쫄깃합니다.

더저우(德州)는 20세기 초 톈진-상하이 간의 기차가 개통되면서 남북을 관통하는 교통의 허브로 부상하였습니다. 이는 더저우의 파지가 전국에 이름을 떨치는 계기가 되었지요. 쑨원의 부인이자 중국 초대 국가 부주석을 지낸 쑹칭링(宋庆龄) 여사는 1950년대 베이징을 방문할 때마다 더저우에서 파지를 구입해 마오쩌둥(毛泽东)에게 선물로 주었습니다.

기차에서 판매하고 있는 포장용 더저우파지

기차는 파지를 싣고

지금도 북방에서 남방으로 향하는 대부분 열차는 산둥성 더저우역에 정차하는데 기차가 역에 들어서기 무섭게 닭 장수들이 "더저우파지~"를 외치며 몰려옵니다. 정차하는 짧은 시간 동안 그들은 재빨리 돈을 받고 포장된 치킨을 건네줍니다. 열차 내의 여객들은 너도나도 잠깐 기차에서 내려 더저우파지를 사다 기차에서 먹기도 하고 선물용으로 몇 개 더 구입하기도 합니다. 다시 떠날 무렵 기차 안은 삽시간에 더저우파지의 구수한 향으로 가득하니 미처 구입하지 못한 사람들은 후회막급입니다.

더저우파지는 더저우의 명물을 넘어 타지의 열차 안에서도 진공포장으로 된 것을 팔고 있어 기차 여행의 국민 음식이 되었습니다. 더저우파지는 식당이나 가정에서 점잖게 앉아 먹기보다는 기차에서 즐길 때 최고로 맛있습니다.

Tip 기차에서 즐길 수 있는 음식들

광활한 중국 대륙에서 기차는 매우 중요한 교통수단이다. 2018년까지 중국의 철도 길이는 총 13만 킬로미터에 달했다. 기본 3시간, 길게는 이틀씩 걸리는 기차 여정에서 음식을 먹는 것은 끼니를 해결하고 무료함을 달래주는 신나는 일이다. 기차에서 즐길 수 있는 음식은 치킨, 컵라면, 해바라기, 차딴(찻물에 끓여낸 계란), 도시락, 맥주 등 다양하다. 기차 내에는 기본적으로 식당칸이 있음은 물론 잠시 정차하는 역내 플랫폼에서 현지 특산품을 사 먹는 재미도 쏠쏠하다.

05

전병에 싸 먹는 생대파

지엔빙따충 煎饼大葱

중국 산둥(山东) 하면 가장 먼저 떠오르는 음식이 파와 전병입니다. 쓰촨 하면 고추를 떠올리듯 파는 산둥인에게 떼려야 뗄 수 없는 식재료입니다. 산둥요리의 가장 큰 특징이 바로 파 기름을 내어 조리하는 방법과 마늘, 생강으로 풍미를 더하는 것입니다.

장치우산 대파

중국에서는 산둥 장치우(章丘)산 파를 최고로 칩니다. 특히 혹독한 겨울을 견디고 새봄에 나는 파는 조직이 연하고 아린 맛이 덜하며 단맛이 강해 최상품으로 꼽지요. 그래서 생으로 먹어도 맛있습니다. 베이징의 전취덕(全聚德, 베이징 오리 전문점)을 비롯한 유명 레스토랑에서 장치우 파를 고집하는 것도 바로 그 이유입니다.

북방 사람들은 파나 마늘을 생으로 된장에 찍어 먹습니다. 소박하고 직설적이며 꾸밈없는 그들의 품성이 엿보입니다. 그에 반해 남방 사람들은 절대 파, 마늘을 생으로 먹지 않습니다. 음식에 들어가는 파도 기껏해야 실파를 예쁘게 묶거나 송송 썰어 장식으로 쓰는 정도가 다입니다. 몇 년 전 상하이 출신의 한 예능인이 "우리처럼 커피를 마시는 사람들은 생마늘 먹는 사람들과는 상종하지 않는다"라는 발언으로 북방 비하 논란을 일으킨 적이 있습니다. 어쨌든 파는 북방 사람들의 DNA 속에 깊숙이 자리해 있습니다.

지엔빙따충에는 춘장

지엔빙따충(煎饼大葱)은 산둥의 일상에서 사랑받는 음식입니다. 지엔빙

(煎饼)은 전병을, 따충(大葱)은 대파를 의미합니다. 린이(临沂)지역을 비롯하여 산둥의 중남부지역에는 종이처럼 얇게 부친 전병에 티엔미엔장(甜面酱)을 펴 바르고 대파를 둘둘 말아 먹곤 했지요. 이 음식은 곡물 향이 가득한 전병에 달콤한 장과 파 향이 둘둘 말려 한입 먹고 또 먹고, 오늘 먹고 내일 더 먹는 중독성이 강한 음식이지요.

전병에 대파를 돌돌 말아 먹는 모습이 어찌 보면 한국의 쌈과 비슷합니다. 간단하게는 전병에 파를 넣고 티엔미엔장을 넣어 먹지만 경우에 따라 고기장이나 계란장을 넣기도 하고 숙주나물, 두부, 상추 등 여러 가지 토핑을 넣어 곁들입니다. 티엔미엔장은 밀가루와 된장을 함께 넣고 발효시킨 춘장입니다. 된장에 비해 단맛이 강하고 보드러운 식감을 갖습니다. 베이징 카오야와 함께 먹는 장도 바로 티엔미엔장입니다.

얇은 종이처럼 구워낸 전병

산둥인을 닮은 지엔빙

지엔빙따충의 생명은 전병에 있습니다. 얇은 종이처럼 구워낸 전병에는 은은한 곡물 향이 넘쳐흐릅니다. 전병을 한입 뜯어 씹다 보면 달콤한 여운이 아가씨의 뒷모습을 연상케 하지요. 종이 같은 식감이지만 옛날 뻥튀기의 구수한 맛이 납니다. 전병은 린이산 수제 전병이 최고입니다. 보리, 수수, 옥수수, 고구마 가루로 묽은 반죽을 만들고 철판에 얇게 부쳐내면 가을바람의 평야가 눈앞에 펼쳐지는 듯합니다.

전병에 파를 올리고 티엔미엔장을 듬뿍 얹어 돌돌 말아 먹으면 산둥에 완벽 적응한 것입니다. 산둥인들의 푸근하고 소박한 기운이 저절로 느껴지는 맛, 파. 진솔한 미식가들은 파, 마늘을 스스럼없이 먹고 입가심으로 개운하게 커피 한잔을 마십니다.

계수나무 꽃으로 비유되는 계란 요리

무쉬러우 木樨肉

계란은 중국에서도 가장 사랑받는 식재료입니다. 삶거나 볶거나 찌거나 탕에 넣는 등 다양하게 활용되지요. 그런데 중국의 수준 높은 식당의 메뉴판을 살펴보면 계란이라고 쓴 요리 이름을 발견하기 어렵습니다. 분명 계란을 넣은 요리가 많은데 어찌 된 일일까요? 계란을 요리에 사용할 때는 이름을 대부분 무쉬(木樨 또는 木须)라고 쓰기 때문입니다. 예를 들어 계란고기볶음은 '무쉬러우(木樨肉)', 계란토마토볶음은 '무쉬스즈(木樨柿子)', 계란완두볶음은 '무시완더우(木樨豌豆)'라고 부릅니다.

계수나무 꽃과 계란

무쉬(木樨)는 계수나무 꽃을 이르는 말인데 계란 노른자를 부서지게 볶은 모양이 노랗게 핀 꽃잎 같다 하여 붙여진 이름입니다. 계란은 중국어로 지딴(鸡蛋)이라고 부릅니다. 그런데 '지'나 '딴'은 모두 중국어의 욕설과 동음이므로 맛있는 음식에 이름으로 붙이기 꺼려 했지요. 그래서 계란이 들어가는 요리는 대부분 아름답고 향도 좋은 계수나무 꽃에 비유했습니다. 참고로 계란 흰자만 들어가는 요리는 '푸룽(芙蓉)', 부용꽃이라고 부릅니다. 계란 흰자와 닭고기 편육을 볶은 요리는 '푸룽지펜(芙蓉鸡片)'이라고 부릅니다.

계란과 오이의 만남

계란볶음 요리 중에는 매우 유명한 '무쉬러우'가 있습니다. 오이, 계란, 돼지고기, 목이버섯을 함께 넣고 볶은 요리로 가정에서 또는 크고 작은 레스토랑에서 모두 만나볼 수 있습니다. 무쉬러우는 요리 초보도 쉽게 만들 수 있습니다. 돼지고기를 얇게 편 내고 목이버섯도 깨끗이 손질하여 조각조각 먹기 좋게 잘라 둡니다. 오이는 얇게 편을 썰어 둡니다. 계란은 곱게 풀어 스크램블 하듯 볶아 둡니다. 웍에 준비해둔 재료들을 넣고 볶다가 마지막에 계란 볶은 것을 넣은 다음 간장, 소금, 참기름으로 맛을 더합니다. 이렇게 가볍게 두루 볶으면 맛도 영양도 좋은 무쉬러우가 완성됩니다. 또한 특별한 향신료도 쓰지 않아 남녀노소 호불호 없이 먹을 수 있습니다.

무쉬러우의 특별한 점이라면 오이를 함께 볶는다는 것인데, 오이를 생으로만 먹는다는 고정관념이 깨어집니다. 중국에서는 "봄에는 나물, 여름에는 박, 가을에는 과일, 겨울에는 뿌리를 먹는다"라는 말이 있습니다. 시원한 오

노른자를 닮은 계수나무 꽃잎

이는 여름철에 더없이 좋은 식재료입니다. 오이는 볶으면 아삭한 맛은 빠지지만 싱그러운 향이 요리 속에 퍼져 상큼한 맛을 더해 줍니다.

멀리 중국이나 중국 요릿집에 가지 않고 집에서 당장 만들어 볼 수 있는 요리로 무쉬러우를 추천합니다. 맛과 영양을 모두 갖춘 무쉬러우는 최고의 반찬입니다.

Tip 국민 요리, 무쉬스즈(木须柿子)

계란토마토볶음으로 알려진 무쉬스즈는 중국의 국민 요리로 불릴 만큼 대표적인 가정식이다. 계란의 부드러운 맛에 토마토의 새콤달콤함이 더해져 밥반찬으로 인기가 많다. 또한 영양이 풍부하고 조리법이 간단해 누구나 쉽게 따라해 볼 수 있다. 시훙스지딴탕(西红柿鸡蛋汤)이라고 부르는 토마토계란탕도 중국인들의 식탁에 자주 오르는 메뉴이다.

02

川

촨차이(川菜)_쓰촨요리

천의 얼굴, 쓰촨의 매운맛

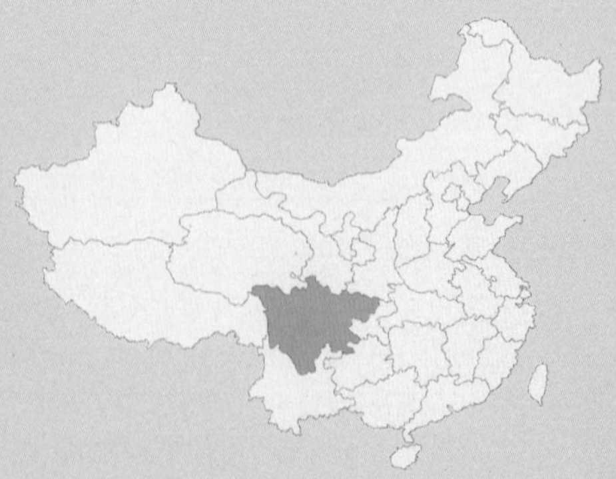

지리적 여건이 만든 식문화

쓰촨성은 중국 지도를 펴보았을 때 딱 중남부에 위치해 있습니다. 성의 중심 도시는 청두(成都)인데 아열대성 기후라 습하고 더운 편이며 연중 대부분 흐린 하늘을 보입니다. 쓰촨의 서부는 티베트 고원이 이어져 있고 동부는 분지, 동북부는 다시 산맥을 가로지르는 형태입니다. 해발고도 3,000미터에 이르는 산들이 험준하여 성의 중심으로 가기 위해서는 길이 드문드문 이어졌습니다. 오죽하면 당나라의 시인 이백은 "촉으로 가는 길은 청천에 오르는 것보다 어렵구나(蜀道之难, 难于上青天)"라고 한탄했을까요. 그러나 성내에 장강을 비롯하여 민강, 타강, 자링강 등 4개의 강을 끼고 있어서 거대하고 비옥한 토지를 자랑합니다. 지리적 독립성과 한족 중심의 황하 문명과 독자적인 문명을 이루어 갑니다. 이 지역은 3천 년에 걸쳐 독자적인 문화를 구축해 갔으며 음식 문화는 그 중심에서 꽃피었습니다.

먹는 것은 중국에서, 맛은 쓰촨에서

"먹는 것은 중국에서, 맛은 쓰촨에서(食在中国, 味在四川)"라는 말이 있습니다. 2010년 2월 유네스코는 쓰촨성 청두를 아시아 최초 'City of Gastronomy' 즉, 미식의 도시로 지정했습니다. 산으로 둘러싸인 거친 땅에서 쓰촨 사람들은 3천 년의 지혜를 모아 미식의 꽃을 피웠습니다. 오늘날 청두에는 100평 이상의 레스토랑이 3만 7,000개가 넘는데 하루에 한 곳씩 방문해도 100년이 걸리는 셈입니다. 쓰촨요리는 기본적으로 잘 알려진 요리만 해도 6,000여 종에 달합니다. 세계적으로 즐겨 먹는 인구가 가장 많고 전문 식당이 넓게 많이 분포되어 있으며 종류도 가장 다양한 요리로 꼽힙니다. 전 세계 화교가 사는 곳에는 반드시 쓰촨요리가 있고 중국인들이 살지 않는 지역에서도 쓰촨요리의 모습을 찾아볼 수 있으니까요.

쓰촨요리의 매운맛

'쓰촨요리' 하면 가장 먼저 떠오르는 이미지가 '맵다'인데 그 주인공이 바로 화자오(花椒)입니다. 쓰촨에서 나는 매운맛의 향신료로, 우리가 흔히 아는 제피와 같은 과인데 보다 더 홍색을 띠고 혀를 마비시킬 정도로 맵고 얼얼합니다. 사면이 높은 산으로 둘러싸인 쓰촨은 연중 내내 날씨가 습하고 해 뜨는 날이 드뭅니다. 어쩌다 맑은 날이면 개들이 깜짝 놀라 멍멍 짖어댄다고 하여 촉견폐일(蜀犬吠日)이라는 말이 있을 정도입니다. 습한 기후에서 살아남기 위해 사람들은 화자오나 생강 등의 매운맛으로 몸 안의 습기를 배출했습니다. 2천 년 전 진나라의 『화양국지(华阳国志)』에 "촉나라 사람들은 매운맛을 즐긴다"라는 기록이 있었습니다.

화자오가 담당하던 매운맛에 천생연분이 찾아옵니다. 바로 고추입니다. 고추는 16세기에 서양인들의 상선을 타고 중국으로 전해집니다. 고추는 애초에 인디언의 신비로운 관상용 식물로 인지되었지만 칼칼한 매운맛으로 단숨에 중국인들의 입맛을 사로잡았습니다. 쓰촨에 고추가 전해진 것은 우연일까요, 필연일까요. 화자오가 조용히 얼얼한 여성적 매운맛이었다면 고추는 칼칼하고 발산적인 남성적 매운맛입니다. 이 둘은 운명적인 조화를 이루며 쓰촨의 맛 '마라(麻辣)'를 탄생시켰습니다.

얼얼하고 칼칼한 매운맛, 마라는 300년을 이어오며 쓰촨 사람들과 함께했습니다. 이 맛은 습윤한 기후를 이기게도 해주었지만 중독성이 강하여 중국 전역으로 퍼지며 미각의 혁명을 일으켰습니다.

이제 쓰촨요리를 대할 때 그저 맵다고 말하면 서운합니다. 쓰촨 매운맛의 스펙트럼은 수십 가지에 달합니다. 마라, 향라, 청라, 홍유, 어향 등입니다. 그 조리법만 해도 볶고, 찌고, 튀기고, 굽는 등 38가지가 총동원되니 쓰촨요리는 "백 가지 요리가 백 가지 맛을 낸다"라는 말이 있을 정도입니다.

매운맛의 뜨거운 유혹

훠궈火锅

여러 사람이 불타오르는 가마를 빙 둘러앉아 이야기를 나눕니다. 가마솥의 탕이 끓어오르면 사람들은 일단 대화를 멈추고 젓가락을 부산하게 움직여 자신이 좋아하는 식재료들을 탕 속에 입수시킵니다. 배추, 두부, 버섯, 고기 등등 재료가 익기 전까지는 흥분의 도가니. 그 어느 하나 자리를 뜨는 일이 없습니다. 젓가락을 치켜들고 있다가 재료들이 익어가면 마치 이름표라도 써 붙인 듯 자신의 몫을 잽싸게 집어 앞접시로 건져냅니다.

중국인들의 '최애템' 훠궈

훠궈(火锅)는 계절과 지역에 상관없이 중국인들로부터 열렬한 사랑을 받는 요리입니다. 한국의 신선로와 일본의 샤부샤부가 비슷한 맥락인데, 한 솥의 육수를 서로가 공유하며 자신의 입맛대로 먹을 수 있는 개별성이 공존하기에 남녀노소 누구나 좋아하는 것이 아닐까요.

중국인들은 '훠궈' 하면 맵고 얼얼한 마라의 묘미, 충칭(重庆) 훠궈를 가장 먼저 떠올립니다. 충칭에는 약 2만여 개의 훠궈 전문점이 있습니다. 3,000만 충칭 인구의 30명 중 1명이 훠궈와 관련된 일에 종사합니다. 훠궈가 충칭의 민생을 책임진다 해도 과언이 아닙니다. 이런 인기는 비단 충칭에만 해당하는 것은 아닙니다. 중국인들이 선호하는 외식 1순위도 훠궈이니까요.

충칭은 지리적으로 쓰촨성(四川省)에 위치해 있는 도시지만 직할시로 행정구역이 분리되어 있습니다. 충칭 훠궈는 1890년경 자링강(嘉陵江)의 부두 노동자들이 만들어 먹던 요리입니다. 흐리고 습하기로 유명한 쓰촨지역에서 고된 일을 하다 보니 자극적인 맛이 필요했습니다. 그들은 고추와 화자오를 넣은 맵고 얼얼한 국물에 천엽, 오리피, 닭뼈 등 잡다한 것들을 넣고 끓여 먹으며 땀을 뺐습니다.

1937년 중일전쟁 발발 시, 수도 난징이 함락되자 국민정부는 충칭을 임시수도로 정하면서 고관대작들이 대거 이사해 갑니다. 그때부터 훠궈는 아름다운 은식기에 체통을 갖추며 끓여 먹는 고급 요리로 거듭났습니다.

훠궈의 골라 먹는 재미

충칭의 훠궈는 솥을 여러 칸으로 나누어 각자 기호에 맞는 육수와 재료를 넣어 끓여 먹습니다. 가장 보편적인 솥은 원앙훠궈(鴛鴦火锅)라고 불리는 두 칸짜리 솥으로 한쪽은 맵고 얼얼한 홍탕을, 다른 한쪽은 약초나 닭

충칭식 아홉 칸짜리 훠궈

육수를 베이스로 하는 담백한 맛의 청탕을 담습니다.

매운맛을 내는 육수는 소기름에 두반장, 화자오, 고추, 생강, 마늘 등을 넣어 기름이 완전히 녹아날 때까지 끓여냅니다. 오래 끓일수록 매운맛이 강해지고 갖가지 약초가 어우러져 맛이 깊어집니다.

육수를 정했다면 식재료들을 선택해 봅시다. 소고기, 양고기, 내장, 야채, 버섯, 당면 등 수십 가지 재료가 있습니다. 그런데 훠궈는 꼭 어떤 것을 넣어 야 한다는 정석이 없습니다. 무조건 내 입맛에 충실하면 그만입니다. 보통은 감자, 배추, 팽이버섯, 양고기, 햄, 선지, 천엽 등이 가장 선호도가 높습니다.

국물이 끓어올라 매운 마라의 향이 코를 자극하여 재채기가 날 무렵 고기나 야채를 투하합니다. 빨간 기름을 휘감은 고기와 야채는 매콤하고 얼얼한 마술봉을 휘두르는 요정들처럼 혀를 사정없이 자극합니다.

훠궈 소스의 자유

개인의 취향이 존중받는 훠궈 레스토랑에서는 소스도 셀프입니다. 셀프바에 참깨장, 사차장(沙茶酱, 땅콩소스), 푸루(腐乳, 붉은색의 삭힌 두부), 고추기름, 간마늘, 다진 파, 고수 등 다양하게 준비되어 있어 입맛에 따라 섞어 먹으면 됩니다. 간혹 종류가 너무 많아 당황스럽다면 실패하지 않는 기본 소스로 참깨장, 푸루, 간마늘, 다진 파, 땅콩가루를 섞어 드시길 권합니다. 참고로 정통 쓰촨지역 사람들은 기름장을 고집합니다. 음, 맛은 여러분이 상상하는 바로 그 맛입니다.

입술을 털어내는 얼얼한 맛

수이주위水煮鱼

민물고기를 잘 드시지 못하는 분에게도 자신 있게 소개해 드릴 수 있는 생선요리가 있습니다. 바로 매콤하고 얼얼한 맛에 묘한 짜릿함까지 더해주는 수이주위(水煮鱼)입니다. 수이주위는 원래 충칭의 기사식당에서 기사들이 즐겨 먹었던 생선 전골에서 유래했습니다. 지금은 중국 전역에 보급되어 가장 유명한 생선요리로 자리매김했습니다.

기름에 끓여낸 생선

이름을 풀이해보면 '물에 끓인 생선'이라는 뜻이지만 기름에 끓였다고 해야 맞는 설명입니다. 움푹한 그릇에 생선보다는 기름으로 가득 차 있습니다. 그렇다고 기름이 둥둥 떠서 혐오스러운 모양새는 아닙니다. 건고추와 화자오가 빨갛게 뒤덮여 바글바글 끓어 나오기에 시각에서부터 침샘을 팍팍 자극합니다. 종업원이 팔팔 끓는 그릇을 테이블에 내려놓고 그 위를 뒤덮은 고추와 화자오를 깨끗하게 거두어 냅니다. 그러면 맛의 정점, 하얀 생선 살이 수줍은 듯 얼굴을 내밉니다.

생선 살은 목화솜처럼 몽실몽실 부드럽고요. 기름에 볶아진 고추는 알싸한 고소함을, 화자오는 얼얼한 매콤함을 선사하며 입안을 입체적으로 간지럽힙니다. 수이주위는 고추의 강렬한 매운맛보다 은은하고 얼얼한 화자오 묘미가 혀와 입술을 지배합니다. 이 맛에 취해 먹다 보면 어느새 보톡스를 맞은 것처럼 입술이 통통해지는 경험을 하게 됩니다. 생선 살을 맛보고 나면 그 밑에 잠복하던 콩나물이 등장합니다. 부드러운 생선 살의 맛과 아삭한 식감의 콩나물은 또 한 번 새로운 맛의 궁합을 보여줍니다.

수이주위는 확실히 훠궈보다 연한 맛을 띠고 있습니다. 그래야 생선의 감칠맛이 살아나니까요. 수이주위는 탕에서 익은 재료를 건져 먹는 요리입니다. 절대 국물을 마시면 안 됩니다. 탕의 반 이상이 기름이므로 잘못하다가는 배탈이 날 수 있으니까요.

수이주위 주문법

수이주위를 주문할 때에는 먼저 물고기의 종류와 중량을 선정해야 합니다. 물고기의 무게는 동행인의 수와 다른 요리의 주문량에 따라 결정하면

은은하고 얼얼한 화자오의 묘미가 매력적인 수이주위

됩니다. 물고기는 차오위(草鱼, 초어) 또는 니안위(鲶鱼, 메기) 등 다양하게 있지만 그중 니안위가 뼈가 적고 살이 많아 선호도가 높습니다.

선정된 활어는 주방으로 보내져 머리를 버리고 뼈를 발라 회 뜨듯이 한 점씩 썰어냅니다. 생선 살은 우선 소금, 맛술, 밀가루, 계란 흰자와 함께 밑간을 하여 저며 둡니다. 그러고는 두반장, 생강, 마늘, 파, 화자오 등과 양념을 넣고 센 불에 볶다가 불을 줄인 후 생선 살을 넣고 살짝 익혀냅니다. 다른 가마에서는 기름을 반 이상 붓고 화자오와 건고추를 넣어 마라 향을 냅니다. 마지막으로 움푹한 도자기 그릇에 아삭하게 데친 콩나물을 깔고 볶은 생선 살과 재료들, 마라 향을 낸 기름을 부어 넣습니다. 수이주위 한 그릇에 기름이 약 500그램 이상이 담겨 있습니다.

마라를 책임지는 화자오

화자오는 중국에서 나는 특유의 향신료로 쓰촨요리에 자주 등장합니다. 홍색의 동그란 모양이 팥알처럼 생겼는데 입과 혀만 자극하는 묘한 매운맛을 지닙니다. 속까지 칼칼한 캡사이신의 매운맛과는 사뭇 다릅니다. 그 느낌을 얼얼함이라고 표현하는데 시간이 지나면 금방 가라앉고 머지않아 다시 찾게 되어 중독성이 있습니다. 중국은 오래전부터 약초로 화자오를 많이 사용해 왔습니다. 특히 습윤한 기후의 쓰촨지역에서는 화자오와 생강이 몸의 습기를 빼주는 역할을 했습니다. 쓰촨인들이 매운맛에 열광하는 것은 생존과도 관계가 있습니다.

03

닭과 고추의 매콤 알싸한 튀김

라즈지辣子鸡

먹는 것에 천부적인 재능을 지닌 쓰촨 사람들이 닭튀김을 놓칠 리 없습니다. 그들의 닭튀김은 이름하여 라즈지(辣子鸡). 가장 탄력적이고 쫀득한 부위인 닭다리만 조각조각 뼈째로 잘라 건고추와 화자오를 넣어 맵고 얼얼하게 튀겨냅니다.

라즈지는 국물이 없는 요리이기에 대나무로 엮은 삼태기 모양의 용기에 담겨 나오기도 합니다. 수북하게 쌓인 건고추 사이로 닭 조각들이 빼꼼 머리를 내밀고 있습니다. 라즈지에는 닭고기보다 건고추가 월등히 많아 고추 속에 숨은 닭고기를 찾아 먹는 재미가 쏠쏠합니다.

입술에 불을 지피는 매운맛

닭고기 한 조각을 집어 입에 넣으면 얼얼한 맛이 입술에 불을 지핍니다. 두 손가락으로 부서질 듯 얇은 뼛조각을 부여잡고 고기 살을 뜯다 보면 본능적으로 시원한 맥주가 생각납니다. 치아가 좋은 사람들은 아예 뼈째로 바스락거리며 씹어 먹습니다. 온도가 높은 기름에 바싹 볶기 때문에 뼈는 과자처럼 바삭바삭 씹힙니다.

라즈지를 흔한 닭튀김으로부터 차원이 다른 요리로 끌어올리는 것은 건고추의 역량입니다. 바싹 말린 고추는 매운 향을 가득 품고 있습니다. 건고추는 쓰촨지역에서 생산되는 하늘고추, 차오톈자오(朝天椒)를 사용해야 제맛이 납니다. 하늘을 향해 곧게 자라는 고추라 하여 하늘고추라는 이름이 붙었습니다. 라즈지에는 건고추와 얼얼한 맛을 더해주는 화자오가 더해져서 화끈하게 맵고 은근하게 얼얼한 맛을 연출합니다.

쓰촨 러산의 라즈지

닭다리는 엄지손가락 크기로 잘라줍니다. 살짝 으스러지도록 커다란 중식 칼로 한 번씩 쳐준 다음 맛술, 생강, 파, 소금 등 조미료를 넣고 약 20분간 저며 둡니다. 둥그런 웍에 기름을 가득 붓고 닭고기를 바싹 튀겨냅니다. 한 번 튀긴 닭고기는 다시 생강, 마늘, 화자오, 건고추를 넣고 볶아줍니다. 마지막으로 참기름 몇 방울 넣어 향을 냅니다.

쓰촨 러산(乐山)지역에서 만들어진 라즈지는 중국 전역으로 퍼지며 유명세를 떨친 요리입니다. 특히 야시장이나 포장마차, 노상 주점에서 인기가 높은데 시원한 맥주와 찰떡궁합이기 때문입니다. 치맥이 한국의 밤을 밝히듯이 중국의 닭다리도 열심히 튀겨지며 밤의 희열을 담당합니다.

고추 속에 숨은 닭고기를 찾아 먹는 재미가 있다.

매운 향을 가득 품은 라즈지

Tip 쓰촨에서 나는 고추

쓰촨에서는 고추를 바다를 건너왔다 하여 하이자오(海椒)라고 부른다. 또한 쓰촨에서는 1,600년 전부터 얼얼한 매운맛을 내는 화자오를 즐겨 먹었기에 고추를 처음 보고 화자오와 비슷한 매운맛을 낸다 하여 라자오(辣椒)라고 불렀다. 쓰촨에서 주로 먹는 고추는 등불처럼 동그랗게 생긴 덩롱자오(灯笼椒), 하늘을 향해 곧게 자라는 차오톈자오(朝天椒), 두반장을 담글 때 사용하는 얼진탸오(二金条), 절임고추에 주로 쓰이는 셴자오(线椒) 등 그 품종이 다양하다. 중국에서는 쓰촨을 비롯하여 꾸이저우(贵州), 후난(湖南), 장시(江西) 사람들이 매운맛을 즐긴다. 상대적으로 저장이나 광둥 사람들은 매운맛을 꺼린다.

왕가위 감독과 충칭 로맨스

솬라펀酸辣粉

충칭이라는 도시가 유난히 로맨틱하게 느껴지는 이유는 왕가위 감독의 영화 〈중경삼림(重庆森林)〉 때문입니다. 왕가위 감독이 처음 홍콩으로 이민 갔을 때 거주했던 빌딩 이름이 '충칭 빌딩'이었다고 합니다. 중국 당대 문화의 아이콘, 세기말의 시대 정신을 대표한다고 평가받는 왕 감독은 그곳에서 밑바닥 인생의 희로애락을 느꼈다고 하죠.

새콤매콤한 당면요리

쓰촨에는 탄탄면과 쌍벽을 이루는 면 요리, 쏸라펀(酸辣粉)이 있습니다. 이름을 풀이하면 새콤매콤한 당면요리입니다. 이 한 그릇에는 충칭이라는 도시가 품고 있는 세상살이의 애환이 담겨 있는 듯합니다.

쏸라펀의 맛은 신들린 듯 미묘합니다. 입술이 파르르 떨릴 정도로 맵고 얼얼한 맛이 올라오다 급기야 신맛에 눈을 찡그리게 됩니다. '뭐지? 고통스러운데 맛있어' 고개를 갸우뚱하며 한 젓가락 더 집어먹는데 이로부터 중독은 시작됩니다. 탱글탱글한 면발 사이에는 음흉하게 자차이(榨菜, 쓰촨식 짠지)와 콩이 숨어 있습니다. 자차이가 아삭하게 씹히니 찰진 면발에 입체감이 더해지며 오도록 씹히는 볶은 콩이 신맛을 고소함으로 전환합니다. 신데 고소하다, 이 포인트가 다른 요리에서 찾을 수 없는 맛의 신세계지요.

고구마 전분으로 만든 당면

유레카를 외치며 시뻘건 국물을 헤집어 숨겨진 콩을 찾아 먹다 보면 어느새 당면은 뱃속으로 가버립니다. 중국에서는 밀가루로 만든 국수는 미엔

(面)이라 부르고 쌀이나 전분으로 만든 당면 같은 국수는 펀(粉)이라고 명명합니다. 쏸라펀의 면은 밀가루가 아닌 고구마 전분으로 만듭니다. 전문점에서는 미리 만들어진 펀이 아니라 자가제면하여 씁니다. 고구마 전분을 반죽해 두었다가 주문을 받으면 즉시 구멍이 숭숭 뚫린 체에 쏟아붓지요. 면발 모양으로 뽑히는 전분은 뜨거운 물이 끓는 가마솥에 떨어져 탱탱한 면으로 재탄생합니다.

쏸라펀은 당면보다 좀 더 굵고 투명하며 식감은 젤리처럼 탱글탱글합니다. 쏸라펀의 육수는 쏸차이(酸菜)라고 부르는 배추절임의 국물입니다. 한국의 냉면에 동치미 육수를 쓰는 원리와 흡사합니다. 고명으로는 다진 마늘과 파, 자차이, 볶은 콩이 더해지는데 기본적인 새콤함에 매콤함, 짭조름

혀끝의 미각을 입체적으로 자극하는 쏸라펀

함, 고소한 맛까지 합세합니다. 이 면 요리 한 그릇은 혀끝의 미각을 전방위로 자극합니다.

대표 길거리 음식

쏸라펀은 중국의 대표적인 길거리 음식입니다. 야시장이나 사람이 서성이는 골목길에는 언제나 쏸라펀 가게가 한두 곳이 있습니다. 쏸라펀은 가장 저렴한 가격으로 배부르게 먹을 수 있는 음식입니다. 시큼매콤함이 머리카락이 쭈뼛 설 정도인 쏸라펀. 이 한 그릇 비워내면 실연의 아픔 정도는 잠시 내려둘 만합니다. 왕가위 감독의 〈중경삼림〉에 등장하는 미드나잇 익스프레스 같은 작은 가게에서 노란 바탕, 빨간 글씨로 쓰인 메뉴판 벽면에 슬쩍 기대어 봅니다. 쏸라펀 한 그릇 먹다 보면 색다른 중국을 경험해 볼 수 있습니다.

쏸라펀은 한국인의 입맛에도 잘 맞습니다. 게다가 중국의 유명한 라면 생산업체는 일제히 간편식 쏸라펀을 출시했습니다. 굳이 전문점이 아니더라도 마트에 들러 즐비하게 자리한 쏸라펀을 만날 수 있습니다. 맛있는 자극이 필요할 때 쏸라펀을 기억해 보세요.

안심하고 선택하는 닭볶음요리

궁바오지딩 宫保鸡丁

닭고기 볶음요리인 궁바오지딩은 어떤 중국 식당에 들어가도 쉽게 찾을 수 있는 대중 요리입니다. 이제는 한국의 중화요리점에서도 흔히 맛볼 수 있고, 외국에서도 Kung-pao Chicken이라는 이름을 널리 알렸습니다. 평범한 가정식이지만 귀한 손님을 맞을 때도 빠지지 않습니다. 도널드 트럼프 대통령 중국 방문 시 환영 만찬에 오르기도 하고, 독일의 메르켈 총리는 그 맛에 반해 중국에서 조리법까지 직접 배워갔습니다. 가장 일반적인 식재료인 닭가슴살과 파를 이용해 만든 요리가 이토록 빛을 발하는 이유는 무엇일까요. 무엇보다 자극적이지 않고 조화로운 맛 때문이 아닐까 싶습니다.

매콤달콤새콤한 닭가슴살 요리

궁바오지딩은 매콤달콤새콤한 맛이 닭가슴살에 스며 있습니다. 고추와 함께 볶아 칼칼하되 너무 맵지 않고 신맛과 단맛이 하단을 받치며 맛의 트라이앵글을 연출합니다. 땅콩이나 캐슈너트가 듬뿍 들어 있어 고소함이 춤을 춥니다. 볶음요리의 느끼함은 사라지고 하나씩 톡톡 집어먹는 재미가 있어 술안주로 그만입니다.

쓰촨에서는 궁바오지딩을 제대로 먹는 법이 따로 있습니다. 숟가락에 파, 땅콩, 고기, 고추를 한 점씩 얹어 한꺼번에 우적우적 씹어먹는 것이지요. 깍둑썰기 된 식재료들이 입안에서 제각기 통통 튀면서 미각의 향연을 펼칩니다. 고수 등 자극적인 향신료나 양념이 들어가지 않아 중식을 처음 접하는 외국인들이 선호하는 요리지요. 궁바오지딩은 단품 말고도 궁바오지딩 덮밥과 아이들을 위한 궁바오지딩 피자도 있습니다. 한국의 불고기가 햄버거나 피자로 발전하듯이 궁바오지딩은 외국의 요리와 결합하며 지평을 넓혀가고 있습니다.

정보정과 궁바오지딩

워낙 인기가 높은 요리이기에 꾸이저우, 쓰촨, 산둥, 베이징에서도 일제히 궁바오지딩이 자기 지역 요리라고 주장합니다. 그렇다면 이 요리에 담긴 일화를 들어보고 판단해 보시죠.

궁바오지딩은 중국의 정보정(丁宝桢)이라는 관리에 의해 만들어졌습니다. 정보정은 중국 청나라 때 증국번, 이홍장, 좌종당과 함께 '중흥명장(中兴名将, 중국을 부흥시킨 명장)'이라는 명예를 받았습니다. 그는 꾸이저우

파, 땅콩, 고추, 닭고기가 조화를 이루는 요리

에서 태어나 1863년 산둥성 절도사로 파견됩니다. 미식가였던 그는 어느 날 시찰을 나갔다가 한 요리사가 볶고 있는 닭고기 요리에 관심을 가지게 되었습니다. 닭고기의 보드라운 살점과 땅콩의 고소함, 싱그러운 파 향이 어우러진 이 요리는 단번에 그의 미각을 사로잡습니다. 집으로 돌아온 그는 즉시 그 요리사를 관내 조리사로 초빙하였고 가족, 지인들과 함께 이 요리를 즐겨 먹었습니다.

1874년 쓰촨성 총독으로 임명된 정보정은 청두로 이사를 가면서 그 요리사도 함께 데려갑니다. 쓰촨에 도착한 요리사는 쓰촨의 식재료들을 배합하여 매콤한 맛이 가미된 지금의 궁바오지딩을 완성했습니다. 이 요리는 정보정이 베푸는 연회 때마다 메인으로 등장했고 그 인기가 하늘을 찌르며 황제의 상에 진상되는 궁중요리가 되었습니다. 정보정은 황제로부터 '궁바오(宫保)'라는 칭호를 하사받았기에 사람들은 그를 딩궁바오(丁宫保)라 불렀고 그로 인해 알려진 이 닭요리는 '궁바오지딩'이라 칭했습니다. 꾸이저우 사람이 산둥요리에서 발견하여 다시 쓰촨식으로 개발, 궁중에까지 전해진 이 요리. 과연 어느 지역 요리로 분류하는 것이 맞을까요? 결론을 말씀드리자면 대부분의 중국인은 쓰촨요리로 분류하는 데 동의합니다.

궁바오지딩을 만들 때는 밑 작업이 중요합니다. 닭가슴살은 퍽퍽하고 양념이 잘 배지 않는 성질이라 큰 칼로 두드린 후 밑간을 해야 합니다. 계란 흰자, 맛술, 전분 물과 함께 가슴살을 저며 놓고, 숙성된 닭고기를 화자오, 고추, 파 등과 함께 센 불에 볶다가 마지막에 땅콩을 넣어 마무리합니다. 여기에 들어가는 고추는 단맛이 강한 붉은색의 여지고추(荔枝辣椒)입니다.

06

뜨거운 밥 위에 얹고 싶은 얼얼한 맛

마파두부 麻婆豆腐

중국인들이 입맛이 없을 때나 별다른 재료가 없을 때 냉장고를 털어 뚝딱 해 먹는 요리가 마파두부입니다. 두부와 파, 두반장 등 가장 단출한 식재료로 만들 수 있으며 하얀 쌀밥과 최고의 궁합을 이룹니다. 알싸한 매운맛과 두부의 고소함이 어우러져 쌀밥을 주식으로 삼는 아시아 식탁에서 그 인기를 날로 더해 갑니다.

맵고 얼얼한 두부요리

한 그릇의 마파두부에는 맵고 얼얼한 맛, 화끈한 열기, 부드러운 식감이 두루 담겨 있습니다. 모락모락 갓 지은 쌀밥에 마파두부를 듬뿍 얹어 쓱쓱 비벼 줍니다. 매콤하고 구수한 두반장이 쌀알에 스며들어 환상적인 맛을 입힙니다. 숟가락으로 듬뿍 떠서 입안 가득히 먹으면 쌀알이 쫀득, 두부가 보들, 콩의 고소함이 매운 소스를 뚫고 올라옵니다. 이어서 기름에 볶은 대파 향이 확 퍼지면서 정점을 찍습니다. 한 입 또 한 입, 밥 한 공기 정도는 마파두부의 공습으로 순식간에 점령당하죠.

150여 년간 중국인 밥상의 단골 요리로 등장하는 이 요리는 얼굴이 곰보투성이인 진(陈)씨 아주머니가 만들었다 하여 마파두부(麻婆豆腐)라는 이름이 붙었습니다. 1862년 어느 날 유채기름을 파는 사람이 식당으로 들어왔습니다. 그는 "돈이 없어 요리를 시킬 수 없으니 이것으로 두부라도 지져 달라"고 하며 유채기름과 고기를 내밀었습니다.

마음씨 좋기로 소문난 진씨 아주머니는 기꺼이 즉석 두부요리를 만들어 주었습니다. 혀가 얼얼할 정도로 맵고 뜨겁지만 두부의 맛이 일품이었습니다. 유채기름 장수는 배불리 먹고 기운을 차린 후 식당을 나섰습니다. 지금도 쓰촨 청두에 가면 인심 좋은 아주머니의 진마파두부(陈麻婆豆腐)라는 식당이 성업 중입니다. 진마파두부점은 이제 청두를 넘어 전국에 지점을 확장하며 굴지의 요식업 기업으로 거듭났습니다. 이 식당은 한국의 TV 프로그램에도 종종 등장합니다.

중국에서는 결혼 상대를 고를 때 외모만 보지 말고 착한 사람을 만나라는 의미에서 '진씨 아주머니'를 이상형으로 꼽습니다. 요리 솜씨가 뛰어나고 마음씨 착하며 작은 구멍가게를 100년이 넘는 굴지의 기업으로 일굴 수 있는 여인보다 더 나은 신붓감이 있을까요?

셰프를 평가하는 음식이 되기도 하는 마파두부

섬세한 조리법이 필요한 요리

쓰촨의 가정식, 가장 저렴한 요리 중의 하나지만 마파두부는 의외로 쓰촨요리를 전공한 셰프의 실력을 평가하는 기준이 되기도 합니다. 제대로 된 마파두부를 만들기 위해서는 섬세한 조리법이 필요하기 때문입니다. 두부는 팔팔 끓는 소금물에 살짝 데쳐낸 후 고추, 화자오, 다진 돼지고기, 두반장과 함께 센 불에서 볶습니다. 이때 포인트는 전분 물을 세 번 둘러야 하는 것. 두부 속에 가두어진 물기를 점진적으로 끌어내고 소스가 묽어지는 것을 방지하기 위해서입니다. 이렇게 만들어진 마파두부는 두부의 모양이 흐트러지지 않고 소스와 잘 어우러져 최상의 맛을 냅니다.

Tip 피센 두반장(郫县豆瓣酱)

쓰촨요리에는 많은 소스가 들어가지만 방점은 언제나 두반장이 찍는다. 두반장은 강낭콩과 다진 고추를 함께 발효시킨 쓰촨식 고추장이다. 두반장 중에서도 쓰촨 피센이라는 곳의 두반장을 최고로 친다. 피센은 습도가 높은 고산지대에 위치하여 있고 낮과 밤의 기온 차가 크다. 아침마다 장독대에 맺혀지는 이슬들이 방울방울 두반장 속으로 스며들어 이곳에서 만들어진 두반장은 자연의 맛이 그대로 살아 있다. 실제로 쓰촨에서는 집집마다 직접 두반장을 담가 먹기도 하는데 식습관에 따라 맛이 조금씩 다 다르다. 시간이 만드는 발효음식은 세상 어디서나 힘이 있다.

생선 향을 품은 돼지고기 볶음

위샹러우쓰鱼香肉丝

쓰촨의 수많은 요리계열 중에는 위샹(鱼香, 어향)이라는 장르가 있습니다. 생선이 들어가지 않는 요리에서 생선의 풍미를 내는 것, 요리사는 다양한 향신료와 소스를 동원하여 신선한 생선 풍미를 만들어냅니다. 어향을 내는 요리에는 위샹러우쓰(鱼香肉丝, 어향육사), 위샹다샤(鱼香大虾, 어향대하), 위샹치에즈(鱼香茄子, 어향가지) 등이 대표적입니다. 이름에 어향이 붙은 요리에는 짭조름, 달콤함, 시큼함, 매콤함이 어우러진 맛의 신세계를 경험할 수 있습니다.

향신료와 소스로 만들어낸 생선의 맛

사실 동서남북이 험준한 산세에 둘러싸인 쓰촨에는 특별히 내세울 만한 식재료가 없습니다. 해산물이 없음은 물론이고 소와 양고기도 수급이 원활치 않습니다. 그렇다고 땅이 비옥해서 야채나 과실이 풍족한 것도 아닙니다. 쓰촨의 요리사들은 이런 한계를 인식하고 가장 평범한 식재료들로 최상의 맛을 조리하기 위해 혼신을 다해 노력했습니다. 그 결과 만들어진 맛이 어향입니다.

위샹러우쓰, 한국의 중화요리 식당에서는 어향육사라고 부릅니다. 잔잔하게 깔리는 매운맛과 감미로움 가운데 생선 향이 은은하게 퍼지지요. 고기와 목이버섯은 부드럽게 씹히고, 죽순과 오이채는 아삭한 식감을 더해 요리의 맛을 더욱 풍부하게 만들어 줍니다. 지금은 목이버섯, 죽순이 반드시 들어가지만 원조 격인 위샹러우쓰는 돼지고기만 가지고 요리를 했습니다. 돼지고기는 살코기와 비계의 비율을 7:3으로 고수했고요. 예로부터 새콤달콤한 위샹러우쓰는 집 나간 며느리도 돌아오게 한다는 남녀노소 누구나 즐겨 먹는 요리입니다.

위샹러우쓰의 소스는 원래 생선요리를 만들 때 쓰던 배합이었습니다. 다양한 향신료와 양념으로 생선의 비린내를 제거하기 위함이었죠. 어느 부인이 생선요리를 하다가 남은 양념장이 아까워 돼지고기와 함께 볶았는데 웬걸 더욱 맛있어지는 게 아니겠습니까. 돼지고기의 누린내는 사라지고 은은한 생선 향이 감돌면서 까다로운 남편의 입맛을 만족시켰다는 이야기가 전해집니다.

쓰촨에서 고급 조리사 자격증을 따기 위해서 반드시 거쳐야 할 과제가 위샹러우쓰입니다. 제대로 된 어향은 불 조절, 소스의 엄격한 배합에서 만들어지기 때문입니다. 위샹러우쓰에는 불맛이 중요합니다. 센 불에서 조리해내야 하지요. 충분한 화력에서 웍을 휘두르며 가열차게 볶아내야 불맛이 살아납니다. 그 맛은 일반 가정집 가스레인지에서 프라이팬에 달달 볶아내어서는 결코 다다를 수 없는 경지입니다.

맛있는 위샹러우쓰는 이렇게 만들어집니다. 돼지고기를 채 썰고 소금과 전분 가루를 저며 둡니다. 설탕, 식초, 전분가루, 후추를 배합하여 어향 소스를 만듭니다. 웍에 기름을 둘러 뜨겁게 달군 후 고기와 소스를 함께 넣고 생강, 마늘, 파를 곁들입니다. 불의 힘에 의지하여 힘차게 볶아내면 바로 새로운 풍미 어향이 탄생합니다. 신맛과 단맛, 짠맛의 비율을 정확하게 가늠해야 하기에 위샹러우쓰는 결코 쉽게 할 수 있는 요리가 아닙니다.

위샹 장르 중의 다양한 요리

위샹러우쓰 외에 위샹치에즈도 이 장르에서 매우 유명한 요리입니다. 밍밍한 맛을 내는 가지는 위샹 소스와 어우러져 고급스러운 생선 향을 품습니다. 뜨끈한 밥 위에 듬뿍 올려 비벼 먹으면 아이들도 금방 한 그릇 비워낼 수 있습니다.

위샹러우쓰에서 빠뜨릴 수 없는 중요한 식재료가 있으니 바로 고추절임입니다. 충분히 발효되고 숙성되어 시간의 묘미를 머금은 고추절임은 요리에 매력을 더합니다. 식초와 소금만이었다면 밋밋할 뻔한 염도와 산미는 절임고추가 뒤받쳐주면서 감칠맛 나고 생동감 있게 표현됩니다. 청두에서 나는 얼진탸오(二荆条) 고추를 이용하여 한 달가량 절이면 색이 붉고 감칠맛이 돕니다. 이 고추절임은 쓰촨요리에 폭넓게 쓰이니 이를 이해한다면 쓰촨요리를 더욱 맛있게 즐길 수 있습니다.

쓰촨요리를 대표하는 면식

탄탄면 担担面

행복지수가 높은 청두

쓰촨성 청두는 중국에서 행복지수가 가장 높은 도시입니다. 먹고 먹고 먹고 차 마시는 동네. 이 도시는 커피나 밀크티보다 재스민차가 잘 어울리는데 은은한 여유로움이 도시의 공기를 가득 채우기 때문입니다. 이곳이 살기 좋다는 사실은 판다가 증명하지요. 판다는 동물 중 서식 환경이 가장 까다로운 녀석입니다. 먹이도 깨끗한 환경에서 자란 대나무만 먹습니다. 이런 판다가 가장 잘 자라는 곳이 바로 이곳 청두입니다.

청두에 발을 디디면 가면이 필요 없습니다. 얼굴 근육이 자연스럽게 펴지면서 순수한 아이의 마음이 됩니다. 화장기 없는 얼굴로 마라 훠궈를 먹으면서 땀을 뻘뻘 흘릴 수도 있지요.

중국에서는 흔히 "청년일 때는 쓰촨에 가지 말고, 나이 들어서는 쓰촨을 떠나지 말아라(少年不入川, 年老不离蜀)"라고들 이야기합니다. 시간이 멈춘 듯 여유로운 도시이기 때문입니다.

이곳 사람들은 천부적으로 미각이 발달하였습니다. '오늘 뭐 먹지?'라는 고민은 청두에서 순식간에 해결됩니다. 다양한 소스와 현란한 요리의 기술, 쓰촨요리는 중화요리 중에서 한국인의 입맛에도 가장 맞습니다.

쓰촨의 대표 면 요리, 탄탄면

아직 짜장면처럼 보편화 되지는 않았지만 그러한 가능성이 충분히 있는 면식, 탄탄면을 소개합니다. 마파두부, 어향육사, 라조기, 마라탕, 훠궈 등과 더불어 쓰촨요리를 이루는 중요한 요리입니다.

현재 탄탄면은 아시아 전역에 보급되어 쓰촨식, 일본식, 타이완식 등 여러 버전으로 발전해 있습니다. 중국 현지식 발음은 딴딴미엔입니다. 쓰촨 청두에서 처음 만들어진 탄탄면은 국물이 없는 비빔면입니다. 얼핏 이름만 들으면 면발이 탄탄하며 탱글탱글 쫄깃할 것 같지만 정작 탄탄면은 뭉청뭉청 씹히는 쌀국수 같은 식감입니다. 그렇다고 힘없이 풀썩 주저앉지도 않는 것이 탄력적인 여유를 지닌 쓰촨인의 성품을 닮았습니다.

자 그럼 맛있는 탄탄면은 어떻게 만들어질까요. 우선 움푹 팬 면식기에 고기와 함께 볶은 두반장을 깝니다. 면은 닭고기 육수에 데쳐내어 풍미를 입힙니다. 이 면을 그릇에 얹은 후에 청경채, 다진 땅콩, 참깨장, 간마늘, 다진 쪽파, 고춧가루를 고명으로 얹어 냅니다. 그리고 마지막으로 화자오로 맛을 낸 빨간 고추기름, 라유를 듬뿍 뿌립니다.

정성껏 비빈 탄탄면은 빨갛게 고추기름을 뒤집어씁니다. 탄탄면은 면발을 세듯이 쩨쩨하게 먹는 것이 아니라 입에 가득 물고 씹어야 합니다. 그래야 면에 묻어가는 고명이 한꺼번에 느껴지기 때문입니다. 치간 사이로 보드러운 면이 애무를 하면 고기 씹히는 맛이 치고 들어 옵니다. 이때 두반장의 쿰쿰한 향, 땅콩의 고소함, 라유의 매콤함이 리드미컬하게 들어오며 한입 탄탄면이 완성됩니다. 화자오 때문에 입 주위가 얼얼해질 무렵 고소한 땅콩이 매운맛을 달래줍니다.

'탄탄'이라는 이름은 과거 청두 시내의 면 장수들이 어깨에 물지게 같은 장대를 지고 다니던 모습에 유래하지요. 한쪽 통에는 닭 육수와 면을, 다른 한쪽 통에는 고명과 소스를 담아 팔았습니다. '탄(担)'은 어깨에 멘다는 뜻

뭉청뭉청 씹히는 쌀국수 식감의 탄탄면

인데요. 탄탄이라고 두 번 반복한 이유는 흔들흔들 어깨에서 아래위로 흔들리는 육수통을 묘사하기 위함입니다.

쓰촨 요리점의 후식 면

쓰촨인들은 아침에도 저녁에도 탄탄면을 즐깁니다. 메인 요리로 이것저것 골라 먹다가도 2% 부족한 허기는 탄탄면으로 채우곤 하지요. 한국 사람들이 고기를 먹고 후식으로 냉면을 먹는 것과 다름없습니다. 그들은 밥공기만 한 작은 그릇에 오롯이 담겨오는 탄탄면을 한 그릇 호로록 먹고 나서야 불룩한 배를 어루만지며 만족한 듯 수저를 내려놓습니다.

금슬 좋은 부부의 소내장 요리

푸치페이펜 夫妻肺片

2017년 5월, 미국 <GQ> 매거진에서는 Brett Martin의 '2017 레스토랑 어워즈'를 발표했습니다. 2017 레스토랑 어워즈에서는 올해의 애피타이저상(Appetizer of the Year)으로 휴스턴의 쓰촨요리점 Pepper Twins의 요리 푸치페이펜(夫妻肺片)을 선정했습니다. 이 요리의 영문 이름은 'Mr and Mrs Smith'입니다. 아시아에서 온 이 특별한 맛은 미국의 미식계조차 들끓게 했습니다.

쓰촨의 대표 애피타이저

푸치페이펜은 쓰촨의 대표적인 애피타이저로 소의 내장을 편으로 썰어 매콤하고 얼얼한 소스로 맛을 낸 냉채입니다. 푸치(夫妻)는 부부, 페이펜(肺片)은 허파라는 뜻입니다. 처음 이 요리를 접한 외국인들은 언뜻 '부부의 폐 요리?'라고 이해해 엽기적이라 생각했습니다. 한국에 관광 온 여행객들이 식당 간판에서 '옛 할머니 내장탕'을 보고 기겁하는 것과 비슷한 맥락이겠죠. 그러나 이름의 유래를 알면 그 궁금증이 풀립니다.

오래전 청두에서 살던 귀족들은 소의 고기만 취할 뿐 내장은 전부 내다 버렸습니다. 버려진 내장은 '버릴 것'이라는 의미로 페이펜(废片)이라고 불렀습니다. 1930년대 청두에서 노점상을 운영하던 어느 부부는 버려지는 재료들이 아까워 전부 가져다가 요리를 만들었습니다. 내장을 편으로 썰어 고추기름, 화자오, 깨, 참기름, 간장 등으로 양념을 해서 조물조물 무쳐냈습니다.

이 요리의 감칠맛은 예상을 훌쩍 뛰어넘었습니다. 한 사람 두 사람이 이

어달리기처럼 즐겨 먹다가 인기를 끌기 시작했습니다. 이 요리를 만든 사람이 금슬이 좋기로 소문난 부부라 사람들은 부부가 만든 버린 내장 '푸치페이펜(夫妻废片)'으로 명명했지요. 그런데 음식에 버릴 폐(废) 자가 입맛을 떨어뜨리기에 허파 폐(肺) 자로 바꾸어 불렀습니다. 소의 혀, 위, 심장, 머리껍질 등 내장으로 만드는 요리이지만 정작 '폐'는 들어 있지 않습니다.

식욕에 불을 지피는 반찬

빨간 고추기름이 반질반질한 푸치페이펜은 육편이 큼지막하고 얇아서 한 입에 한 장씩 먹습니다. 푸짐하고 야들야들하게 씹히지요. 그 맛이 얼얼하게 맵고 그 가운데 고소하여 식욕의 전투력에 불씨를 지피니 애피타이저로는 그만입니다.

이 요리는 간편한 조리법에 감칠맛은 으뜸이라 중국 전역으로 퍼졌습니다. 중국 어디에서건 푸치페이펜에 맥주를 곁들이는 사람들을 만날 수 있지요. 이 요리를 만들기 위해서는 우선 소의 내장을 깨끗하게 씻어내어야 합니다. 소의 위는 석회수로 빨래하듯 깨끗이 씻고 데친 후에 껍질을 벗겨냅니다. 소머리 부위는 불로 달궈 털과 딱딱한 껍질을 제거하고 데쳐냅니다. 손질을 거친 내장은 맛술, 소금 등 조미료를 넣고 밑간을 해둡니다.

고춧가루는 거친 것과 곱게 간 2가지를 섞어 씁니다. 기름에 파, 마늘을 넣고 볶아내고 준비해 둔 고춧가루를 넣어 붉은빛의 홍유를 만들어냅니다. 홍유는 고춧가루나 파, 마늘을 깨끗하게 여과해서 사용해야 합니다. 푸치페이펜에서 홍유는 곱고 맑고 깨끗한 매운맛이 포인트이니까요.

편으로 썰어낸 소의 내장은 홍유, 화자오, 깨, 참기름, 간장 등으로 양념합니다. 마무리로 샐러리와 고수로 쌉싸름함을 더하지요. 내장 부위마다 씹는 맛이 달라 같은 양념장에 무치더라도 골라 먹는 재미가 있습니다. 땅콩가루와 참깨를 덧뿌려 고소한 맛을 더합니다.

Tip 쓰촨의 매운맛

쓰촨의 요리에서 매운맛은 다양한 스펙트럼을 지닌다. 고추기름을 듬뿍 넣어 맛을 낸 홍유(红油), 생선 향이 나는 위샹(鱼香), 양귀비가 사랑한 과일 리치처럼 달콤하게 매운 리즈(荔枝), 얼얼한 매운맛 마라(麻辣), 시큼하게 매운맛의 솬라(酸辣), 마늘을 넣어 향을 낸 쏸샹(蒜香), 약초맛이 강한 진피(陈皮) 등 그 종류만도 수십 가지이다. 매운맛이라는 것이 단순히 오미 중 하나요, 미각의 통증이 아니라 얼마나 다양한 향과 맛으로 어우러지는지 쓰촨에 가서야 비로소 느껴볼 수 있다.

맵고 얼얼하고 뜨거운 것에 대하여

마라탕 麻辣烫

최근 한국에서 마라탕(麻辣烫)이 화제로 떠오르고 있습니다. 건대입구나 대림동 등지에서 불티나게 팔린다고 하더군요. '아, 드디어 그 맛의 진리를 아시게 되었구나!' 슬며시 미소가 지어집니다.

중국에서도 마라탕은 전국의 골목식당을 석권하는 음식입니다. 맵고 얼얼하고 뜨겁다는 뜻의 마라탕은 꼬치를 육수에 담가 샤부샤부처럼 먹는 방식도 있고, 원하는 재료를 솥에 담아 한 번에 끓여내는 방식도 있습니다. 한국에서 유행되고 있는 마라탕은 대부분 후자인 듯합니다.

훠궈의 라이트버전, 마라탕

중국의 마라탕은 쓰촨성 니우화(牛华)라는 지역에서 시작된 음식입니다. 야채, 고기 등 꼬치에 꽂은 온갖 식재료들을 맵고 얼얼한 국물에 뜨겁게 끓여 먹습니다. 새끼 양처럼 순하던 식재료들이 시뻘건 탕의 매운 기를 온몸으로 흡수하며 어벤저스처럼 살아납니다. 미각을 사정없이 자극하며 허기지고 피폐한 식욕 월드를 구원해 줍니다.

지금에서야 마라탕이 훠궈의 라이트버전이지만 사실은 훠궈가 마라탕의 기반에서 업그레이드된 요리입니다. 강가에서 일하던 뱃사람들이 거대한 가마솥에 둘러앉아 여러 가지 야채를 꼬치에 꽂아 끓여 먹던 음식이었죠. 맵고 얼얼하고 입맛을 돋우는 마라탕은 몸의 습기를 빼고 허기를 달래주어 식사 시간이 일정치 않은 노동자에게 더없이 좋은 음식이었습니다. 펄펄 끓는 마라탕은 고된 노동으로 지친 뱃사람들의 몸과 마음을 달래준 소울푸드였습니다.

냉장고 안에 질연된 마라탕 식재료들

마라탕 전문점에는 쇼케이스처럼 생긴 냉장고가 손님을 반깁니다. 그 안에는 양고기, 소고기, 해산물, 버섯, 야채 등 육해공군 온갖 식재료들이 꼬챙이에 꽂혀 얌전히 누워 있습니다. 저렴한 가격에 입맛에 맞게 골라 먹을 수 있어 마라탕은 매력적입니다. 야채와 같은 저렴한 재료는 짧은 꼬치에, 고기류는 긴 꼬치에 꽂혀 있습니다. 주인장은 다 먹은 꼬챙이를 모아 테이블에 툭툭 치면 긴 것, 짧은 것의 개수가 쉽게 확인되어 계산을 마칩니다.

중국인들의 마라 사랑

훠궈가 그렇듯이 마라탕은 중국인들의 문화와 영혼에 닿은 음식입니다. 니우화 원조의 마라탕 조리법을 살펴볼까요. 우선 월계수 잎, 정향, 계피, 팔

매운 기를 머금은 시뻘건 마라탕

붉은 등불을 환하게 밝힌 마라탕 가게

각, 구기자, 백지 등 수십 가지 약재를 로스팅하여 곱게 가루로 냅니다. 큰 가마솥에 기름을 붓고 두반장, 얼음 설탕, 삭힌 두부, 생강, 마늘, 고추, 화자오를 넣고 수십 차례 저어가며 뭉근히 양념장을 끓여냅니다. 마지막으로 약재 가루를 붓고 쓰촨식 마라탕 특유의 향을 완성해내지요. 약 30킬로그램의 양념장으로 200솥의 마라탕을 만들어 낼 수 있습니다.

일단 양념장을 마련하면 요리의 90%가 완성된 것과 다름없습니다. 펄펄 끓는 물에 양념장을 배합대로 넣고 밑탕을 냅니다. 이제는 선택한 꼬치들을 넣고 익기만 기다리면 됩니다. 코가 스멀스멀, 간질간질 재채기가 터져 나오는 신호가 이제 마라 향이 피어오르고 식재료들이 순식간에 익어가고 있음을 알려줍니다. 마라탕은 중독성이 강한 음식입니다. 훠궈처럼 작정하고 먹으러 갈 필요 없이 오다가다 들러 간단히 먹기 좋은 음식입니다. 혼밥으로도 더없이 좋은 선택이지요. 참고로 중국의 마라탕 가게는 정갈하고 호화롭게 인테리어되어 있지 않습니다. 대부분은 꼬질꼬질하고 삶의 애잔한 내가 물씬 풍기는 그런 모습입니다. 한여름철 선풍기가 윙윙 돌아가는 가게에서 땀을 삘삘 흘리며 뜨거운 가마 열기와 씨름하는 것이 맵고 얼얼하고 뜨거운 마라탕을 대하는 진정한 자세라고 생각해 봅니다.

북방식 마라탕

베이징을 비롯하여 북쪽 지역에서 먹는 마라탕은 원하는 재료를 그릇에 담아 한 번에 조리합니다. 국물은 향신료 향이 강한 쓰촨식보다 사골 국물에 고추기름과 화자오를 넣어 구수한 맛을 냅니다. 덕분에 자극적인 맛에 약한 사람들도 두루 즐길 수 있습니다. 원조의 화끈한 맛이 사라져 쓰촨 사람들은 아쉽다고 합니다만, 요즘은 프랜차이즈 전문점으로 확산되며 남녀노소 맛있게 먹을 수 있는 대중적인 포인트를 찾아가는 듯합니다.

한 그릇에 담겨 나오는 북방식 마라탕

11

이름부터 군침 도는 닭요리

커우수이지 口水鸡

중국에는 밑반찬 문화가 없습니다. 한국의 식당이야말로 인심이 최고이지요. 된장찌개 하나만 주문해도 테이블을 가득 채울 만큼 푸짐한 밑반찬이 깔리니까요. 중국에서는 메인 요리가 오르기 전까지의 허전함을 량차이(凉菜)라고 하는 애피타이저가 담당합니다. 물론 무료가 아닙니다. 손님이 알아서 주문하는 것입니다. 량차이로 사랑받는 요리들은 파이황과(拍黄瓜)라고 하는 오이무침, 반투더우쓰(拌土豆丝)라고 하는 감자채무침, 화성미(花生米)라고 하는 땅콩볶음과 자차이(榨菜)라고 하는 무절임 비슷한 요리가 있습니다. 이 요리들은 허름한 골목식당에도 있고 럭셔리한 호텔 레스토랑에도 있습니다. 메인 요리가 등장하기 전에 량차이를 무심코 집어 먹다 보면 금방 한 그릇 비워집니다. 량차이는 미리 술 한잔을 기울이기에도 좋습니다.

쓰촨의 밑반찬 요리, 커우수이지

쓰촨지역의 가장 유명한 량차이는 커우수이지(口水鸡)입니다. 커우수이지는 이름 그대로 '군침이 도는 닭'으로 이해할 수 있는데요. 매콤한 소스와 부드러운 찜닭이 어우러져 식사 전 식욕을 왕성하게 해주는 요리입니다. 야채들이 강세를 보이는 량차이 분야에서 상당히 고급스러운 요리라 할 수 있습니다.

커우수이지라는 이름은 중국의 유명한 소설가 궈모뤄(郭沫若) 선생의 작품에서 유래되었습니다. 궈 선생은 "어릴 적 고향 쓰촨에서 먹던 닭 반찬은 하얀 닭고기와 붉은 고추기름이 어울려 지금 생각해도 군침이 돈다"라고 적었습니다. 이 글을 읽으며 사람들은 그 요리를 커우수이지라고 부르기 시작했지요.

커우수이지는 워낙 유명한 요리여서 "그 명성은 쓰촨 삼천리에 휘날리고 그 맛은 강남 12주를 압도한다(名驰巴蜀三千里, 味压江南十二州)"는 말이 있을 정도입니다. 빨간 기름이 감도는 양념장 중앙에 가지런히 편을 낸 닭고기가 봉긋하게 솟아 있습니다. 닭은 늪에서 피어난 연꽃처럼 질퍽한 양념 속에서도 순결한 모양새를 유지합니다. 고기를 한 점 집어 양념장에 듬뿍 찍어내면 드라마틱한 맛이 펼쳐지지요. 매콤하게 고소한 두반장의 맛이 담백한 닭살과 어우러져 씹다 보면 침샘이 활짝 열립니다.

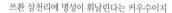

쓰촨 삼천리에 명성이 휘날린다는 커우수이지

토종닭을 고집하는 콜드디시

애피타이저라고 해서 조리법이 간단할 것이라 여기면 오산입니다. 커우수이지는 콜드디시여서 서툴게 조리하면 닭 비린내가 풍기므로 제대로 된 맛을 낼 수 없습니다. 그래서 유명한 요리사들은 사육장에서 키운 닭보다는 토종닭을 고집하기도 합니다.

커우수이지는 작은 양을 담아내기에 닭다리 하나 정도만 사용합니다. 닭고기는 뜨거운 물에 익혀낸 후 바로 얼음물로 식힙니다. 생강, 파, 마늘과 두반장을 웍에 휘휘 두르듯 볶아 양념장을 만들어냅니다. 접시에 닭고기를 올리고 양념장을 주위로 부어내어 닭고기의 깨끗한 색상을 다치지 않게 해야 합니다. 그러고 나서는 땅콩가루를 솔솔 뿌려 고소함을 더해 줍니다.

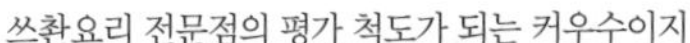
쓰촨요리 전문점의 평가 척도가 되는 커우수이지

03

웨차이(粵菜)_광둥요리

자연과의 일치를 이루는 고급 음식 문화

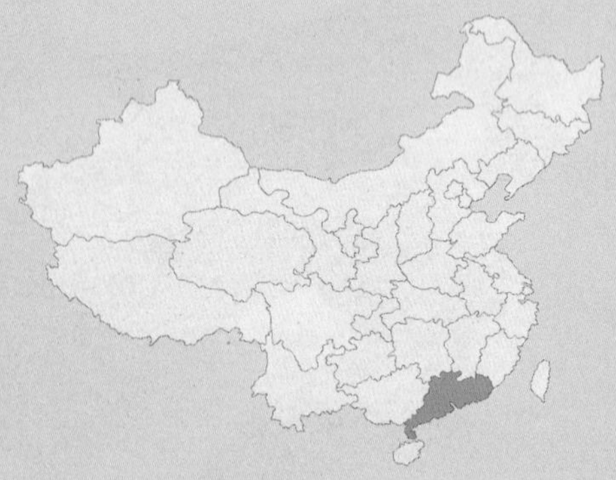

중국의 8대 요리 가운데 많은 이들이 광둥요리, 웨차이(粵菜)를 백미로 칩니다. 정교하고 고급스러운 웨차이는 전 세계적으로 프랑스 요리와 더불어 가장 고급스러운 요리로 평가받으며 미쉐린가이드 등 유수의 미식 평가에서도 항상 선두를 지키고 있습니다. 해외에서 거주하는 화교 중 광둥 출신이 많기에 웨차이가 세계적으로 전파된 것도 사실이나 광둥요리의 미식 철학을 이해하면 절로 고개가 숙여집니다.

부시불식의 미학

신선함을 제일로 여기는 광둥요리는 '부시불식(不时不食)'이라는 원칙이 있습니다. 제철에 난 것이 아니면 먹지 않는다는 의미로, 자연의 흐름에 따라 제철 음식을 먹으며 몸과 자연이 일체가 된다는 철학입니다.

제철 음식을 먹는다는 것은 자연을 거스르지 않는 겸허함입니다. 천여 년 동안 광둥(广东) 사람들은 대자연이 준비한 식단에 집중했습니다. 일 년 사계절 절기에 따라 씨를 뿌리고 자연이 되돌려주는 순서대로 감사히 먹어왔습니다. 그들은 음식을 통해 자연과 사람을 연결해주는 음식의 신비로운 주문을 해석해 내었지요. 그래서 음식을 '먹는' 행위를 허투루 하지 않습니다.

광둥 사람은 단순히 허기를 채우기 위해 먹지 않습니다. 언제, 왜, 어떻게 먹어야 할지 고민하는 겁니다. 식재료의 가치가 내 몸에서 충분히 좋은 효과를 낼 수 있도록 한 번 더 고민해 봅니다. 생선을 먹을 때는 "봄에는 방어, 여름에는 준치, 가을에는 잉어, 겨울에는 농어"와 같은 룰이 있고 요리할 때는 식재료의 궁합을 철저히 따집니다.

제철 식재료에 담긴 고유의 영양과 풍미에 누가 되지 않도록 불 조절에도 상당히 신경 씁니다. 가장 효과적인 조리법은 뭉근히 죽으로 끓여내는 방법입니다. 솥에 담겨 오랜 시간 동안 익혀낸 죽은 신비로운 불맛이 어립니다. 입을 통해 몸속에 들어와 세포 하나하나를 채워 가는 맛입니다.

외부인들이 볼 때 광둥인의 음식 사랑은 과하다 할 수도 있습니다. "눈에 보이는 것은 책상다리만 빼고 뭐든지 다 먹는다, 날아다니는 것 중에는 비행기만 빼고 다 먹는다"라는 말이 있을 정도이니까요. 다양한 식재료를 가리지 않고 먹기에 타인의 기준에서는 엽기적일 수도 있으나 이들은 입장이 다릅니다. 생긴 것은 다양하지만 모두 자연에서 태어났으며 이를 편견 없이 받아들이는 것에 불과하다 말합니다.

풍부한 식재료를 바탕으로 한 식문화

광둥의 기후조건은 요리에 지대한 영향을 끼칩니다. 아열대 기후에 바다와 인접하니 강우량이 생명을 키우기에 충분하고 사계절 푸르릅니다. 기후와 지리조건이 가져다준 풍부한 식재료를 바탕으로 광둥 사람은 다양한 조리법을 개발해 왔습니다. 이들은 고유의 문화만 고수한 것이 아니라 중국 각 지역의 다양한 조리법을 적극 흡수하고 부단히 개발하며 자신만의 방식으로 최적화했습니다. 타 지역의 평범한 가정식도 광둥인의 손을 거치면 정교하고 고급스럽게 재탄생했고, 16세기부터는 외국 선교사와 상인들의 교류가 빈번했던 곳이므로 서양 요리법도 적극 수용하여 조리법에 결합시켰습니다.

음식을 대하는 품격 있는 자세

광둥은 예로부터 상업과 무역이 발달했고 교육을 중시했습니다. 중국의 타 지역보다 한발 먼저 부르주아 계층이 형성되었고 이들은 미식에 쏟아붓는 돈을 아끼지 않았습니다. 고급 요리, 접대문화, 식사예절 등에 극성일 정도로 파고들었지요.

귀족이 불을 지핀 음식 문화는 평민의 생활에도 큰 영향을 끼칩니다. 차를 마시며 딤섬을 곁들이는 '찻집 문화(茶楼文化)'는 더 이상 귀족들만 누리는 호사가 아닌 누구나 즐기는 일상이 되었습니다. 음식을 대함에 있어 품격을 갖추는 자세는 빈부를 떠나 광둥인의 삶에 중추가 되었습니다.

찻집 문화가 꽃피운 여유의 미식
딤섬点心

차에 디엔신(点心, 딤섬)을 곁들이는 시간은 광둥인의 가장 큰 행복입니다. 1851~1861년 사이의 약 10년간 제위한 청나라 9대 황제인 문종(文宗) 함풍제 시기에 광둥의 찻집 문화가 시작되었습니다. 그리고 지금까지 100여 년의 역사를 이어오며 중국은 물론 동아시아 지역에 광범위하게 전파되었지요.

하루를 여는 의식, 조식문화

아침이 밝아오면 광둥 사람들은 집 문밖을 나서 찻집으로 향합니다. 문을 열기도 전에 줄을 서다가 찻집이 오픈하면 바쁘게 안으로 밀고 들어가 자리를 차지하는 일이 하루의 시작입니다. 먼저 차를 선택합니다. 우롱차, 철관음, 보이차, 국화차…. 차는 하루를 여는 의식과 같습니다.

종업원이 바퀴가 달린 작은 수레에 다양한 딤섬이 담긴 대나무 찜통을 한가득 얹고 테이블 사이를 누비고 다닙니다. 꽃 사이를 사뿐사뿐 날아다니는 나비처럼 말이지요. 적게는 수십 가지 많게는 수백 가지 딤섬을 두고 사람들은 자신이 좋아하는 맛으로 골라 먹습니다.

딤섬은 작게 빚을수록 인기가 높습니다. 다양한 것을 골고루 먹어야 하기에 쉽게 배부르면 너무 아쉽거든요. 딤섬은 수분기 있는 것과 마른 것, 단맛과 짠맛으로 나누어집니다. 찜통 하나에 3~4개씩 예쁘게 빚어져 있습니다.

일반 식당이나 찻집에서는 한자리에 오랜 시간 앉는 것이 민폐일지 모르나 광둥의 찻집에서는 흔히 볼 수 있는 일입니다. 아침에 시작된 상차림이 점심, 오후차, 저녁, 밤차로 이어지기도 합니다. 찻집에서 가족들과 정을

골라 먹는 재미가 있는 딤섬

쌓고 일에 관련된 협상을 하며 저녁에는 이웃, 친구들과 회포를 풉니다.

인심 좋은 찻집에서는 손님을 보살피며 끊임없이 찻물을 리필해줍니다. 차를 다 마시면 차후의 뚜껑을 살짝 열어 놓습니다. 눈치 빠른 종업원은 냉큼 다가가 따뜻한 물을 채워줍니다.

차 마시는 다도도 섬세합니다. 차후(茶壺, 차를 담는 주전자)와 찻잔은 먼저 뜨거운 물에 헹궈 온기를 올려줍니다. 차를 따른 후 연배대로 손위 어른께 우선 권하고 마지막에 자기 잔을 채웁니다. 다른 사람이 차를 부어줄 때는 식지와 중지로 테이블을 가볍게 두 번 두드리며 답례를 합니다. 이 제스처는 술을 권할 때에도 비슷하게 응용됩니다.

전하는 말에 의하면 건륭황제가 황제의 신분을 숨기고 사복으로 강남에 놀러 갈 때 신하들과 겸상을 하며 차를 따라주기도 했답니다. 겸상하는 것도 송구스러운 일인데 가만히 앉아 황제가 따라주는 차를 받아 마시려니 가시방석이 따로 없었지요. 신하들은 송구스러움을 식탁을 손가락으로 두 번 톡톡 두드리는 것으로 예를 갖추었다 합니다. 그 뒤로 이 신호는 중국의 식사 테이블에서 상대방에 대한 예의로 자주 사용하게 되었습니다.

찻집의 꽃, 딤섬

찻집의 꽃은 차보다는 딤섬입니다. 딤섬(点心), '마음에 점을 찍는다'는 의미로 모양과 조리법에 따라 참으로 다양합니다. 피가 두껍고 푹신한 빵 모양은 빠오(包), 반달 모양으로 내용물이 비치는 것은 자오(饺), 쌀과 계란을 이용해 떡처럼 빚은 것은 까오(糕), 전병처럼 부쳐 속을 넣어 돌돌 말아

낸 것은 펀(粉), 동글동글 앙금을 넣어 빚은 것은 퇀(团), 과자처럼 바삭바삭한 것은 쑤(酥)라고 부릅니다. 그 밖에도 국수, 죽, 탕 등 문서에 기재된 것만도 825종이 넘습니다. 딤섬의 소에는 새우, 게살, 돼지고기, 쇠고기, 닭고기, 버섯, 채소, 팥 등 자연에서 난 다양한 재료들이 사용됩니다.

딤섬의 4대 천왕

우선 광둥 딤섬의 4대 천왕을 맛보세요. 차사오(叉烧, 백색의 발효 빵에 훈제 돼지고기를 소로 넣은 것), 샤자오(虾饺, 새우 만두), 사오마이(烧卖, 고기와 야채를 넣고 상단을 개방하여 꽃처럼 피워낸 만두), 단타(蛋挞, 타르트)가 그 주인공입니다. 프랑스에서 셰프 중 빵을 만드는 이를 블랑제, 과자를 만드는 이를 파티시에라 따로 지칭하듯 광둥의 요리사 중 딤섬을 전문적으로 하는 이를 '멘덴스(面点师, 면점사)'라 부릅니다. 그만큼 광둥요리에서 딤섬이 차지하는 비중이 매우 큽니다.

딤섬 문화는 중국 전역에 퍼져 있으나 지역마다 그 역할이 각기 다릅니다. 북방에서는 식후 간식으로 올라오고 저장(浙江)과 장쑤(江苏)지역에서는 차와 곁들이는 다과로, 광둥에서는 그 자체가 정식에 가까운 코스요리로 여겨집니다. 이제 딤섬은 중국을 넘어 서양 문화권에서도 중국요리를 대표하는 장르로 알려져 큰 인기를 끌고 있습니다. 특히 홍콩, 타이완, 싱가포르를 비롯한 동남아권에서 다양성과 개방성을 반영하며 아름다운 미식의 꽃으로 사랑받고 있습니다.

가장 대표적인 중국요리로 꼽히는 딤섬

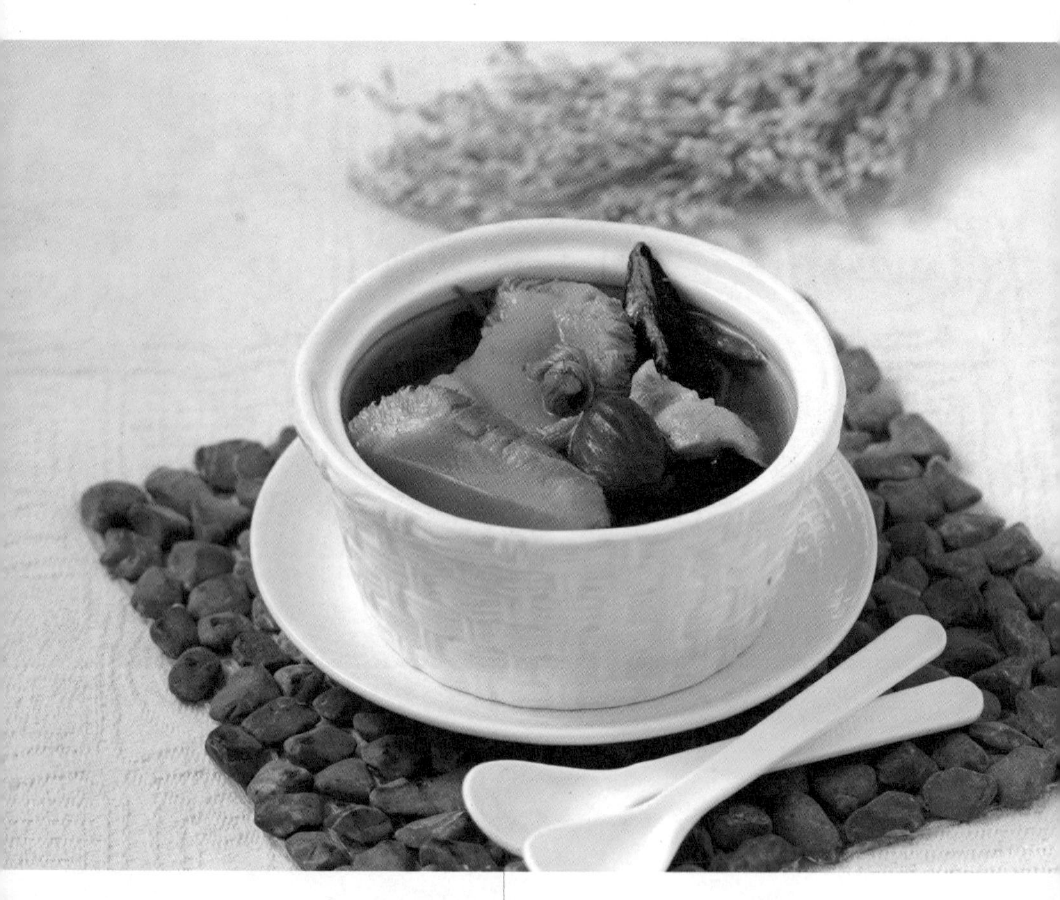

02

보약처럼 챙겨 먹는 탕의 힘

라오훠량탕 老火靓汤

광둥요리에는 의식동원(医食同源)의 철학이 관통합니다. 계절과 기후에 따라 시시각각 변하는 신체의 흐름, 이에 맞는 보양탕이 다양하게 마련되어 있지요. 식전에 탕을 먼저 마시는 것은 광둥인들이 천여 년 동안 고수한 식습관입니다. 식전에 마시는 탕은 위를 따뜻하게 하고 포만감을 주어 과식을 예방합니다. 광둥 출신 여성이라면 심신을 부드럽게 다스려주고 가족의 건강을 지켜주는 보양탕 레시피를 비밀병기처럼 지니고 살아갑니다.

정성으로 고아낸 국물

연해지역인 광둥은 사시사철 유난히 습도가 높습니다. 이곳 사람들은 차를 마시고 탕을 마셔서 몸 안의 습한 기운과 노폐물을 배출할 수 있습니다. 365일 그들의 식단에서 빠지지 않는 보양탕을 량탕(靓汤) 또는 라오훠량탕(老火靓汤)이라고 부릅니다. 약불에 뭉근히 정성으로 고아 낸 탕약 같은 국물입니다. 량탕의 기본은 고기 육수입니다. 각종 약초를 야채와 함께 뚝배기처럼 생긴 탕기에 3~4시간 이상 고아냅니다. 식재료의 약성이 세포막을 뚫고 탕 속에 충분히 우러나도록 합니다. 불 조절을 세심히 하고 솥 바닥에 눌어붙지 않도록 수시로 저어주어야 하기에 보통 정성이 필요한 것이 아닙니다.

량탕의 맛과 조리법은 수백 가지에 이릅니다. "다섯 가지 곡식으로 키우고, 다섯 가지 열매로 조력하며, 다섯 가지 동물로 이롭게 하되, 다섯 가지 야채로 보충한다(五谷为养, 五果为助, 五畜为益, 五菜为充)"는 철학은 모든 량탕에 관철됩니다.

요리를 하는 사람은 재료를 배합할 때 서로의 궁합까지 신경 씁니다. 여성은 안색을 돕는 미용탕을, 남성은 정력을 돋우는 자양탕을 자주 마시고 신선한 고기와 생선, 제철 과일과 약재를 써서 몸의 리듬을 조율합니다.

이를테면 봄에는 '닭뼈 돼지내장탕'으로 간을 보하여 겨우내 쌓인 독소를 해독하고, 여름에는 '진피 오리탕'으로 더위에 지친 기를 북돋우며, 가을에는 '아교 소라 닭고기탕'으로 건조해지기 쉬운 피부에 보윤 작용을, 겨울에는 '대추 돼지내장 닭고기탕'으로 뼈에 파고드는 차가운 기운을 배출시켜 줍니다. 또한 증상에 따라 몸살감기로 으슬으슬하면 '연뿌리 닭고기탕'을, 몸에 열기가 많아 목이 부으면 '동아미역율무탕'을, 몸에 기운이 빠지면 '소고기 황기야채탕' 등을 끓여 먹을 수 있으니 웬만한 약국 처방전보다 효

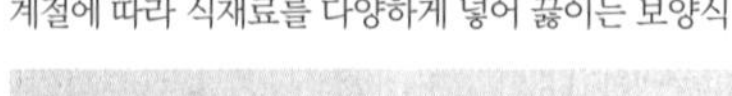

계절에 따라 식재료를 다양하게 넣어 끓이는 보양식

과가 좋습니다. 사실 광둥 사람들은 병이 나면 병원이나 약국을 찾기에 앞서 탕을 끓이는 것이 현명하다 여깁니다.

장시간 끓인 광둥의 탕은 찻물처럼 뽀얗고 투명하여 윤기가 돕니다. 약초 향이 은은하게 퍼지니 코를 대고 향만 맡아도 몸이 건강해지는 느낌입니다. 다소 밋밋할지언정 조미료는 최대한 절제하니 음식 본연의 향미가 살아 있습니다.

제철에 먹는 탕의 힘

광둥 레스토랑에서 량탕은 계절 메뉴입니다. 때마다 계절과 기후에 따라 다른 것을 내놓습니다. 제철을 맞지 않은 식재료는 입에 대지 않는 광둥 사람들에게 일 년 내내 쭉 먹을 수 있는 탕은 없습니다. 오늘의 '탕'이 무엇인지를 확인하여 주문해야 합니다. 식사자리에서는 언제나 탕이 먼저 오릅니다. 음식에 곧잘 의미를 부여하는 광둥 사람들은 화려한 미사여구를 모두 가져다 붙이며 이 탕을 주문해야만 하는 이유를 손님들에게 설명할 것입니다. 이 설명을 듣다 보면 플라시보 효과처럼 먹기도 전에 온몸에 기운이 돕니다. 다른 음식을 제치고 이 하얀 질그릇에 담긴 탕만 다 마셔도 기쁨으로 충만해집니다.

광둥인들에게 탕은 소울푸드이며 가족을 의미합니다. 탕 한 그릇에는 어머니의 손맛과 어린 시절의 추억이 담겨 있으니 말이지요. 탕을 끓이는 손맛은 대대로 전해지며 가족의 건강을 지켜주고, 멀리 떨어져 살아도 그들을 하나로 연결시키는 마음의 뿌리로 자리 잡습니다.

광둥식 육가공요리

사오라 烧腊

광둥의 수많은 레스토랑에서 그 수준을 평가할 때 사오라(烧腊)라는 요리가 척도가 됩니다. 사오라는 '사오(烧, 굽다)'와 '라(腊, 건식 숙성육)'의 합성어입니다. '사오'는 육류에 소스를 발라 화덕에 구운 조리법으로 비둘기, 새끼돼지, 닭, 거위 등을 요리할 수 있습니다. '라'는 광둥 특유의 육가공법입니다. 당, 송 시기 아랍과 인도 사람들이 광둥에 자주 왕래하면서 소시지 제조기술이 전파됐습니다. 요리에 천부적인 감각을 가지고 있는 광둥인들은 외국의 소시지 제조법과 자신들만의 숙성법을 결합하여 사오라를 탄생시켰습니다.

소스, 숙성, 구이의 삼박자

사오라는 까다로운 요리입니다. 재료가 신선해야 함은 물론 한 접시의 요리로 내기까지 숙성에서 구이까지 복잡한 과정을 거치기 때문입니다. 그러나 한 번 만들어 두면 사오라는 다양한 요리에 쓰입니다. 딤섬에도 오르고 밥에도 얹어 먹으며 찜과 볶음을 할 때 썰어 넣으면 풍미가 훨씬 올라갑니다.

사오라는 가난이 만들어낸 지혜의 요리입니다. 광둥에서 먹거리가 귀한 시절 서민들이 고기를 사 먹기란 쉽지 않았습니다. 어쩌다 고기가 생기면 다 먹어치우지 않고 오랫동안 즐길 궁리를 했지요. 저장을 위해 특별한 소스를 만들어 고기에 살짝 발랐습니다. 그리고 처마에 걸어 빛과 바람에 숙성시켰습니다. 잘 숙성된 고기는 이듬해 춘절 때가 되어서야 나눠 먹을 수 있었습니다.

최고의 육가공요리, 카오루주

광둥의 육가공기술은 남북조 시기의 『기민요술(齐民要术)』에도 등장합니다. 그중에서도 최고로 치는 것은 '카오루주(烤乳猪)'라는 애저구이입니다. 카오루주는 청나라 때 베이징 카오야와 함께 만한전석에 오르면서 전국적으로 유명해졌습니다.

카오루주는 새끼 돼지 한 마리를 통째로 굽습니다. 새끼 돼지는 너무 작아서도 너무 커서도 안 되고 무게가 약 6.5킬로그램 정도가 적당합니다. 돼지 뱃속에 푸루(腐乳, 발효를 거친 삭힌 두부)를 한층 바르고, 술, 소금, 더우츠(豆豉, 발효콩), 다진 마늘을 넣고 2~3시간 정도 숙성시킨 후 장작불에 굽습니다.

특제 소스를 발라 구워낸 사오라

광둥 사람들에게 카오루주는 매우 귀하고 축복스러운 요리입니다. 개업식에는 폭죽을 터뜨리고 재물신인 관운장에게 제사를 지낸 뒤 붉게 구워진 카오루주를 올립니다. 껍질이 붉디붉게 구워진 새끼 돼지는 길운을 상징합니다. 결혼, 생일 등 잔칫상에 빠지는 법이 없고 제사상에도 가장 먼저 올립니다. 신부가 처음 친정을 방문할 때 신랑은 반드시 통돼지구이를 챙겨 장인에게 보내는 풍습이 있습니다. 사위가 처음 처갓집에 방문한 날에도 장인이 카오루주를 마련하여 대접합니다. 한국에서는 장모가 사위를 맞이하기 위해서 토종닭을 잡는 것과 비슷한 풍경이지요.

특제 소스를 발라낸 차슈

우리가 잘 알고 있는 차슈도 사오라의 한 종류입니다. 돼지 등심 부위에 특제 소스를 발라 구워내면 차슈가 됩니다. 꼬챙이에 꽂아 구웠다 하여 차사오(叉燒)라고 불렀습니다. 차사오에 꿀을 발라 조리한 요리도 있고 차슈를 다져 만두소로 넣은 차슈 만두도 있습니다.

돼지뿐만 아니라 거위나 닭, 비둘기의 사오라도 조리법이 비슷합니다. 땅콩, 해산물, 오향분을 배합한 특제 소스를 만들어 숙성시키고 고기에 바른 뒤 숯불에 구워냅니다. 이때 훈제가 아닌 무연 방식으로 구워내어 식재료의 본연의 맛을 살려냅니다. 바삭하게 구워진 거위는 반을 자르면 껍질과 고기가 저절로 분리됩니다. 고기 색은 붉은색을 띠며 한입 물면 바삭한 껍질과 쫄깃한 고기가 함께 씹히며 고소한 향이 입안에 감돌아 옵니다.

탕수육의 원조 돼지고기튀김

구루러우 咕嚕肉

한국에서 인기 있는 중국요리에는 짜장면과 더불어 탕수육이 있습니다. 정작 중국에는 탕수육이라는 이름의 요리가 없는데요. 굳이 비슷한 요리를 들자면 광둥의 '구루러우(咕噜肉)'가 있겠네요.

서양인들을 위해 개발한 요리

구루러우의 기원은 아편전쟁 이후로 거슬러 올라갑니다. 청나라는 영국과 강화조약을 체결하고 문호를 개방했습니다. 서양인들이 광저우(广州)로 대거 몰려들었는데 그들의 입맛에 중국요리가 맞지 않았습니다. 그나마 달콤하고 시큼한 맛의 돼지갈비 요리 '탕추파이구(糖醋排骨)'가 그들의 입맛에 맞았지만 뼈를 잡고 고기를 뜯어먹는 법이 불편했습니다.

그때 서양인들의 입맛에 맞춰 개발된 요리가 구루러우입니다. 돼지고기 등심을 기름에 튀겨 새콤달콤한 소스를 얹어 내었더니 외국인들 사이에서 큰 인기를 얻었습니다. 구루러우를 한 번 맛본 서양인들은 다시 먹고 싶어 광저우를 방문할 정도였고 조리법은 해외까지 퍼져나갔습니다. 오늘날 세계 각지의 차이나타운에서는 이 구루러우가 가장 인기 있는 요리입니다.

자 그럼 맛있는 구루러우를 만들어 볼까요. 우선 돼지고기 등심에 전분가루를 묻히고 계란 물을 입힌 뒤 기름에 튀겨 냅니다. 소스는 케첩, 설탕, 매실을 넣어 만듭니다. 잘 달구어진 웍에 피망, 양파 등을 살짝 익히고 소스와 튀겨진 고기를 넣은 후 웍을 돌려가며 센 불에 볶아냅니다. 제대로 된 구루러우는 소스가 겉으로 흐르지 않고 튀김옷 속에 가두어져야 합니다. 그래야 한 입 베었을 때 고기의 풍미와 새콤달콤한 소스가 동시에 느껴지니까요.

본연에 가까운 토종닭 요리

바이치에지白切鸡

전 세계 연간 닭 소비량은 520억 마리에 달한다는 보고가 있었습니다. 지구의 인구가 70억이라 할 때 1인당 8마리 이상의 닭을 먹어치우는 것입니다. 돼지고기, 소고기, 개고기를 금기시하는 문화는 있으나 닭은 세계 어느 곳에 가도 즐겨 먹습니다.

광둥의 다양한 닭요리

중국의 닭요리를 선도하는 이들은 광둥 사람들입니다. 광둥에는 약 200여 종의 닭요리가 있습니다. 계란, 부화 되기 직전의 알, 병아리에서 노계까지 닭의 일생에 단계적으로 개입합니다. 닭털을 빼고 닭의 어느 부위건 요리해서 먹습니다. 머리, 닭벼슬, 껍질과 내장, 살, 닭발, 똥집 등 버리는 부위도 없습니다. 특히 부화 직전의 마오딴(毛蛋)은 처음 보는 이들에게 충격적으로 다가옵니다. 닭의 조리법도 다양합니다. 옌쥐지(盐焗鸡), 샹유지(香油鸡), 상나지(桑拿鸡), 눠미지(糯米鸡) 등 구운 것, 볶은 것, 튀긴 것 등의 다양한 요리가 있습니다.

닭 본연의 맛에 충실한 요리

다채로운 광둥의 닭요리 중에서 으뜸으로 꼽는 것은 바이치에지(白切鸡)입니다. 바이치에지는 한국의 닭백숙과 흡사합니다. 특별한 양념도 조리법도 없이 닭을 삶아서 조각낸 요리입니다. 전체 조리 과정에서 유일하게 사용되는 부재료는 생강과 파밖에 없습니다. 그 흔한 소금도 쓰지 않습니다. 닭 본연의 맛에 충실한 이 요리야말로 오랜 세월 동안 광둥 출신 닭 전문가들이 자랑하는 요리입니다.

바이치에지는 언뜻 보면 누구나 조리할 수 있으나 정통의 맛을 내기 위해서는 남다른 정성이 필요합니다. 신선한 육질을 얻기 위해서 닭은 현장에서 잡아 씁니다. 털과 내장을 깨끗하게 다듬은 닭은 생강과 파를 넣고 물에 약 15분간 끓여 잡냄새를 없앱니다. 끓는 물에서 꺼낸 닭을 바로 얼음물에 넣어 차갑게 식힙니다. 이렇게 뜨거운 물과 찬물을 오가며 냉온 마찰을 끝낸 닭은 육질이 환상적으로 쫄깃해집니다.

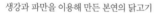

생강과 파만을 이용해 만든 본연의 닭고기

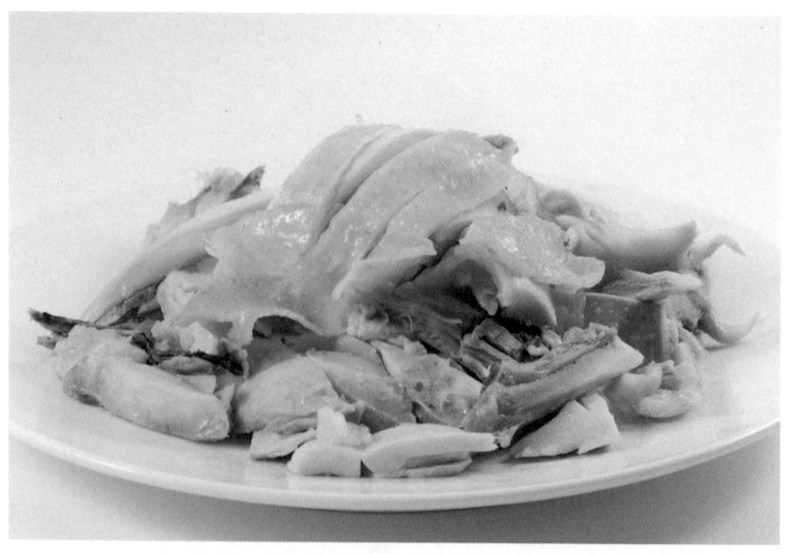

바이치에지의 기본은 산황지

이렇게 조리가 끝난 닭고기는 그대로 먹다가 생강채를 넣은 새우장에도 찍어 먹습니다. 뜨거운 밥 위에 얹으면 고기와 껍질 사이의 지방이 쌀밥에 스며들어 고소한 맛을 냅니다. 노란 기름기가 반지르르 도는 닭고기 한 점을 새우장에 살짝 찍어 먹으면 술안주로도 더없이 좋습니다.

쉽게 요리하고 편하게 먹는 닭요리이지만 일단 광둥을 떠나면 이 맛을 낼 수 없습니다. 이 요리의 비법은 닭에 있기 때문이지요. 바이치에지에 사용되는 닭은 광둥성(广东省) 칭위안시(清远市) 양산시엔(阳山县)의 산황지(三黄鸡)만 사용합니다. 산황지는 껍질, 닭발, 주둥이가 황금빛을 띤다고 하여 생긴 이름입니다. 광둥에 가면 화려한 닭요리보다 바이치에지를 우선 드세요. 한 번 맛보면 평생 못 잊는 본연의 맛입니다.

Tip 칭위안 닭

산 좋고 물 맑은 자연에서 자유롭게 방목한 토종닭, 칭위안 닭은 중국에서 가장 유명한 닭이다. 광둥성 칭위안시에서 나는 칭위안 닭이 전국에 이름을 떨치니 칭위안시를 봉성(凤城, 봉황의 도시)이라고 부르기도 한다. 이곳에서 나는 닭발에는 인증마크와 위조방지 시스템까지 있을 정도이다. 산황지는 몸집이 작지만 근육층이 두텁고 부드러워 중국 토종닭 중의 최고로 친다. 조리해낸 닭요리는 누런 황금빛을 띠는데 어떤 양념을 입혀 만든 색보다 탁월하게 아름답다.

바다의 향을 품은 구름

윈툰면 云吞面

광둥을 대표하는 면 요리라 하면 윈툰면을 꼽습니다. 만두와 면, 따뜻한 탕을 한 그릇에 오롯이 담은 음식입니다. 광둥어로 '완툰면'이라 발음되어서 한국에서는 흔히 '완탕면'이라 부릅니다. 광둥을 비롯하여 홍콩과 마카오에서도 즐겨 먹는 요리입니다.

한없이 부드러운 광둥식 면

광둥식 윈툰면의 제면법은 북방지역의 면과 태생적으로 다릅니다. 그들은 밀가루에 물 한 방울 섞지 않습니다. 오로지 오리 알을 풀어 반죽합니다. 북방지역의 면발이 두텁고 투박하여 남성적이라면 광둥식은 가늘고 하늘거려 아름다운 여인을 연상시킵니다. 섬섬옥수 면발은 한없이 부드러워 입에 넣으면 치아 사이로 스르르 빠져나가 목구멍을 애무하듯 빨려 들어갑니다.

식당에서 윈툰면을 주문하면 면을 많이 주는 법이 없습니다. 또 많이 넣어 주어야 인심이 좋다고 여기지도 않습니다. 광둥식 면은 육수에 담겨 있는 동안 흐물흐물해져 식감이 떨어지기에 빨리 맛있게 먹을 수 있는 양, 즉 세 젓가락에 흡입할 수 있는 양이 적당합니다.

구름처럼 몽실거리는 작은 만두

윈툰면의 주인공은 단연코 윈툰이지요. 투명한 만두피로 오롯이 빚은 통새우. 솜사탕처럼 구름처럼 몽실거리는 작은 만두는 면발 사이사이에 얌전히 숨어 있습니다.

광둥의 딤섬 전문가들은 신속하고 섬세한 손놀림으로 윈툰을 빚습니다.

만두피에 통새우와 다진 돼지고기를 얹고 감싸는데 상단 부위는 구멍을 내어 육수의 온기가 스며들게 해야 합니다. 한입에 쏙 들어갈 정도로 작게 빚어야 새우와 돈육, 스며든 육수의 삼합이 입안에서 동시에 터져 나올 수 있습니다.

육수는 다랑어와 새우 껍질을 우려낸 맑고 개운한 맛을 고집합니다. 면기 아래에 빚은 윈툰을 깔고 그 위로 면을 올린 후 육수를 찰랑찰랑 충분히 붓습니다. 맑은 탕면에 청경채와 황부추로 고명을 얹으면 윈툰면 한 그릇 완성입니다.

뭉게구름처럼 국수 위에 두리둥실 떠 있는 윈툰 하나를 집어 꿀꺽 삼키면 윈툰(云吞)이라는 이름이 보다 감각적으로 다가옵니다. 탱글탱글 통새우살, 하늘하늘 면발, 개운한 국물까지 혓바닥의 미각 전체가 이 한 그릇에 엎드려 기꺼이 순종합니다. 신선한 바다의 향이 입안 한가득 고였다가 고기의 든든함을 남기고 썰물처럼 위장으로 밀려갑니다.

요즘은 윈툰면이 인스턴트 제품으로 나왔지만 제대로 맛보려면 전통방식을 찾아야 합니다. 만두에 들어가는 새우와 고기는 신선해야 하고 만두를 빚는 요리사는 섬세한 솜씨를 지녀야 합니다. 제대로 뽑아낸 면발, 제대로 우려낸 육수, 제대로 빚은 만두 이 3요소가 성공적일 때 맛 좋은 윈툰면이 탄생합니다.

광둥 사람들의 소울 푸드

홍콩의 톱스타 주윤발도 가장 사랑하는 요리로 윈툰면을 꼽습니다. 고향

원툰면에 얹은 새우 만두

을 떠난 광둥인에게는 향수를 자극하는 소울푸드입니다. 광둥 사람들은 섬세한 요리를 사랑합니다. 산과 바다를 두루 끼고 살기에 먹을 것도 많고 식탐도 많지요. 그들은 맛있는 요리를 만들어 먹는 데 돈과 시간과 영혼과 정성을 탈탈 털어 바칩니다. 그것이 광둥요리를 풍부하게 만들고 고급스럽게 발전시킨 밑거름입니다.

07

최소한의 행위로 극대화한 생선찜

칭정위 清蒸鱼

중국의 연회석에서 생선요리는 중요한 의미를 지니고 있습니다. 중국어에는 복을 기원하는 마음으로 '니엔니엔요우위(年年有余, 해마다 풍요롭기를 바랍니다)'라는 인사를 주고받습니다. 풍요를 뜻하는 '위(余)' 자와 생선을 뜻하는 '위(鱼)'의 발음이 같아서 생선이 바로 풍요를 상징하게 된 것입니다. 새해 첫날은 물론 가족의 잔치, 국가의 연회석에 생선은 빠지지 않고 등장합니다. 원탁에 모여앉은 후 생선 머리와 꼬리가 가리키는 방향에 앉은 사람들이 먼저 건배 제의를 합니다.

중국에서 생선요리를 먹을 때 반드시 지켜야 할 예절이 있습니다. 윗부분의 살점을 모두 먹었다고 생선을 함부로 뒤집어서는 안 됩니다. 생선은 배에 비유되는데 생선을 뒤집는 행위는 배를 전복시키는 것과 같아 불길하다고 여기기 때문입니다. 생선의 뼈만 살짝 들어내거나 뼈 사이로 밑부분의 살을 먹는 것이 좋습니다. 중국요리에서 생선은 다양한 의미가 부여된 식재료입니다.

생선 본연의 맛을 위한 요리

광둥에서는 어떨까요. 식재료 본연의 맛을 중시한다는 철학은 생선에서도 적용됩니다. 광둥요리 가운데 생선요리의 대표 격인 칭정위(清蒸鱼)가 그렇습니다. 중국요리에서 보기 드물게 기름 한 방울 쓰지 않고 양념도 최소한으로 제한합니다. 생선 살 본연의 감칠맛을 극도로 끌어올리려는 시도입니다.

따라서 생선의 신선도는 매우 중요합니다. 반드시 활어를 사용하지요. 일반적으로는 도미나 잉어, 농어를 쓰며 고급 레스토랑에서는 무늬바리(东星斑)나 중화쉰(中华鲟, 철갑상어의 일종)과 같은 희귀 생선을 사용하기도 합니다. 칭정위의 가격은 어떤 활어를 사용하느냐에 따라 천차만별입니다. 참고로 무늬바리는 1킬로그램당 10만 원 정도이며 산란기에는 100만 원 이상으로 뛰기도 합니다.

생선이 존중받는 요리

칭정위는 무엇보다 생선이 존중받는 요리입니다. 조리할 때는 양념을 최소한으로 쓰니 소금, 간장, 참기름이 전부입니다. 생선을 익힐 때도 기름에 튀기거나 불에 들들 볶지도 않습니다.

생선의 보송한 식감에 파 향이 은은한 칭정위

자 그럼 차분히 조리를 해볼까요. 우선 그릇을 먼저 뜨겁게 온열합니다. 그리고 깨끗하게 손질한 생선을 그릇에 얹습니다. 생선 위에 소금과 생강을 홑이불처럼 살포시 덮고 기름을 살짝만 칠한 후 그릇째 찜기에 넣습니다.

생선을 찔 때는 시간과 불 조절에 유의해야 합니다. 시간이 너무 짧으면 생선 살이 익지 않고 너무 길면 살이 물러터집니다. 실력 있는 요리사는 생선 살이 최적화될 때 불을 끕니다. 적당히 쪄낸 생선은 젓가락으로 집으면 탱글탱글 쫀득하게 감칠맛이 돕니다.

눈으로 보아도 이것이 잘 된 칭정위인지 알아내는 방법이 있습니다. 생선 껍질이 보기 좋게 갈라져 있어야 하죠. 이는 생선이 신선한지를 가늠하는 기준이 되기도 합니다. 참고로 눈이 튀어나오고 지느러미가 하늘을 향해 있으면 틀림없는 활어를 사용했다는 증거입니다. 잘 쪄낸 생선에 은은한 간장과 파채, 실고추를 얹으면 요리는 완성입니다.

칭정위를 한 젓가락 집어 먹으면 생선의 보송보송한 식감에 파 향이 은은하게 느껴집니다. 칭정위의 본질은 생선 본연의 풍미입니다. 강한 향신료의 요리들 가운데서 칭정위의 담담함은 큰 위력을 발휘합니다.

04

苏

쑤차이(苏菜)_장쑤요리

격조 높은
국빈 만찬 요리

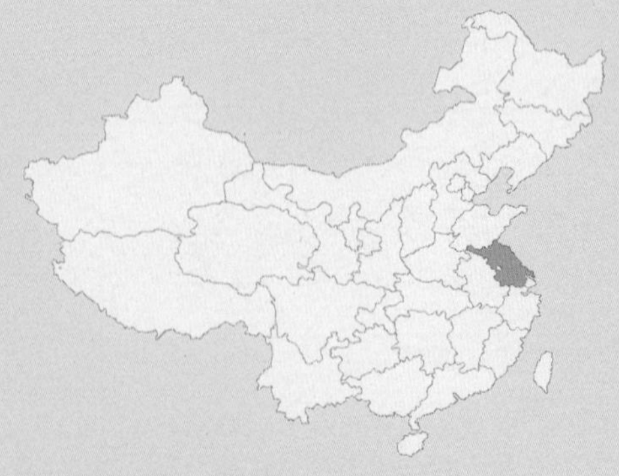

쑤차이(苏菜)는 장쑤(江苏, 강소)지역의 요리를 지칭합니다. 장쑤지역은 장강(长江) 이남의 평원에 자리하여 예로부터 생선과 쌀이 풍부한 "어미지향(鱼米之乡)"으로 불렸습니다. 풍부한 식재료의 원천에 조리법이 다양하게 개발되었으며, 요리의 플레이팅이 아름다워 중국요리 백미로 꼽혀왔습니다. 역사의 위대한 미식가라 불리는 건륭황제도 여섯 번이나 이곳을 찾을 정도로 격조 있는 음식의 매력에 푹 빠져 있었지요. 한족의 요리와 만주족의 요리를 한곳에 모은 궁중 연회식 만한전석의 요리 중에서 쑤차이가 차지하는 비중이 가장 높습니다. 모양이 수려하고 향미가 강렬하지 않으니, 식성이 확연히 다른 중국의 남방인도 북방인도 모두 맛있게 먹을 수 있었습니다. 중국요리를 처음 접하는 외국인도 부담 없이 먹을 수 있어서 국빈요리로도 자주 등장합니다.

쑤차이의 생명, 화이양요리

예로부터 장쑤는 귀족과 선비가 모여 사는 문화의 도시로 그 요리의 맛과 품새가 최상의 품격을 갖추었습니다. 1949년 신중국 창립 개국 연회장에서도 장쑤요리의 한 분야인 '화이양요리(淮扬菜)'를 메인으로 올렸습니다. 물론 이때는 장쑤성 화이안(淮安) 출신인 저우언라이(周恩来) 전 총리의 영향력도 컸습니다.

쑤차이는 세부적으로 화이양요리, 진링요리(金陵菜), 쑤저우(苏州)

와 쉬저우(徐州)요리로 분류합니다. 번방차이(本帮菜)라고 불리는 상하이요리도 넓은 의미에서 쑤차이 계열에 포함됩니다. 청나라 초기에 완성된 중국 4대 요리 계보나 민국 시기 8대 요리로 구분할 때 빠지지 않고 등장하는 화이양요리. 화이양요리는 쑤차이 계열의 생명이자 주인공입니다. 화이양은 장쑤성에 위치해 있는 화이안과 양저우(扬州)지역을 가리킵니다. 양저우는 장강을 끼고 있는 도시이고 화이안은 화이허(淮河) 유역에 자리합니다. 중국의 남과 북 경계선이 바로 화이허를 기준으로 나누어집니다. 화이양요리는 수, 당나라 때 이름을 떨치기 시작하여 청나라 시기에 절정에 달해 동남지역의 제일미, 천하제일의 요리라고도 칭송되었습니다.

지리적 조건은 요리에 큰 영향을 끼칩니다. 중국의 남과 북을 잇는 경항대운하를 통해 남쪽에서 나는 소금과 비단, 술은 끊임없이 북쪽으로 운송되었습니다. 화이안, 양저우 일대의 수로 80리 길에 절반 이상이 식당으로 채워졌는데(清淮八十里, 临流半酒家) 오랜 시간 뱃길에 고달파진 뱃사람들은 부둣가에 몰려와 맛있는 음식으로 심신을 달랬습니다. 손님은 여러 곳에서 몰려들었고 이들의 다양한 입맛을 충족시키기 위해 요리사들은 혼신의 힘을 다했습니다. 북방인들이 가져온 식재료와 조리법이 남방 요리사의 숙련된 솜씨로 재탄생했지요. 그렇게 화이양요리는 세월을 거듭하며 타 문화에 대한 포용과 삶의 애환을 녹여낸 요리로 거듭났습니다.

쑤차이의 뛰어난 식도법

화이양요리에서 특히 주목할 점은 중식도(中食刀)의 사용법입니다. 쏘가리를 다람쥐 모양으로 칼집을 내어 튀겨 먹는 쑹수꾸이위(松鼠鳜鱼, 송서궐어)나 두부를 머리카락처럼 얇게 채 쳐 요리한 원스더우푸(文思豆腐, 문사두부) 등이 모두 쑤차이의 뛰어난 식도법(食刀法)을 보여주는 사례입니다.

화이양요리가 전국구로 유명해지면서 이 지역 요리사들의 위상도 높아만 갔습니다. 강남의 고관대작가에서도, 황궁 귀족들도, 궁궐의 황제도 화이양요리를 빼어나게 잘하는 요리사를 물색하기에 바빴지요. 뛰어난 조리기술로 명망 높은 셰프는 톱스타급 대우를 받으며 몸값이 하늘로 치솟았습니다. 장쑤지역에서는 예로부터 요리사들의 사회적 지위가 높았습니다. 성공할 수 있는 길은 학문에 뛰어나서 과거시험을 치르거나 요리사로 출세하는 것뿐이라고 믿었으니까요.

천하일미 민물 게

양청후 따자시에大闸蟹

따자시에는 중국의 유명한 민물 게입니다. 음력 9월에서 10월 무렵 상하이, 쑤저우지역 사람들의 모임에는 황금빛 찬란한 따자시에(大闸蟹)가 빠지지 않고 등장합니다. 주먹만 한 크기에 푸른 등과 하얀 배, 금색의 집게와 노란 털을 지닌 명품 따자시에. 이 게는 제철이 되면 최고의 접대요리, 최상의 선물세트로 몸값이 높아만 갑니다. '따자시에'는 연해지역의 호숫가에서 생장하는데 그중에서도 양청후(阳澄湖 양청호)에서 자라는 '양청후 따자시에'를 최상급으로 칩니다. 양청후는 장쑤성(江苏省) 쑤저우시(苏州市)에 있는 호수이며 물이 얕고 지반이 튼튼하여 게 양식에 천혜의 조건을 갖추었습니다.

전 국민이 선망하는 요리

양청후 따자시에는 전 국민이 선망하는 요리이므로 제대로 먹기란 하늘의 별 따기입니다. 해마다 게를 먹는 것을 전통으로 여기는 쑤저우, 상하이 사람들은 아예 봄부터 미리 주문해 놓고 때를 기다립니다. 양청후의 공급량이 수요에 미치지 못하자 인근 농가의 털게를 가져다 양청호에서 목욕 한 번 시키고 '양청후 따자시에'로 둔갑시킨 웃지 못할 해프닝도 있었지요. 떨어진 신뢰를 회복하고자 최근에는 양청후 따자시에 진품에 신분증 비슷한 반지를 게 발에 끼워 판매합니다.

따자시에를 먹는 풍습은 당나라 때로 거슬러 올라갑니다. 당나라 시인 두목(杜牧)은 지방 관직을 맡았을 때 "월보(越甫)의 붉은빛을 띠는 게는 부드럽고, 오계(吴溪)의 자줏빛을 띠는 게는 살이 통통하다"라는 시를 남기기도 했지요. 귀한 요리인 만큼 먹는 방법에도 격식이 있습니다. 제대로 먹는 사람들은 셰빠지엔(蟹八件, 게를 먹기 좋게 분해하기 위한 8가지 은식기)까지 소장하고 있습니다.

따자시에 먹는 법

따자시에를 먹기 전 우선 암수 구분법부터 알아봅시다. 등껍질만 봐서는 암수 구분이 안 되지만, 뒤집으면 바로 알 수 있지요. 배가 불룩하고 동그란 모양이 암게이고, 삼각형 모양이면 수게입니다. 시기적으로 음력 9월이면 암컷이 산란기여서 몸속에 알이 풍부하여 영양과 맛도 으뜸입니다. 10월이 되면 수컷은 암컷과 교미하기 위해 신체가 최고로 발육되어 살이 통통하게

중국에서 가장 명성 높은 민물 게, 따자시에

오르니 최고의 맛을 자랑합니다.

계란 노른자의 100배쯤 농축된 녹진한 내장 맛과 포실포실 찰진 살맛은 이미 이 세상 요리의 맛이 아닌 듯합니다. 생강채와 마늘편, 설탕, 간장, 식초, 참기름 약간을 섞어 소스를 만들어 찍어 먹으면 금상첨화입니다. 음양의 조화를 위해 암수 각 한 마리씩 세트로 먹으면 더욱 좋습니다. 음기가 강한 음식이기 때문에 많이 먹으면 설사나 구토를 동반할지도 모르니 주의해야 합니다.

따자시에의 조리법으로는 단순한 '찜'을 최고로 여깁니다. 최상의 식재료이기 때문에 본연의 맛으로도 충분합니다. 따자시에를 물에 잘 씻은 후 배가 위로 보이게 찜통에 넣습니다. 그래야 육즙이 아래로 빠지지 않지요. 찜기 안에 생강, 마늘, 찻잎 등을 함께 넣어 잡내를 없애고 30분 정도 가열해 껍질 색이 붉게 변하면 완성입니다.

02

가녀린 피 속에 육즙이 가득

샤오롱빠오 小笼包

샤오롱빠오(小笼包)는 상하이를 대표하는 음식입니다. 겉보기에는 그럭저럭 생긴 손만두 같습니다. 통통한 듯 탄력적이지도 않고 엉덩이를 펑퍼짐하게 깔고 앉은 편안하기 그지없는 작은 만두입니다. 그런데 가만히 살펴보면 투명할 만큼 얇은 피 안에 찰랑찰랑 비치는 육즙이 심상치 않습니다.

육즙 가득 품은 작은 만두

샤오롱빠오의 진가는 바로 만두소에 있습니다. 만두피를 깨물면 뜨끈뜨끈 듬뿍 흘러나오는 육즙에 한순간 넋을 잃습니다. 이어서 육중하게 들어오는 육향 가득한 만두소. 만두계의 작은 거인을 만나는 느낌이지요.

샤오롱빠오를 먹을 때는 치파오 차림의 상하이 아가씨처럼 우아함이 있어야 합니다. 만두 한 알을 집어 숟가락에 얹은 후 젓가락으로 살짝 피를 찢습니다. 그럼 구멍 사이로 육즙이 퐁퐁 흘러나오지요. 육즙을 음미하며 호로록 마신 후 초간장에 적신 생강채를 만두에 가져갑니다. 이때 기억하세요. 만두를 간장 종지로 가져가 찍어 먹는 것이 아니라 간장을 만두로 가져간다는 점을요. 그만큼 샤오롱빠오는 존엄합니다. 만두에 생강채를 곁들여 한입 가득 넣으면 입안에 풍족한 미소가 퍼집니다. 샤오롱빠오를 우습게 보고 사전 지식 없이 냉큼 한입에 삼켰다가는 뜨거운 육즙에 입천장이 홀라당 벗겨질 수 있습니다.

샤오롱빠오의 본간, 난샹

샤오롱빠오의 기원은 청나라 시기인 1871년으로 거슬러 갑니다. 상하이

자딩구(嘉定区) 난샹진(南翔镇)의 음식점 구이웬(古猗园)이 있었는데 주인장 황명현은 돈육을 넣고 커다랗고 푸짐한 왕만두를 만들어 팔았습니다. 그 집 만두가 인기를 끌자 주변의 만두 가게들이 곧바로 똑같이 흉내 내서 팔기 시작했습니다. 그는 다시 연구를 거듭해 피는 얇게 하고, 만두소는 익으면 육즙이 흐르게 해서 다른 사람들이 쉽게 흉내 낼 수 없도록 했습니다. '구이웬 난샹 샤오롱빠오'는 금세 왕만두를 제치고 인기를 독차지했습니다.

그때부터 "난샹 샤오롱바오"라고 불렸고 이것이 오늘날 샤오롱빠오의 모태가 되었습니다. 구이웬 주인장의 제자인 오상승(吴翔升)이 1900년에 개업한 식당 창싱러우(长兴楼, 장흥루)에서 1920년 즈음 팔기 시작하면서 상하이에서 대히트를 칩니다. 훗날 가게는 난샹만두점(南翔馒头店)으로 개명하였고, 이제는 상하이를 대표하는 딤섬의 대명사가 되었지요. 이 대단한 인기는 오늘날까지 이르며 난샹만두점 앞에는 매일 매일 그 샤오롱빠오를 먹기 위해 전 세계에서 찾아온 사람들로 긴 줄이 서 있습니다.

샤오롱빠오의 육즙

샤오롱빠오는 어떻게 찰랑거리는 육즙을 가두어 둘 수 있었을까요? 먼저 돼지고기와 닭고기, 돼지껍질, 파와 생강 등으로 장시간 우려냅니다. 이렇게 만든 육수를 냉장고에 얼립니다. 돼지껍질에서 빠져나온 젤라틴 성분으로 육수는 젤리 형질이 되며 이를 만두소와 함께 섞어 얇은 만두피로 감싸 안습니다. 작고 동그랗게 만두를 빚어 찜통에 쪄내는데 꺼낼 때는 뜨거운 육즙이 만두 안으로 차오릅니다. 이렇게 국물이 들어 있지만 만두피는

샤오롱빠오의 진가는 만두소에 있다.

그 어느 만두보다 투명하고 얇은 것이 특징입니다.

샤오롱빠오의 만두소는 다진 돼지고기가 기본이고 새우살이나 닭고기, 게살 버전도 있습니다. 샤오롱빠오는 난샹만두점이 원조이지만 요즘은 길거리 허름한 음식점에서부터 딘타이펑과 같은 딤섬 레스토랑, 일류 호텔에서까지 어디서건 맛볼 수 있는 친근한 음식입니다.

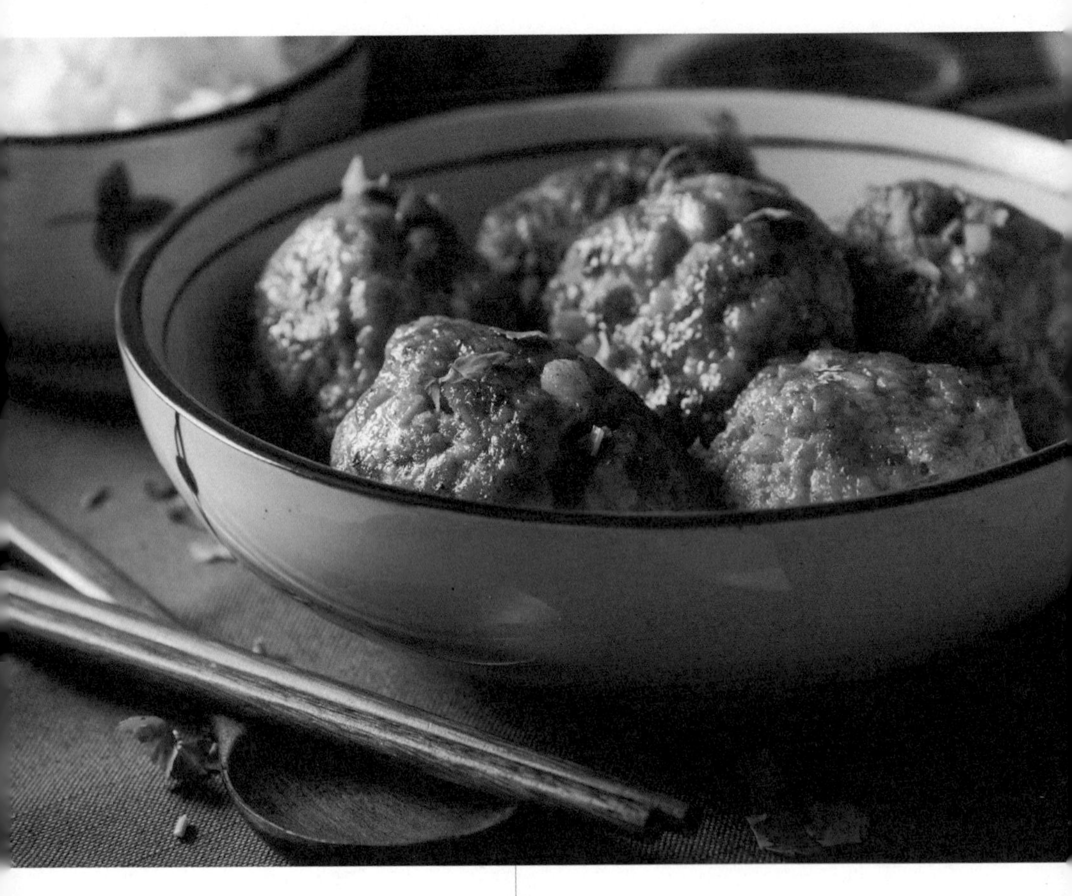

03

사자 머리를 닮은 돼지고기 완자

스즈터우 狮子头

사자는 중국이 외부로부터 받아들인 동물입니다. 한나라 때 대월지(大月氏, 중국 전국시대에서 한나라 때까지 중앙아시아 아무다르야강 유역에서 활약한 이란계 또는 투르크계의 민족)가 한장제(汉章帝)에게 선물로 헌납하면서 중국인 앞에 처음 나타났습니다.

중국인들은 사자의 위풍당당한 모습과 씩씩한 기상에 푹 빠져 들어갔습니다. 전설 속 용의 아들인 산예(狻猊)와 닮아 액을 물리친다고 믿었지요. 중국의 황궁이나 고관대작의 저택 앞에는 모두 사자상이 지키고 서 있으며 베이징의 루거우차오(卢沟桥, 노구교)에는 500여 마리의 사자상이 줄지어 서 있습니다. 사자춤은 춘절이나 개업식 등 시작을 축복하는 중요한 의식이 되었습니다. 오늘날까지 사자는 중국인의 삶을 지켜주는 상서로운 동물입니다.

양저우의 명물, 스즈터우

양저우의 유명한 요리로 사자 머리 모양의 스즈터우(狮子头, 사자두)라는 요리가 있습니다. 양저우에서는 새해가 되면 사자춤을 추며 풍년을 빌었는데 이때 사자 머리와 비슷한 모양의 완자 요리를 해서 사자춤을 춘 사람들을 대접했습니다. 북방에도 비슷한 요리가 있는데 스시완즈(四喜丸子, 사희완자)라고 부릅니다. 스즈터우는 쑤차이의 대표 메뉴라고 할 정도로 유명합니다. 중국의 영원한 2인자로 불리는 저우언라이(周恩来) 전 총리가 좋아해서 특히 유명해졌습니다.

스즈터우는 돼지고기를 쓰는데 비계와 살코기 비율 4:6을 고집합니다.

고기는 마구 다지는 것이 아니라 4밀리미터 정도의 작은 큐브 모양으로 다져 줍니다. 쑤차이의 칼솜씨가 돋보이는 부분이지요. 이렇게 다진 고기는 씹을 때의 식감이 입체적으로 살아 있습니다. 돼지고기와 새우살을 섞어 갖은양념을 하여 당구공만 한 크기로 뭉쳐 쪄낸 후 술과 설탕, 간장 등으로 만든 소스를 얹습니다. 양저우의 스즈터우는 완자를 만들 때 전분이나 계란청을 사용하지 않고 오로지 치대는 힘으로 한 덩어리가 되도록 합니다.

다양하게 즐기는 완자요리

스즈터우는 맑은 탕에 끓여내거나 간장을 넣고 졸여내는 두 가지 방식이 있습니다. 양저우에서는 설날에는 닭고기, 봄에는 죽순, 청명 전에는 조개, 청명 후에는 생선, 가을에는 게장 등 다양한 식재료를 같이 넣어 스즈터우를 즐깁니다. 스즈터우는 일 년 내내 해 먹을 수 있는 요리입니다.

스즈터우는 일반적으로 네 알이 한 세트로 나옵니다. 담백한 듯 보이지만 한입 가득 베어 물면 입안에 번지르르 기름의 부드러움이 흘러나옵니다. 고기 살은 함박스테이크를 먹을 때와 비슷한 느낌입니다. 짓눌리듯 무른 맛이 아닌 칼의 힘이 느껴질 정도로 생생한 식감이 살아 있습니다.

사계절 내내 해 먹을 수 있는 스즈터우 요리

04

다람쥐 모양의 새콤달콤 쏘가리튀김

쑹수꾸이위 松鼠鳜鱼

하늘에는 천당이 있고 땅에는 쑤저우(苏州), 항저우(杭州)가 있다는 말이 있습니다. 쑤저우는 항저우와 더불어 예로부터 가장 아름다운 고장으로 명망이 높습니다. 중국 강남 일대는 물산이 풍부하여 부유한 지역입니다. 특히 쑤저우는 출중한 인재가 많아 송나라 때부터 이곳 출신들이 대거 과거에 급제했습니다. 뿐만 아니라 조정 관료들도 퇴직 후 이곳에 와서 시를 읊고 술을 마시며 풍류를, 세월을 즐겼습니다.

1757년에 문을 연 쑹허러우

쑤저우에서 가장 유명한 음식점은 1757년에 문을 연 쑹허러우(松鹤楼, 송학루)를 꼽습니다. 오래된 역사가 자랑이지만 무엇보다 장쑤요리를 가장 제대로 맛있게 하는 곳으로 명망이 높습니다. 김용(金庸) 선생의 무협지에도 자주 등장할 만큼 유서가 깊은 곳입니다.

쑹허러우에는 건륭황제와 관련된 일화가 많습니다. 건륭황제는 황제의 자리에 있을 동안 여섯 회에 걸쳐 강남 일대를 순찰했는데 그중 쑹허러우에 세 번 들를 만큼 이곳을 애정했습니다. 쑹허러우에는 왕년에 건륭황제가 하사한 편액이 지금도 걸려 있습니다. 건륭황제가 사복 차림으로 처음 쑤저우를 방문했을 때 쑹허러우에서 식사를 하는데요. 많은 선비들이 식사 후 글을 남겨 맛을 표현하는 게 아니겠습니까? 시와 문장이라면 자신 있던 건륭황제는 맛있는 음식을 먹고 흥에 겨웠습니다. 일필휘지로 시를 적고 낙인으로 옥새를 찍어준 후 유유히 가던 길을 떠났습니다. 훗날에야 사람들은 이 도장이 황제의 옥새임을 알고 크게 놀랐지요. 황제에게 특별한 예를 갖추기는커녕 밥값에다 편액까지 받았으니 말입니다.

건륭황제와 쑹수꾸이위

쑹허러우에는 쑹수꾸이위(松鼠鳜鱼)라는 요리가 있습니다. 다람쥐 모양을 한 쏘가리라는 뜻입니다. 싱싱한 쏘가리를 잡아 살집에 십자 모양으로 칼집을 냅니다. 전분 가루와 계란 물을 입혀 기름에 바삭하게 튀긴 후 탕수육 소스처럼 새콤달콤한 소스를 듬뿍 얹어 냅니다.

이 요리는 숙련된 조리실력이 필요합니다. 우선 튀김의 불 조절이 생명입니다. 불이 약하면 계란 물과 밀가루가 뭉개져서 뽀송뽀송한 생선 모양을 낼 수 없고 불이 너무 강하면 생선 살이 딱딱해져 버립니다.

다시 건륭황제 이야기를 해 봅시다. 그는 훗날 재차 쑹허러우를 방문합니다. 마침 그는 제단에 모셔놓은 쏘가리를 보고 입맛이 확 당겼습니다. 주인장에게 이 생선으로 요리를 해달라고 주문했지요. 주인장은 난감하기 그지없었습니다. 이미 신에게 제물로 바친 터라 그 생선을 잡아다 요리하면 신이 노여워하지 않을까 해서요. 그러나 하늘의 신보다는 눈앞의 황제가 더욱 두려운 법이었습니다. 주인의 지시를 받고 고민하던 요리사는 지혜를 하나 내었습니다. 쏘가리를 십자로 칼집을 내고 꼬리와 머리가 하늘을 향하도록 튀겨 냈습니다. 거기에 홍갈색 소스를 듬뿍 얹으니 생선이 다람쥐로 변신하는 순간이었죠. 요리의 이름도 다람쥐에 빗대어 지었지요. 신을 속여보자는 속셈이었습니다. 건륭황제는 바삭하고 새콤달콤한 맛과 화려한 듯 생기발랄한 모양에 반했고 주인장을 크게 치하했습니다. 쑹허러우는 건륭황제가 칭송한 식당이라는 소문이 퍼졌고 오늘날 200년째 성업 중입니다. 보아하니 신마저도 이들의 지혜와 솜씨에 감탄한 듯합니다.

중국인들이 즐겨 먹는 생선, 쏘가리

쏘가리는 중국의 4대 민물고기 중의 하나입니다. 4대 민물고기에는 황하의 잉어, 송강의 농어, 흥개호의 대백어, 송화강의 쏘가리가 있습니다. 쏘가리는 생선 살이 두텁고 육질이 부드러우며 가시가 적은 것이 특징입니다. 쏘가리는 잉어나 연어보다 훨씬 비싸서 고급 생선요리로 간주됩니다.

중국인에게 생선은 매우 상서로운 의미입니다. 매년 설날 아침이면 생선요리가 식탁에 오르는데 한 해의 부귀영화를 기원하기 위함입니다. 모양도 곱고 맛 또한 일품인 쑹수꾸이위는 생선요리 중에서도 최고의 인기를 자랑합니다.

05

계화향이 스며든 짭조름한 난징오리

옌수이야 盐水鸭

난징의 식탁은 오리 없이 완성되지 않습니다. 난징에서만 연간 오리 소비량은 약 1억 마리에 달합니다. 난징 사람들은 오리를 구워서 먹고, 만두소로 넣어 먹고, 전병에 말아먹고, 탕으로도 끓여 먹습니다. 오리의 머리에서부터 혀, 발바닥, 피 할 것 없이 그 어느 하나 버리는 것이 없습니다. 천 년을 거슬러 올라가 오리를 가축으로 키워 먹기 시작한 난징에서는 "오리 한 마리도 살아서 난징성을 넘지 못한다"는 말이 있을 정도입니다. 세계적으로 유명한 베이징 카오야 역시 명 성조가 난징에서 베이징으로 수도를 옮기면서 궁중 오리구이가 전해져 발전된 것입니다.

난징 사람들의 오리 사랑

난징에서 오리를 즐기는 방식은 사시사철 다릅니다. 봄철에는 춘빤야(春板鸭), 여름철에는 피파야(琵琶鸭), 가을에는 꾸이화옌수이야(桂花盐水鸭), 겨울에는 빤야(板鸭)를 먹습니다. 특히 여름이 무더운 난징에서 오리고기는 더위에 지친 몸을 보하는 음식으로 손꼽힙니다.

난징 사람들과 식사하며 오리요리를 먹다 보면 아래와 같은 전설을 이야기하게 되지요. 1368년 주원장은 난징을 수도로 명나라를 세웁니다. 그는 난징에 중화문을 세우려고 계획했는데 공사 도중에 자꾸 사고가 터져 도저히 마무리할 수가 없었습니다. 할 수 없이 그는 인근에서 가장 돈이 많은 지주 선완산(沈万三)에게 보물 그릇을 빌려 중화문 기둥에 묻어 제를 지내기로 했습니다. 보물 그릇을 빌려오며 황제는 오경이 되면 꼭 돌려주겠노라 약속했습니다. 보물 그릇을 손에 넣은 황제는 야경 지기에게 사경까지만 징을 치라 이르고 온 나라의 닭을 모조리 잡아 새벽을 알리지 못하게 했습니다. 이렇게 제를 지내고 나서야 중화문은 완공되기에 이릅니다.

선완산의 보물 그릇 덕분에 중화문은 완성되었으나 난징에 닭이 한 마리도 남지 않아 백성들은 더 이상 닭고기를 먹을 수 없었습니다. 그래서 이들은 닭 대신 오리를 쓰기 시작한 것입니다. 그런데 이 설은 어디까지나 오리고기를 과하게 즐겨 먹는 난징 사람들의 핑계로 보입니다. 그러나 선완산이라는 지주는 실존 인물로 난징 성벽을 쌓는 데 공사 비용의 1/3을 기부했다고 전해집니다.

소금물에 절여 짭조름한 오리고기 옌수이야

소금물에 절인 옌수이야

난징의 오리요리 중에는 소금물에 절여 만든 옌수이야(盐水鸭)가 가장 유명합니다. 껍질은 눈처럼 희고 살결은 붉게 농익으며 뼈는 푸른빛을 띱니다. 판자로 누른 것처럼 납작하다고 해서 '빤야(板鸭)'라고도 부릅니다. 난징 사람들은 집에 귀한 손님이 오면 꼭 옌수이야를 대접합니다. 옌수이야는 추석 전후에 먹는 꾸이화옌수이야(桂花盐水鸭)를 최고로 치는데, 중화민국 시기 장퉁즈(张通之)가 난징의 요리들을 기록해 놓은 저서 『백문식보(白门食谱)』에는 "남경의 8월 옌수이야가 가장 유명하다. 사람들은 오리 육질 안에 계화향이 스며있다고 믿는다. 깨끗하고 맛이 좋아 오래 먹어도 물리지 않는다"라고 기록돼 있습니다.

옌수이야는 육질이 부드럽고 느끼하지 않으며 고소함 가운데 은은한 짠맛이 배어 있습니다. 오리 살은 수분이 잘 가두어져 퍽퍽하지 않고 쫀득쫀득 씹힙니다. 옌수이야를 조리할 때 오리는 내장을 제거하고 깨끗하게 씻어 물기를 제거합니다. 소금은 화자오와 함께 볶아냅니다. 볶아낸 소금을 오리고기의 뱃속과 겉면에 골고루 발라 2~4시간 정도 절입니다. 젓가락으로 가슴팍을 벌려 통풍이 잘되는 곳에 걸어 건조시킵니다. 이런 건조과정을 거친 오리고기는 육질이 치밀하고 향이 깊어집니다. 끓는 물에 절인 오리와 생강, 파를 넣고 약불에 뭉근히 익혀냅니다. 삶은 오리고기는 식혀서 조각조각 잘라 올리면 가을밤을 풍성하게 단장해주는 옌수이야가 완성됩니다.

오리알의 변신은 무죄

송화단 松花蛋

중국을 방문해 보신 분은 아마도 한 번쯤 검은 듯 투명한 오리알을 맛본 적이 있으실 겁니다. 푸른빛이 되는 껍질은 일반 계란과 비슷하지만 흰자는 탱글탱글 투명한 것이 젤리 같고 노른자 부위는 검은 회색의 흐물흐물한 잼 모양입니다. 송화단(松花蛋)이라는 이름은 흰자 부위가 마치 소나무 위에 눈꽃이 핀 것 같다 하여 생겨난 이름입니다.

검은 유리알 같은 흰자와 푸른 노른자의 오리알

송화단을 코에 대고 향을 맡으면 강한 암모니아 향이 톡 쏘듯 느껴집니다. 단독으로 먹기보다는 두부와 곁들이는 차가운 냉채로 자주 등장하고 가끔 죽에 넣어 먹기도 합니다. 송화단을 넣은 죽은 '피딴서우러우저우(皮蛋瘦肉粥)'라고 하는데 아침 메뉴로 인기가 좋습니다. 중국에 진출한 KFC에서 아침 메뉴로 이 죽을 판매할 정도입니다. 따스한 흰죽을 뜨면 고소한 살코기가 씹히고 송화단이 찰진 맛과 특유의 향을 더합니다.

송화단을 맛있게 먹는 법은 간단합니다. 우선 알을 8등분 내고 천추(陈醋, 간장색이 나는 중국 식초)와 생강채를 곁들입니다. 식초의 새콤한 맛과 생강의 향긋한 알싸함이 송화단의 누린내는 잡고 고소함은 배로 증폭시켜 줍니다.

송화단 또는 피딴(皮蛋)이라 불리는 삭힌 오리알을 중국에서는 약 500년 전부터 먹기 시작했습니다. 청나라의 명의 왕스시웅(王士雄)은 『수식거음식보(随息居饮食谱)』라는 책에 "피딴은 숙취해소에 좋고 설사병에 도움이 되며 고혈압을 다스린다"라고 그 효능을 기재했습니다.

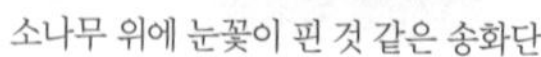

소나무 위에 눈꽃이 핀 것 같은 송화단

송화단으로 만든 애피타이저

송화단을 처음 개발한 이야기는 1620년경으로 거슬러 올라갑니다. 장쑤 까우유(高邮)의 한 찻집에서 오리를 키우고 있었습니다. 오리는 자꾸 부뚜막의 잿더미에 알을 낳곤 했답니다. 주인은 늘 바쁘다 보니 잿더미 속에 오리알을 방치했습니다. 며칠이 지나 주인은 청소를 하다가 우연히 오리알을 발견하게 됩니다. 썩었나 싶어 버리려다가 껍질을 벗겨보니 오리알은 흑색의 유리알처럼 반짝였고 한입 베어 먹으니 세상에 없는 고소함의 극치 아니겠습니까. 그는 소금과 갖가지 양념을 배합하여 연구한 끝에 지금의 맛을 내는 송화단을 만들어냈습니다. 좋은 송화단의 제조 방법은 까다롭습니다. 우선 진흙과 재, 소금, 석회를 반죽하여 오리알의 겉면에 바르고 그 위에 쌀겨를 입힙니다. 그 상태로 약 두 달가량 오리알이 숙성되기를 기다립니다. 잘 삭힌 송화단은 흰자 부위가 검은색 유리알처럼 광택이 나고 노른자 부위는 짙은 회색을 띱니다. 특히 노른자가 겉은 진한 회색에 중앙으로 갈수록 점차 반숙란처럼 흐물흐물한 모양이면 제대로 삭혀졌다고 평합니다.

국빈 만찬에도 등장한 송화단

미국의 전 국무총리 키신저가 중국을 방문할 당시 국빈 연회에 송화단이 등장했습니다. 때는 중국과 미국이 국교 정상화를 위해 물밑 작업을 하고 있을 시기였습니다. 키신저는 송화단을 보고 신기하게 여겨 "저 유리알은 무엇인가요?"라고 질문했습니다. 당시 저우언라이 총리는 중국의 전통기술로 개발한 오리알이라고 소개해주자 키신저는 "미국은 과학기술이 발달하여 유리잔, 유리그릇을 만드는데 중국은 먹을 수 있는 유리알을 만들어냈군요. 미중 양국이 더욱 교류를 해야겠네요"라며 친목을 다졌다는 일화도 있습니다.

송화단은 장쑤, 후베이, 산둥 등 지역에서 대량 생산하고 있어 지금은 집에서 직접 삭혀 먹기보다 대부분 마트에서 구입해 먹습니다. 2007년 장쑤성 우장시(吴江市)에서는 송화단 제조기술을 무형 문화재로 신청했습니다. 우장시 연간 송화단 생산량은 3억 개에 달합니다.

Tip 오리알의 변신, 소금물에 절인 오리알

까만색을 띠는 송화단 외에 겉보기에는 일반 오리알과 비슷하지만 강한 짠맛을 띠는 센야딴(咸鸭蛋)도 있다. 센야딴은 오래 보관하기 위해 소금물에 약 7일 정도 절인 오리알이다. 반을 잘라 보면 흰자는 치밀하게 응고된 모양이고 노른자는 기름이 동동 뜰 정도로 노랗게 익어 있다. 센야딴 역시 장쑤성 까오유의 것을 최고로 치는데 이 지역이 오리알 생산량이 많은 이유이다. 흰자는 혀가 부르르 떨릴 정도로 짠맛이 나지만 노른자는 제철의 게장처럼 고소하고 녹진하다. 짜고 고소한 맛의 센야딴은 뜨거운 흰쌀밥과 환상적으로 어우러지는 최고의 밥반찬이다.

중식도로 꽃피운 두부요리

원스더우푸文思豆腐

중국에는 칼 하나로 천하를 누빈다는 '일도주천하(一刀走天下)'라는 말이 있습니다. 세상 어디를 가도 중식도 하나만 휘두를 줄 알면 먹고 살 수 있다는 이야기지요. 어느 나라에 가도 중국요리를 만들어 팔면 돈을 벌 수 있다는 자신감이 어려 있습니다.

중국요리의 핵심은 칼의 사용

중화요리에서 중시하는 요소에는 불의 조절, 웍의 사용, 식재료의 분별력 등이 거론되지만 단연 핵심은 칼의 사용에 있습니다. 다른 나라의 칼에 비해 크고 무겁고 널찍한 중식도는 칼의 무게를 활용하여 요리합니다. 칼등은 두텁고 칼날은 얇아 무게감과 절삭력 모두 뛰어납니다. 칼날은 여러 가지 식재료를 썰고 칼등으로는 뼈와 둔탁한 재료를 부술 수 있습니다. 칼 하나로 편을 내고 채를 썰고 뼈를 자르고 장식에 쓰이는 갖가지 모양을 조각하기도 합니다. 이처럼 중식도는 잘 다루기만 하면 만능 칼입니다.

중식도의 기술을 가장 잘 구현한 요리는 원스더우푸(文思豆腐, 문사두부)입니다. 연두부를 머리카락처럼 얇게 썰어 국화잎처럼 꽃을 피우고 죽순, 당근, 청경채 등 채소와 우려낸 닭 육수에 넣고 수프로 끓입니다. 원스더우푸에는 중식도의 표현력이 발휘됩니다. 크고 둔탁한 중식도로 두부를 머리카락처럼 썰어낼 수 있을까 의문이 들지만 요리사의 숙련된 내공이 이를 가능하게 합니다. 요리사는 3~4년 정도의 중식도 수행을 거쳐야 두부를 머리카락처럼 써는 기술을 연마할 수 있습니다. 두부를 썰 때 너무 두꺼워도, 으깨어져도 안 됩니다. 얇게 썰되 실처럼 하늘하늘 가느다란 모양을 갖추어야 비로소 원스더우푸를 완성할 수 있습니다.

이 요리는 도의 수행과 같습니다. 연두부를 머리카락처럼 썰어내기 위해서는 잡념을 없애고 눈과 마음과 손과 칼이 하나가 되어 일사분란하게 움직여야 하지요. 일단 잘 썰었다 하더라도 그 이후의 작업까지 경건해야 합니다. 도마 위에 가느다랗게 누운 두부를 깨끗한 물에 넣고 젓가락으로 살살 저으면 두부는 가느다란 실이 되어 하늘하늘 춤을 춥니다. 청나라 때 청녕사(清宁寺)의 문사 스님이 마음을 다스리기 위해 매일 같이 두부를 썰며 수행을 했는데 그 두부로 만들어진 요리가 칼질이 정교하고 맛이 깊어 황제도 반할 정도여서 크게 이름을 알렸습니다.

연두부를 머리카락처럼 얇게 썰어 만든 요리

닭 육수의 담백함과 두부의 부드러움

원스더우푸를 하얀색 중국식 숟가락으로 떠서 먹으면 두부의 실이 한 가닥씩 혀를 감싸 안으며 우아한 춤을 춥니다. 닭 육수의 담백하고 깊은 풍미와 두부의 부드러움, 야채의 씹히는 식감이 더해져 입안이 황홀합니다. 부드러운 두부 실이 식도를 타고 흘러내리면 금방 위장이 따뜻해져 포근한 느낌이 듭니다. 단단한 콩알 하나가 부드러운 원스더우푸로 꽃피기까지의 긴 여정을 음미해 보면 중화요리의 경이로움에 새삼 감탄하게 됩니다.

Tip 중식도

중국에서는 약 1,400년 전부터 중식도를 사용해 왔다. 중식도는 당나라 때 널리 쓰이다가 원나라 때는 한족들의 반란을 막기 위해 다섯 가구에 하나씩 사용하도록 규제했다. 지금은 물론 중국의 어느 가정에서도 하나 이상을 갖고 있다. 중식도는 전국적으로 생산되는데 그 중에서 광둥성 양장(阳江)의 중식도가 가장 유명하다. 양장은 해상 실크로드의 거점으로 크고 작은 전쟁이 끊이지 않았는데 과거 전장의 무기를 제조하던 기술로 지금은 주방의 무기인 중식도를 만든다. 중국 10대 중식도 브랜드 중 3개가 이곳에 있고 생산량 또한 최고를 자랑한다. 중국 중식도의 오랜 유명 브랜드에는 “장샤오취안(张小泉, 항저우산)”, “스빠즈쭤(十八子作, 양장산)”, “왕마즈(王麻子, 베이징산)” 등이 있다.

08

단짠 소스의 돼지고기 등갈비튀김

탕추샤오파이 糖醋小排

100여 년 전만 해도 작은 어촌에 불과했던 상하이는 현재 GaWC(세계화와 세계 도시 네트워크) 세계 도시 랭킹에서 6위를 차지하는 글로벌 도시로 성장했습니다. 경제 성장과 더불어 다양한 문화가 결합하면서 상하이의 요리문화도 빠르게 성장했습니다. 상하이요리는 번방차이(本帮菜)라고도 불리는데 엄격히 따지면 쑤차이 계열에 속합니다. 번방차이에 대한 상하이 사람들의 자부심이 하늘로 치솟아 최근에는 쑤차이 자체를 상하이요리라 오해해 부르는 경우도 많습니다.

상하이요리, 번방차이

상하이요리는 20세기 초 개항을 하면서 인근의 장쑤(江苏), 저장(浙江), 안후이(安徽) 사람들이 몰려들며 그들의 음식 문화가 두루 섞인 독특한 스타일의 요리가 만들어졌습니다. 기름지고 짜고 단 것이 특징으로 한국인들에게는 김치를 부르는 느끼한 맛입니다. 상하이요리는 간장, 기름, 설탕을 과하다 싶을 정도로 많이 사용합니다. 기름과 간장이 혼합되어 자연스럽게 만들어진 걸쭉한 질감을 띱니다.

상하이요리의 특징을 잘 보여주는 요리가 바로 탕추샤오파이(糖醋小排)라고 부르는 등갈비 요리입니다. 등갈비를 조각조각 작게 잘라 설탕과 식초를 넣은 소스에 볶아내는데 탕추샤오파이는 레스토랑의 메인 요리가 나오기 전에 시켜 먹는 전채요리로 유명합니다. 맥주나 백주 안주로도 더없이 좋습니다. 달짝지근한데 간장을 많이 사용하여 단짠의 백미이지요.

단짠의 양념 맛과 뼈에 붙어 있는 갈빗살을 뜯어 먹는 쾌감에 먹고 나서도 손가락을 쪽쪽 빨게 합니다. 탕추샤오파이는 들러붙은 양념의 끈적함이 적당해야 합니다. 소스가 진득해져 치아에 감기거나 육질이 딱딱해지면 실패한 요리입니다. 소스는 갈비를 감싼 듯 아닌 듯, 소스의 질감이 근조직 사이로 스며든 듯 아닌 듯 어우러져야 하는 것이지요. 요리사는 밀당의 고수가 되어야 사랑스러운 맛을 구현할 수 있습니다. 갈빗살은 탄성이 살아 있다가 단맛과 어우러지는 순간 부드럽게 녹아드는 식감이 되어야 합니다.

다양한 맛의 변주를 품은 요리

설탕과 식초의 배합, 탕추

자 그럼 요리를 해볼까요. 돼지고기 등갈비를 조각조각 작게 잘라 기름에 튀겨 냅니다. 그리고 한쪽에서 간장, 설탕, 식초를 듬뿍 넣어 소스를 만들어 놓고 튀긴 갈비와 함께 센 불로 볶아냅니다. 간장을 많이 쓰는 양저우 조리법과 단맛을 선호하는 쑤저우 조리법이 결합했습니다. 여기에 짙은 갈색의 흑초와 사오싱 황주의 풍미가 더해져 농후하면서도 다양한 맛의 변주를 이룹니다. 레시피가 비교적 간단하여 집에서도 쉽게 조리할 수 있습니다.

일반적으로 '탕추'라는 말은 설탕과 식초를 배합했다는 의미이며 중국의 많은 요리에 이 이름이 붙습니다. 한국어로는 탕수라고 불리는데요. 탕수육이 대표적입니다. 달콤새콤한 맛이 특징이어서 남녀노소가 사랑하는 음식입니다.

이 지역에서는 양저우의 간장과 전장(镇江)의 흑초를 최고로 여겨 요리에 넣어 먹습니다. 양저우의 간장은 옛날부터 황제에게 진한 식재료로 혀끝에 한 방울을 떨어트리면 하루 종일 입안에 고소함이 맴돈다고 전해집니다.

볶음밥의 대명사

양저우차오판 扬州炒饭

중국요리에는 다양한 면, 탕이 있는데 밥으로는 단연 양저우차오판(扬州炒饭)이 독보적입니다. 양저우차오판은 양저우뿐만 아니라 중국 전역, 해외의 대부분 중식 레스토랑에서 찾아 볼 수 있습니다. 계란, 새우살, 파를 넣고 볶은 것이 기본이며 지역에 따라 재료들이 가미되어 다양하게 변신합니다. 한국의 중화요리점에서 팔고 있는 짜장밥도 그 베이스는 양저우차오판입니다.

볶음밥의 최강자

필자는 몇 년 전 취재차 양저우를 방문했을 때 양저우의 관계자가 마련한 식사 자리에서 삼시 세끼 양저우차오판을 먹은 적이 있습니다. 지겹도록 먹었지만 맛있었던 이유는 양저우에서 먹는 볶음밥이 단연 으뜸이었기 때문입니다. 계란, 새우, 죽순, 표고버섯, 햄, 푸른 콩 등 다양한 재료를 넣었으니 색이 아름답고 맛이 고소했습니다.

볶음밥에는 대부분 순한 맛의 식재료를 넣습니다. 주식이라는 속성에 충실하며 다른 요리를 방해하지 않도록요. 또한 파의 향긋함과 햄의 고소함, 새우의 오동통한 식감이 밥의 풍미를 더해주어 특별한 요리를 곁들이지 않아도 먹기 좋은 장점이 있습니다. 색감이 아름답기에 각종 연회석에서 밋밋한 흰밥보다는 양저우차오판을 선호합니다.

기름과 계란 물을 머금은 금상은

양저우차오판은 우선 쌀이 알알이 흩어져야 합니다. 밥알마다 기름과 계란 물을 머금어야 하므로 '금상은(金镶银, 금을 씌운 은)'이라는 아름다운 이름이 있습니다. 양저우차오판은 차가운 밥으로 만듭니다. 뜨거운 밥으로는 눅눅해지기 때문입니다. 밥이 고슬고슬할수록 먹기 좋습니다. 계란은 물처럼 풀어 넣어주어야지 덩어리가 지면 그냥 계란 볶음밥이 돼버립니다.

양저우차오판의 역사는 수나라까지 거슬러 올라갑니다. 수양제가 대운하 건설을 위해 양저우를 방문할 무렵 수행하던 재상이 집안에서 즐기던 볶음밥을 만들어 바쳤는데 황제의 큰 사랑을 받았습니다. 계란 물이 골고루 입혀진 모양이 마치 금가루를 뿌린 것 같다 하여 처음에는 '수이진판(碎金饭, 쇄금밥)'이라고도 불렀습니다. 황제가 찬양한 수이진판은 운하 건설에 투입된 인부들 사이에서도 널리 소문이 퍼졌고 특별히 값비싼 식재료가 필

금상은이라는 아름다운 이름을 가진 양저우차오판

요치 않아 너도나도 만들어 먹게 되었습니다. 양저우차오판은 양저우 상인들에 의해 중국 전역에 퍼져나갔고 화교들에 의해 전 세계로 전파되어 가장 유명한 중화요리 중의 하나가 되었습니다.

Tip 쑤차이 계열의 양저우요리

당나라 시인 이태백은 "안개꽃 핀 삼월에 양주로 간다(烟花三月下扬州)"라는 시구로 양저우의 아름다움을 노래한 적 있다. 양저우는 장강과 경항대운하가 만나는 교통 요새에 놓여 있는 도시로, 아름다운 경관과 더불어 예로부터 식문화가 발달되었다. 양저우차오판, 원스더우푸, 스즈터우 등의 요리가 모두 양저우에서 시작되어 쑤차이 계열의 발상지라고 해도 과언이 아니다.

05

浙

저차이(浙菜)_저장요리

자연의 밑그림에 인문이 색칠한 요리 예술

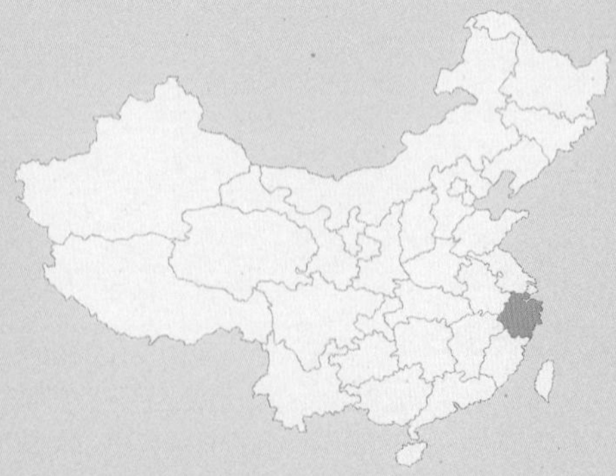

물고기와 쌀의 고장

저장(浙江)은 중국의 동쪽 해안에 자리하여 예로부터 해산물이 풍부합니다. 장강 중하류 평원, 땅이 비옥하니 벼농사에 최적화되었으며 지역 내에는 첸탕장(钱塘江) 등의 강과 시후(西湖) 같은 수려한 호수가 많아서 민물 생선도 풍요롭습니다. 저장과 장쑤지역은 예로부터 "어미지향"이라 불렸고, 대표적인 도시 항저우에 대해서는 "하늘에는 천당이 있다면 땅에는 항저우가 있다"라는 말이 있을 정도로 경관이 빼어납니다. 저장은 조물주의 사랑을 독차지한 것처럼 천혜의 자연환경으로 채워져 있습니다.

저장요리는 자연환경의 아름다움을 고스란히 반영하듯 화려하고 아름다운 것이 특징입니다. 주로 볶음, 찜, 약한 불로 삶기, 튀김 등의 조리법이 쓰입니다. 특히 연하고 부드러운 식감에 맛과 향이 우아하며 기름기가 적어 뒷맛이 깨끗하고 담백합니다.

남송의 수도, 항저우

남송 시기의 수도였던 항저우는 화북지역의 다양한 요리 기법을 적극 받아들여 발전했습니다. 장쑤요리가 단맛에 치우치거나 상하이요리가 간장에 의존하는 데 비해 훨씬 조화로운 맛을 냅니다. 수나라 때 베이징과 항저우를 잇는 경항대운하가 개통되면서 항저우는 남북 교통의 허브가 되었으며 북방의 많은 식재료들과 조리법들이 전해지기 도 했습니다.

저장은 지리적으로 장쑤(江苏), 안후이(安徽), 장시(江西), 푸젠(福建)과 인접하고 그 영향을 받기에 저장 내 각 도시의 요리는 서로 다른 특징을 지닙니다. 저장요리는 항저우(杭州), 닝보(宁波), 사오싱(绍兴), 원저우(温州) 지역으로 나누어 계파가 형성됩니다. 저장요리의 근간으로 불리는 항저우요리는 제철 야채와 죽순 등 현지의 풍부한 식재료를 적극 사용합니다. 원저우요리는 가금류와 가축, 신선한 해산물을 많이 사용하고, 사오싱지역은 민물고기와 물새에 전통 약주인 황주로 맛을 낸 요리가 발달하였고, 닝보지역은 간장을 많이 써 맛이 강한 특징이 있습니다.

문인 묵객들이 사랑한 저장요리

저장은 예로부터 많은 문인과 묵객들이 사랑한 지역입니다. 이 지역 요리는 당송 시기 문학작품에 자주 등장합니다. 항저우 출신 위안메이(袁枚)는 중국 최초의 요리서 『수원식단(随园食单)』을 저술하여 이 지역에서 발생한 요리의 특징과 조리법을 성실히 정리하였고 후세에 전해주었습니다. 먹성이 좋기로 유명한 시인 소동파는 지필묵을 깔아 음식의 향연을 벌이는가 하면 동파육, 동파전과 같은 요리를 직접 개발하기도 했습니다. 무협지의 대가 김용 선생도 고향이 저장인데 그의 무협지에도 저장요리가 많이 등장합니다.

중화민국 총통을 지낸 장제스(蔣介石)도 저장 출신으로 국공내전에서 공산당에 패배한 후 타이완으로 건너갔는데요. 자연스럽게 타이완의 고급 요리에 저장요리가 많은 영향을 끼쳤다고 볼 수 있습니다. 저장요리에는 타 지역 요리에 비해 문학적인 낭만과 지역 사람들의 자부심이 더해져 있습니다.

룽징차, 사오싱 황주, 진화햄은 저장의 3대 보물로 불립니다. 저장요리 중에는 녹차를 곁들이거나 조리 중에 황주를 적극 사용하거나 육류 대신 진화햄을 넣는 요리가 상당히 많습니다. 룽징차, 황주, 진화햄은 저장, 장쑤, 상하이 등 지역의 요리에 자주 등장하는 중요한 식재료입니다.

시인 소동파의 돼지찜요리

동파육 东坡肉

도시의 미식 문화는 경제의 발전, 실력 있는 요리사, 맛을 즐기는 식객 이 3요소가 갖추어질 때 발전합니다. 단순히 끼니를 때우기 위해서가 아니라 최상의 맛과 향, 아름다운 색감과 식감을 위해 요리법이 발전합니다. 산과 바다에서 논밭과 들녘에서 식재료가 풍성히 공급되는 지역에서는 풍부한 맛이 창조되지요. 이에 필력이 좋은 문학가들이 합세하여 음식의 맛과 향에 영혼을 입힙니다. 이런 지역의 식문화는 차곡차곡 쌓여가며 후세에까지 전해집니다.

소동파가 만든 돼지고기찜

항저우는 예로부터 물산이 풍부하고 자연경관이 빼어난 도시입니다. 유유자적함에 반해 많은 문인들이 이곳에 한 번 들어오면 나가는 법이 없고 거처를 마련해 시를 읊고 술을 마시며 세월을 보냈습니다. 궁궐에 있는 황제조차 여섯 번씩이나 사복 차림으로 들를 만큼 매력적인 도시입니다. 문인과 귀족들이 모여드니 식문화가 정교하고 아름답게 발달했습니다.

항저우요리 중에 가장 대표적인 요리는 둥포러우(东坡肉, 동파육)입니다. 북송 시기를 대표하는 문학가이자 전설적인 미식가인 소동파가 만든 요리입니다. 밥공기만 한 그릇에 큐브 모양으로 큼지막하게 썰린 돼지비계가 맑은 간장색을 머금고 반질반질한 껍데기를 자랑합니다. 한입 크게 베어 물면 야들야들 녹아드는 살코기와 녹진한 지방이 혀에 감기며 감미로움의 극치를 맛보여주지요. 꽃빵을 갈라 고기를 얹어 먹으면 또 별미입니다. 지방이 버터처럼 빵 속으로 녹아들고 고소한 살코기가 치간에 씹히며 샌드위치,

햄버거보다 차원 높은 충만감을 선물해 줍니다.

동파육에는 백성을 사랑하고 보살피는 소동파 선생의 미담이 담겨 있습니다. 소동파가 항저우에서 벼슬을 할 당시 큰 홍수가 터졌는데 신속한 조치에 백성들은 수해를 면했습니다. 소동파는 인부들을 동원해 시후(西湖) 주변에 제방을 쌓고 교량을 건설하였습니다. 그의 어진 정치에 감복한 항저우 백성들은 그가 간장으로 볶아낸 돼지고기를 매우 좋아한다는 얘길 듣고 돼지고기를 바쳤습니다. 소동파는 가족들에게 돼지고기를 네모나게 썰어 푹 익힌 뒤 공사장 인부들에게 나눠 먹이라고 지시했습니다. 향긋하고 고소한 고기 맛, 그의 애민정신에 감동한 인부들은 그 요리를 '소동파의 고기'라 찬송하며 '둥포러우'라 부르기 시작했습니다.

미식가 동파 선생

소동파 선생은 중국의 역사를 통틀어 볼 때 둘째가라면 서러워할 미식가입니다. 중국에는 그의 이름을 딴 요리가 동파육뿐만 아니라 동파전병, 동파두부 등 여러 가지가 있습니다. 그의 시에는 맛있는 음식과 좋은 술이 단골 소재로 등장합니다.

자 그럼 제대로 된 동파육을 요리해 볼까요. 돼지고기는 껍질째 뜨거운 물에 약 5분간 데쳐 정육면체 모양으로 썰어놓습니다. 질그릇에 파, 생강을 곱게 편 다음 돼지고기를 비계가 아래로 향하도록 얹습니다. 고기와 함께 팔각, 계피, 빙탕(冰糖, 얼음 설탕), 그리고 간장을 넣습니다. 사오싱 황주를 고기가 잠길 만큼 부어 약 2시간 정도 쪄냅니다. 젓가락으로 찌르면 푹 푹 들어갈 정도라야 제대로 익은 것입니다. 잘 익은 고기를 그릇에 옮기는데 이때는 비계 부위가 위를 향하도록 합니다. 다시 약 10분간 센 불로 끓이면 맛있는 동파육이 완성됩니다.

돼지고기 비계는 장시간 삶아낼 동안 지방이 쏙 빠지고 콜라겐 조직만 탱글탱글 남게 됩니다. 동파육을 먹을 때는 비계를 두려워할 필요가 없습니다. 반드시 비계 부분과 고기 부분을 분리하지 말고 한입에 먹어줘야 제대로 맛을 즐길 수 있습니다.

동파육과 홍사오러우

중국에는 동파육과 비슷한 요리로 홍사오러우(红烧肉)가 있습니다. 후난(湖南)의 유명 요리인데 마오쩌둥이 가장 사랑한 맛이기도 합니다. 오죽하면 그는 전쟁터에서도 3일에 한 번 홍사오러우를 먹는다면 어떤 적도 물리칠 수 있다는 말을 남겼을까요.

홍사오러우는 동파육과 맛이 비슷하지만 조리법에서 차이가 많습니다. 동파육은 찜요리입니다. 반면 홍사오러우는 돼지고기를 동파육보다 훨씬 작게 썰어 간장과 설탕을 곁들여 센 불에 볶아냅니다. 두 요리는 가격도 차이가 나는데 동파육은 고기 한 점 가격이 홍사오러우 한 그릇과 맞먹습니다. 동파육이 훨씬 고급 요리인 셈이지요. 큼지막하게 고기 한 점으로 나오는 것은 동파육, 작은 큐브 모양으로 그릇 가득 나오는 것이 홍사오러우입니다.

02

새우살과 녹차 향의 만남

룽징샤런 龙井虾仁

룽징샤런은 녹차 잎을 곁들인 담담하고 삼삼한 새우볶음입니다. 통통한 새우살에 은은한 녹차 향이 감돌아 우아한 맛이 특징입니다. 룽징(龙井)은 항저우 인근의 지역명이자 산의 이름이며 차의 이름이기도 합니다. 룽징차는 룽징지역에서 생산되는 녹차인데 명나라 때부터 스님들이 즐겨 마시던 차로 유명했습니다. 봄을 맞이하여 룽징의 차밭에 가면 차나무 한 잎 한 잎 오롯이 하늘을 향하니 연록의 꽃봉오리를 연상케 합니다. 룽징차는 청명 전에 딴 것을 최고로 치는데 맑고 영롱한 향미가 특징입니다. 중국 10대 명차, 녹차의 절정으로 꼽힙니다.

녹차의 절정을 담은 새우요리

룽징샤런의 유래에 대해서 몇 가지 설이 있습니다. 우선 소동파의 시 가운데 "새로운 불로 새 차를 끓여내시게, 시와 술은 시절을 놓치지 말아야 하니"란 명문이 있는데, 요리사는 여기서 모티브를 얻고 새우에 신선한 룽징 찻잎을 곁들여 내었습니다. 또 다른 설로는 미식가 건륭황제가 등장합니다. 풍류를 즐기는 건륭황제는 평상복 차림으로 여섯 차례나 강남을 방문했습니다. 어느 날 항저우에 갔을 때 건륭황제는 룽징차의 향에 반해 찻잎을 몰래 주머니에 챙겼습니다. 점심때가 되어 식당을 찾은 그는 종업원에게 찻잎을 건네주며 차를 끓여내라고 부탁했습니다. 그때 종업원은 황제의 평복에 가려진 용포 자락을 보고 깜짝 놀랐고 황급히 주인에게 귀띔해 주었습니다. 마침 새우를 볶고 있던 주인장은 당황한 나머지 종업원의 손에 들린 찻잎을 파로 착각하고 요리에 쏟아붓고 말았습니다. 재촉하는 소리에 그대로 요리를 내갔고 주인은 '나는 죽었다' 싶었죠. 그런데 웬걸, 찻잎의 향이 새우에 어우러져 뜻밖에 향긋한 맛을 낸 것이 아니겠습니까? 이 새우요리를 맛본 건륭황제는 크게 기뻐하며 주인장의 솜씨를 치하했습니다. 그 이후로 룽징샤런은 항저우 일대의 명품요리로 꼽혀 지금까지 전해지고 있습니다.

닉슨 대통령도 반한 룽징샤런

룽징샤런에는 항저우 시후에서 잡히는 신선한 새우만 사용합니다. 백옥같이 맑은 새우살은 소금, 계란 흰자에 1시간 정도 마리네이드합니다. 기름을 두른 웍에 새우를 넣고 찻물과 찻잎, 황주를 곁들여 센 불에 순식간에 볶아냅니다. 기타 양념은 가미하지 않고 찻잎의 향과 새우 본연의 맛을 지키

항저우 룽징산의 차밭

는 것이 핵심입니다.

새우 맛과 차향을 동시에 느끼도록 통새우 한 알 한 알 천천히 음미해 보시기 바랍니다. 이 요리는 1972년 닉슨 대통령이 중국을 방문할 당시 항저우에서 맛있게 먹어 유명해지기도 했습니다. 정갈하고 고급스러운 요리로 큰 연회석에 빠지지 않고 등장하는 메뉴입니다.

Tip 차 요리

차(茶) 자를 살펴보면 사람이 풀과 나무 사이에 있는 모습이다. 자연에 더욱 가까워지고자 중국인들은 차를 우려 마시는 것에 그치지 않고 차 요리를 다양하게 만들어 먹었다. 차 요리는 룽징샤런만이 아니다. 룽징 찻잎을 이용해 만든 요리만 해도 룽징빠오위(龙井鲍鱼, 녹차와 전복을 볶은 요리), 룽징파이구(龙井排骨, 녹차와 돼지갈비를 곁들인 요리), 룽징거리탕(龙井蛤蜊汤, 녹차와 조갯살 탕요리) 등 여러 가지가 있다. 룽징차이(龙井菜)라는 차 요리 계열을 이루어 전문 레스토랑이 있을 정도이다. 그 외에도 지역에 따라 재스민 죽통밥, 홍차 농어찜, 철관음 오리찜, 녹차 두부볶음 등 차 향을 활용한 다양한 요리가 개발되었다.

민물 생선의 정점에서 만난 새콤달콤 찜요리

시후추위 西湖醋鱼

항저우에 가면 생선찜, 시후추위(西湖醋鱼)라는 요리가 있습니다. 시후에서 잡아 올린 민물 생선을 사용하는데 새콤달콤한 특제 소스가 비린내를 잡아 맛이 근사합니다. 생선을 좋아하지 않는 아이들도 맛있게 먹곤 합니다.

시후는 항저우인들에게 어머니와 같은 호수입니다. 6.4제곱킬로미터에 달하는 너른 품에 자연경관이 수려하고 물산이 풍부하여 예로부터 고장 사람들을 먹여 살렸지요. "하늘에는 천당이 있고, 땅 위에는 쑤저우, 항저우가 있다"라는 말로 항저우의 아름다움은 지상 최고로 비유되었으며 그 핵심에는 시후라는 젖줄이 있었습니다.

시후추위에 담긴 가족애

시후추위의 유래에는 따뜻한 가족애가 담겨 있습니다. 옛날 시후 인근에 송씨 형제가 살았고, 그중 형의 부인은 절세미인이었습니다. 어느 날 부인의 미모에 반한 동네 망나니 조씨는 송씨 부인을 차지하고자 그녀의 남편을 죽입니다. 분노한 송씨의 동생은 조씨를 찾아 복수하려 했지만 붙잡혀 매질과 수모를 당했습니다. 송씨 부인은 시동생에게 도망갈 길을 터주면서 이 수모를 잊지 말라는 의미로 설탕과 식초를 넣어 생선을 요리해 주었지요. 이 생선요리가 바로 시후추위입니다. 송씨 부인은 미모만 아름다울 뿐 아니라 요리 솜씨도 굉장했습니다. 시후추위를 비롯하여 아주 유명한 항저우요리인 '쑹싸오위껑(宋嫂鱼羹)'도 이 부인이 만들어낸 요리라 전해집니다. 훗날 벼슬에 오른 시동생은 어느 관아의 연회에서 우연히 형수가 만들어 주었던 생선과 똑같은 요리를 맛보게 되어 눈물로 헤어진 형수님을 다시 찾았다고 합니다.

시후에서 나는 민물 생선, 차오위

시후추위는 민물 생선 차오위(草鱼)를 사용합니다. 차오위는 너무 크면 양념이 배기 어렵고 너무 작으면 잔뼈가 많아 먹기 불편합니다. 따라서 성

시후에서 차오위를 잡아올린 어부

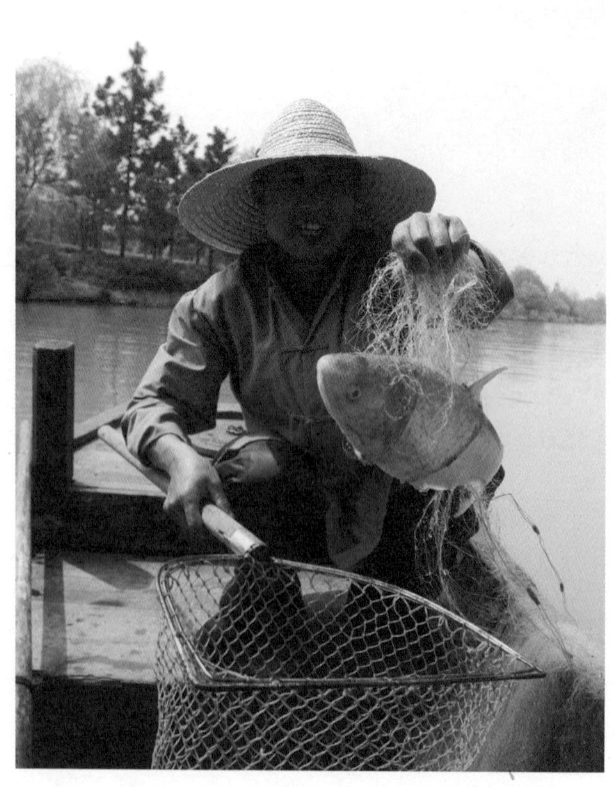

인 남자의 손바닥 크기 300그램 정도가 적당합니다. 차오위의 가장 큰 장점은 부드러운 육질입니다. 시후에서 갓 잡은 차오위는 약 이틀간 깨끗한 물에 두어 내장을 비워냅니다. 민물의 진흙 내와 비린내를 제거하기 위함입니다. 물고기는 내장을 제거하고 양면에 적당한 칼집을 내어 생강 물에 약 5분간 끓여냅니다. 한편에서는 소스를 마련하는데 간장, 맛술, 식초, 설탕, 생강, 전분 등을 넣어 진득한 질감으로 끓여냅니다. 마지막으로 생선 위에 준비된 소스를 끼얹으면 새콤한 식초가 침샘을 자극하는 맛있는 요리가 완성됩니다.

항저우에서 가장 정통적인 시후추위를 맛볼 수 있는 레스토랑으로 1848년에 문을 연 러우와이러우(楼外楼)를 추천합니다. 러우와이러우에서는 다양한 항저우요리들을 즐길 수 있어 항저우 여행 시 필수 코스로 꼽힙니다.

Tip 중국인들이 즐겨 먹는 민물고기

중국인들이 즐겨 먹는 생선요리는 대부분 민물고기를 사용한다. 그 중에서 차오위(草鱼, 초어), 칭위(青鱼, 푸른색을 띠는 잉어과 어류), 융위(鳙鱼, 대두어), 롄위(鲢鱼, 못고기 일종)는 중국인이 즐겨 먹는 민물고기로 꼽히고 있다. 그 밖에도 메기나 잉어도 식탁에 자주 오르는 민물고기이다.

햇살과 바람, 시간이 숙성한 고기

진화햄金华火腿

바람과 햇살과 시간의 힘으로 숙성된 식재료는 더욱 영양이 풍부하고 깊은 맛이 배어갑니다. 이는 어떤 대가도 바라지 않는 신의 선물입니다. 오래전부터 사람들은 숙성이라는 지혜를 통해 식재료와 자연의 제약을 뛰어넘고 식탁을 풍요롭게 만들었습니다. 한국의 덕장에서 노랗게 물들어 가는 황태, 로마인들의 빵 위에 얹어진 치즈, 몽골 기병의 주린 배를 채워주었던 육포까지 자연은 보이지 않는 손길로 식재료에 긴 생명을 불어넣었습니다.

세계 3대 햄, 진화햄

중국의 숙성요리 가운데 중요한 식재료로 진화햄(金华火腿)이 있습니다. 이탈리아의 파르마햄(프로슈토 디 파르마, Prosciutto di Parma), 스페인의 하몬 세라노(Jamón Serrano)와 함께 세계 3대 햄으로 꼽힙니다.

진화햄은 돼지 뒷다리를 통째로 소금에 절여 발효, 숙성시켜 만듭니다. 룽징차, 사오싱 황주와 함께 저장지역의 3대 보물이기도 합니다. 진화햄은 원나라 때 중국을 방문했던 이탈리아 여행가 마르코 폴로의 『동방견문록』에도 등장할 만큼 일찍이 유명해진 식재료입니다.

저장성 진화(金华)지역은 산으로 둘러싸여 있고 바람이 잘 드는 고장입니다. 이곳 사람들은 천여 년간 불꽃처럼 붉은 돼지 뒷다리 살에 기대어 음식을 해 먹고, 음식을 팔아서 생계에 보태기도 했습니다. 많은 사람들이 햄에 의한, 햄을 위한 삶을 영위하고 있습니다.

진화햄의 역사는 천여 년 전 송나라 때로 거슬러 갑니다. 북송 말기 금나라 군대가 중원을 침범했을 때 이 지역의 군인들은 절인 돼지고기 뒷다리를 군량으로 가지고 다녔습니다. 비상시 허기를 달래주고 필요한 자양분을 제공해 주는 훌륭한 식재료였죠. 절인 뒷다리고기가 불처럼 붉다 하여 훠투이(火腿)라고 불렀습니다. 지금도 중국에서는 소시지나 햄 등 모든 육가공품을 훠투이라고 부릅니다.

자연의 힘으로 만들어진 진화햄

진화햄은 약 2.5~3킬로그램 정도의 돼지 뒷다리를 통째로 사용합니다. 절단면의 비계를 깨끗이 제거하여 염장을 시작합니다. 소금을 입히는 과정

햇볕에서 바짝 건조된 진화햄

이 제대로 된 진화햄을 만드는 포인트입니다. 뒷다리에 마사지하듯이 정성스럽게 골고루 소금을 문지릅니다. 하얗게 소금 옷을 입은 뒷다리를 3일간 숙성시킵니다. 그리고 다시 소금을 입힙니다. 반복적으로 7~9차례에 걸쳐 소금을 입힙니다. 고기와 소금의 비율은 노련한 장인의 눈썰미로만 판단이 가능합니다. 너무 짜도, 너무 심심해도 궁극의 맛으로 가기 어렵겠지요.

이렇게 속살까지 소금에 절인 뒷다리는 깨끗이 씻어 햇볕에 걸어둡니다. 바람과 햇살의 은혜를 듬뿍 받으며 뒷다리 표면에는 서서히 반지르르 한 윤기가 오르고 살 색은 붉은 장밋빛으로 타오릅니다. 이는 모두 시간에 맡겨집니다. 2~3일간 풍부한 햇살에 걸린 뒷다리는 이제 바짝 건조된 햄의 모양을 갖추어 갑니다. 마지막으로 바람이 잘 드는 곳에 걸어두어 신선한 바람에 건조시킵니다. 진화햄을 만드는 전체 과정은 짧게는 몇 개월에서 길게는 30개월까지 걸립니다.

자연의 손길을 거쳐 만들어진 진화햄은 5개 부분으로 나누어 조리 가능합니다. 가장 살집이 두툼한 중앙 부분은 넓적하게 썰어 그대로 요리합니다. 저장요리 가운데 미즈상팡(蜜汁上方)이라고 불리는 요리가 바로 진화햄으로 만들어진 요리입니다. 앞쪽은 실처럼 얇게 채 썰어 각종 해물요리의 맛을 돋우는 데 사용합니다. 밍밍한 요리도 진화햄 몇 가닥만 추가하면 풍미가 새로워집니다. 그 외 발목과 기타 부위는 푹 고아 국물을 내어 각종 요리의 육수로 사용합니다.

진화햄은 저장, 상하이, 광둥의 가정에서 널리 사용하는 식재료입니다. 뒷다리 하나 가격이 약 300위안 이상으로 선물용으로도 많이 쓰입니다.

05

거지가 발견한 호화로운 닭구이

자오화지 叫化鸡

항저우의 유명 요리에는 자오화지(叫化鸡)가 있습니다. 자오화지는 장쑤, 저장 일대에서 널리 만들어 먹지만 특히 항저우에 가면 빼놓지 말고 시켜 먹어야 하는 요리입니다. 항저우에서 가장 유명한 레스토랑인 러우와이러우(楼外楼)에서는 하루에 약 1,500마리의 자오화지가 팔려나갑니다. 김용 선생의 소설 『영웅문』에서도 이 요리를 아주 맛있게 먹는 장면이 등장하는데요. 김용 선생의 고향이 저장 하이닝(海宁)인 것을 것을 감안하면 충분히 이해가 갑니다.

거지가 만든 닭구이

자오화지를 주문하면 베개만 한 흙덩어리가 떡하니 올라옵니다. 처음 본 손님들이 고개를 갸우뚱하고 어찌할 바를 모를 때 종업원은 흙덩어리를 탁 깨서 부서트린 후 그 안에 연잎으로 감싼 닭 한 마리를 꺼내줍니다. 흙 속에서 나온 닭은 머리까지 그대로 있어 보기에 충격적이지만 개국 신화에나 나올 법한 돌깨기 퍼포먼스에 사람들이 즐거워하니 요리 주문은 나날이 늘어만 갑니다.

자오화지는 '거지닭'이라는 뜻인데요. 거지가 해 먹던 외양이 볼품없는 요리이기에 붙은 이름입니다. 가난한 거지들은 훔쳐온 닭을 요리할 조리기구가 없었습니다. 그래서 닭을 손질하고 내장을 파낸 후 통째로 연잎에 싸서 진흙을 발라 땅에 묻어 구울 수밖에요.

자오화지는 거지닭이라고 불리다가 반전의 이름 '부귀닭' 호칭을 하사받습니다. 명나라를 세운 주원장이 이 지역에서 3일간 전쟁을 치른 적이 있었습니다. 장수와 병사들이 며칠 동안 굶주림에 허덕이고 있을 때 멀리에서 어느 거지가 불을 피우는 것이 아니겠습니까. 가까이 가 보니 거지는 한창 진흙으로 감싼 무엇인가를 익히고 있었습니다. 진흙을 깨자 은은하게 구워진 닭고기 향이 순식간에 퍼졌고 굳건히 다물어진 주원장의 입에도 어느새 군침이 흘러내렸습니다. 시장이 반찬이라고 오랜 굶주림 끝에 먹었으니 그 맛이 더없이 훌륭했겠죠. 뒷날 주원장은 명나라를 세우고 황제로 등극한 후에도 이 요리를 즐겼는데 이름이 볼품없다 여겨서 부귀닭이라는 이름을 하사했습니다.

진흙으로 감싸 구운 닭

진흙으로 감싸 더욱 촉촉해진 닭고기 살

물론 지금은 더 이상 자오화지를 땅에 묻어 굽지 않습니다. 요리사가 닭을 손질한 후 몸통 안에 갖가지 식재료와 향신료를 넣어 맛을 냅니다. 요리의 맛은 찜닭과 비슷하지만 육즙이 잘 가두어져 지방과 단백질이 조화를 이룬 찰진 맛이 생겨납니다.

자오화지를 요리할 때에는 암탉을 고집합니다. 암탉의 내장을 잘 제거하고 칼집을 내어 숙성시킵니다. 돼지고기, 새우, 파, 생강, 표고버섯 등을 잘 다져 닭의 뱃속을 채웁니다. 닭 겉면에 돼지기름을 한 번 칠하고 연잎으로 감쌉니다. 진흙에 사오싱 황주와 소금을 넣어 잘 섞은 후 연잎 위로 두툼하게 발라 40분간 조리하면 현대식 자오화지가 만들어집니다.

온갖 양념과 식재료들을 넣어 함께 익혔기 때문에 닭고기에는 부재료들의 향이 잘 배여 특별한 맛을 냅니다. 일반 구이법과는 달리 진흙 안에서 은은히 익어간 닭은 육즙이 촉촉하고 살점이 쫀득합니다.

Tip 항저우의 명가, 러우와이러우

자오화지를 가장 잘하는 식당으로 항저우에 있는 러우와이러우라는 레스토랑을 꼽는다. 중국에는 오래된 전통을 자랑하는 4대 명문 레스토랑이 있는데 베이징의 췐쥐더(全聚德), 양저우의 푸춘화웬(富春花园), 쑤저우의 쑹허러우(松鹤楼), 항저우의 러우와이러우가 포함된다. 1848년에 세워진 러우와이러우는 수많은 묵객들이 즐겼던 곳으로 항저우에서 가장 유명한 레스토랑이다. 항저우에서 열린 G20 만찬장으로 알려졌고 미국 닉슨 전 대통령도 방문한 기록이 남아 있다.

06

황주에 취한 게

주이시에醉蟹

저장의 자랑, 황주

저장의 천연발효주 사오싱 황주는 3천 년의 전통을 이어오며 저장인들의 가장 큰 자랑이 되고 있습니다. 알코올 도수가 15도 정도로 백주보다 마시기 편하며 입안을 향긋하게 씻어주고 몸을 따뜻하게 데워주는 등 장점이 참 많은 술입니다. 황주는 누룩으로 발효되며 완성될 시기에는 간장과 비슷한 진한 갈색을 띱니다. 옅은 과일 향이 감미로운 이 술은 숙성기간이 오랠수록 알코올 도수가 올라가며 잡내가 사라지니 오래 숙성시킬수록 고급 술로 칩니다. 그중 뉘얼훙(女儿红)은 10년 이상 숙성시킨 술입니다. 딸이 태어난 해에 황주를 담고 땅속 깊이 묻었다가 시집갈 때 꺼내 마시는 풍습이 있습니다.

황주는 요리에서도 큰 힘을 발휘합니다. 특히 질감이 탄탄한 식재료를 삶거나 찔 때 효과적이지요. 동파육이나 불도장 같은 요리에도 황주가 들어가며 이 지역 요리 중 이름에 취(醉) 자나 조(糟) 자가 들어간 요리는 기본적으로 황주를 넣어 조리한 것입니다.

특히 저장요리에는 황주에 담아 숙성시켜 먹는 요리가 굉장히 많습니다. 예로부터 이 지역 사람들은 황주에 담가 음식이 변질되지 않도록 보관했기 때문입니다. 취게, 취새우, 취계 등이 이런 방식으로 만든 요리입니다. 황주에 빠진 식재료는 술 안의 세포 활성 성분과 반응하여 조직감이 잘게 분해되고 깊은 술 향까지 입게 되니 일석이조의 효과를 얻었습니다. 또한 황주는 생선이나 육류의 비린내를 제거하는 역할도 하게 됩니다.

황주에 담가 발효시킨 게

저장지역 외 장쑤, 상하이에서 널리 퍼진 주이시에(醉蟹)라는 요리도 황주에 게를 담가 만든 요리입니다. 이 지역에서 나는 민물 게인 따자시에(大闸蟹)를 황주를 활용해 저장하는 기술은 명나라 때 시작되었습니다. 겉으로 보기에는 한국의 간장게장과 흡사하지만 입안에 넣으면 술의 향이 확 올라오니 별미입니다.

주이시에를 만들기 위해서는 먼저 게를 깨끗이 손질합니다. 도수가 높은 백주에 20분간 담가 살균을 합니다. 살아 빠득거리던 게를 백주에 집어넣으면 게들은 점점 헤롱헤롱 하기 시작합니다. 그리고 본격적인 담금주를 만들어 봅니다. 사오싱 황주에 생강, 팔각, 화자오, 설탕, 간장을 적절하게 배

저장지역에서는 추석이 되면 주이시에를 먹고 황주를 마신다.

합해 넣습니다. 백주에 취해 완전히 뻗은 게를 꺼내 다시 담금주에 가두고 밀봉하여 숙성시킵니다. 약 10일에서 20일간 서늘한 곳에서 숙성된 게는 노란 게장이 까맣게 변하며 술 향기와 함께 감칠맛이 최고조에 달합니다.

가을 향을 담은 주이시에

추석이 지나고 추운 날이 오면 가족들은 둥그런 밥상에 둘러앉아 주이시에를 즐겨 먹습니다. 주이시에는 밥반찬으로도 좋고 술안주로도 좋은 요리입니다. 그냥 먹어도 좋고 쪄 먹거나 기타 요리와 볶아 먹어도 좋습니다. 주이시에는 초간장에 찍어 먹으면 궁합이 가장 맞습니다. 달콤새콤한 초간장에 신선한 가을 향이 듬뿍 담긴 주이시에를 곁들여 먹으면 한 해의 풍요로움이 입안 가득 차오르는 기분입니다.

07

계화꿀에 달콤 찹쌀에 쫀득한 연근

꾸이화 눠미어우 桂花糯米藕

연근은 연못의 진흙 속에서 자랍니다. 무같이 생겼지만 속이 뻥뻥 뚫려 있습니다. 연근은 한 몸을 호수 가장 밑바닥에 깊숙이 박고 자양분을 흡수해 고운 연꽃을 피우고자 혼신의 힘을 다합니다. 중국인들은 희생과 비움의 미학을 담고 있는 연근에 특별한 의미를 부여하여 "옥령롱(玉玲珑)"이라 부르며 잔칫상이나 연회석에 자주 올립니다.

옥령롱, 연근

연근은 생으로도 먹고 익혀서도 먹습니다. 중국에서 연근은 7공근과 9공근으로 분류하고, 등갈비와 함께 보양탕으로, 다진 고기와 함께 전으로, 시원하게 무침으로, 잘게 썰어 볶음으로 다양하게 활용합니다. 그중에서 연근의 빈속을 찹쌀로 채워 달콤한 계화꿀로 감싼 연근찹쌀조림, 꾸이화 눠미어우(桂花糯米藕)가 가장 유명합니다.

오랜 시간 뭉근하게 쪄진 연근은 탐스러운 간장색으로 물들었습니다. 아삭함을 버리고 케이크처럼 보드랍게 녹아들지요. 숭숭 비워진 구멍에는 쫀득한 찹쌀로 채워지고 계화꿀의 은은한 달콤함이 먹는 내내 행복감이 들게 합니다.

중국인들에게는 고향의 부모님을 떠오르게 하는 맛이라 할까요. 접시에 오른 연근을 한 조각 집어 올리면 끈끈한 실타래 같은 것이 따라옵니다. 부드럽고 달달한 연근이 적당히 입에 머무르다가 편안하게 속을 달래줍니다. 위가 편안해지는 이 요리는 다음 요리를 맛있게 먹을 수 있도록 안정감을 갖게 하지요. 그래서 전채요리로 인기가 높습니다.

계화꿀을 듬뿍 머금은 찹쌀 연근

계수나무 꽃향을 담은 계화꿀

강남지역의 요리에는 계수나무 꽃향기를 담은 계화꿀이 많이 쓰입니다. 꾸이화러우(桂花肉), 꾸이화차(桂花茶), 꾸이화까오(桂花糕) 등이 모두 계화꿀로 만든 요리입니다. 계수나무를 빼고 강남의 가을을 이야기할 수 없으며 노란 계화가 만개하는 시절에는 온 세상이 꽃향기로 물들어 갑니다. 토끼와 더불어 달나라를 지켜내는 그 계수나무에는 하얀색과 노란색 계화가 피는데 꽃잎이 아주 작습니다. 그러나 향만큼은 그 어떤 꽃보다 아찔하게 진하고 달콤합니다. 계절이 지나면 사라지는 그 향기를 붙잡고 싶어 사람들은 꽃잎을 따서 말려 차로도 마시고 꿀에 넣어 먹기도 합니다. 9월에 피는 계화 꽃잎을 깨끗이 말려 꽃잎 한 층, 꿀 한 층을 깔아 밀봉하여 5일 정도 두면 꿀에는 은은한 계화 향이 배여 향기로운 맛을 냅니다.

꾸이화 눠미어우를 조리하기 위해서는 먼저 연근을 깨끗이 씻어 두고 찹쌀은 미리 1시간 정도 불려 둡니다. 연근의 윗부분을 잘라 송송 뚫린 연근 속에 찹쌀을 꼭꼭 채워 넣습니다. 다시 잘라낸 윗부분을 덮개처럼 덮어 이쑤시개로 고정합니다. 찬물에 대추, 흑설탕 등을 넣고 작은 불에서 뭉근히 익혀갑니다. 연근이 익으면 통으로 꺼내 식힌 뒤 편으로 썰어 계화꿀을 가득 잠기도록 부어줍니다. 송송 뚫린 구멍 사이로 보이는 찹쌀은 일부러 모양을 낸 케이크처럼 아름답습니다.

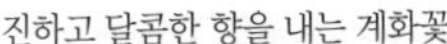
진하고 달콤한 향을 내는 계화꽃

06

闽

민차이(闽菜)_푸젠요리

화교의 고향 요리, 전통과 외래문화의 다양한 변주

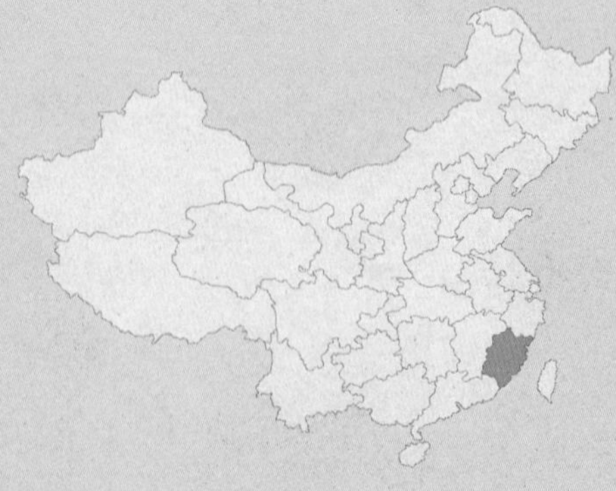

민차이(闽菜)라고 부르는 푸젠요리는 중국 중원의 한족 문화와 현지 고대 월족(越族) 문화의 교류를 통해 생겨났습니다. 민차이는 주로 푸젠성(福建省) 푸저우(福州)요리를 기본으로 취안저우(泉州), 샤먼(厦门) 등지에서 발전해 왔습니다. 바다와 인접하여 해산물 요리가 다양하고, 온난 다습한 아열대 기후로 올리브, 리치, 바나나, 파인애플 등 과일이 요리에 생동감을 더했습니다.

홍자오의 마력

푸젠요리는 특이하게도 술지게미 홍자오(红糟)를 요리에 다양하게 활용했습니다. 홍자오는 홍곡으로 빚은 칭홍술(青红酒)의 술지게미로 칭홍술은 황주와 비슷하지만 단맛이 더 강합니다. 홍자오는 빨간 고추장처럼 생겨 음식을 붉은빛 감도는 그윽한 술 향기로 물들일 뿐만 아니라 식재료의 비린내를 제거하고 체열을 내리는 효과가 있습니다.

그 밖에도 탕 요리가 발전하여 하나의 탕으로 12가지 변화를 줄 정도입니다. 일반적인 연회석에는 두어 종의 탕 요리가 나오는데 민차이에는 5~6가지의 탕 요리가 오릅니다. 푸젠요리는 단맛과 신맛이 도드라지는데 이는 해산물의 비린내를 제거하고 긴 여름내 잃어버린 식욕을 돋우기 위함입니다.

외래 소스의 발견

중국에서 일찍이 해외로 이주한 사람들이 바로 푸젠 출신들입니다. 전체 화교 중 35%가 푸젠인이지요. 그래서 푸젠을 화교들의 고향이라고도 부릅니다. 역으로 푸젠에는 고국으로 돌아온 화교들이 식문화에 영향을 끼치기도 했습니다. 해외에서 배워온 조리법과 소스를 이용하여 요리를 발전시켰지요. 민차이 중에 토마토케첩이나 카레 같은 소스의 요리들을 흔히 발견할 수 있습니다.

화교의 고향 요리

'정화의 원정'이라고 들어보셨죠. 명나라 제독 정화(郑和)는 푸젠에서 출발하여 페르시아를 거쳐 멀리 아프리카 마다가스카르까지 갔습니다. 이 당시 중원지역 한족들은 원나라와 청나라의 끊임없는 침략으로 갈 곳을 잃어 대거 푸젠과 광둥지역으로 피난을 갔습니다. 경작 면적에 비해 인구가 늘자 일부는 정화의 원정길을 따라 해외로 이주해가기 시작했습니다. 그 뒤로 아편 전쟁에 패한 중국이 난징조약을 통해 홍콩을 할양하고 항구를 개방하면서 수많은 푸젠과 광둥의 노동자들이 서구 열강의 식민지인 필리핀, 베트남, 말레이시아로 이주하게 됩니다.

세계 곳곳으로 퍼진 화교들은 특유의 근성으로 화려한 성공을 거둔 후 연이어 금의환향했습니다. 푸젠은 화교의 힘으로 단기간 내 눈부신

경제 발전을 이루고 중국이 경제 대국으로 급성장하는 데 큰 힘을 보탰습니다. 〈포브스〉는 아시아 10대 증권 시장, 시가총액 상위 1,000개의 기업 CEO 중 51.7%가 화교라는 보고서를 낸 적도 있습니다.

전 세계 차이나타운에 광둥, 푸젠요리 전문점인 많은 이유도 이 때문입니다. 화교들은 푸젠의 요리를 전파하고 외국의 조리법을 도입하며 창의성을 발현했습니다. 민차이는 내륙의 타 지역과 힘을 겨루기보다 바깥세상과 소통하는 데 더욱 비중을 둔 요리입니다.

01

스님도 담벼락을 넘게 하는 최고의 보양식

불도장 佛跳墻

중국 최고의 보양식 하면 '불도장(佛跳墙, 풔탸오치앙)'을 떠올립니다. 스님도 담벼락을 넘게 한다는 요리가 바로 푸젠의 자랑입니다. 청나라 때 개발되어 만한전석의 메인으로 등장하는 이 요리는 진귀한 식재료와 수십 가지 조리법, 이틀에 걸친 긴 시간을 통해 만들어집니다. 재력은 물론 내공까지 있어야 가능한 최고급 요리이기에 중국의 국빈 만찬, 최고급 연회에서나 맛볼 수 있습니다.

청나라 시기, 푸저우의 귀족이 연회를 준비하고 갖가지 산해진미를 한꺼번에 요리할 방법을 고민했습니다. 그러다 우연히 고서에 나온 조리법에 따라 식재료를 몽땅 솥에 넣고 사오싱 황주를 부어 푹 고았습니다. 그가 이 요리를 연회석에 올렸더니 맛을 본 손님들이 극찬했고 "수행 중인 스님도 이 향을 맡고 담장을 넘어 파계할 정도"라는 시를 읊은 것이 이 요리의 기원이 되었습니다.

긴 시간, 불의 정성

불도장 조리에는 긴 시간이 필요합니다. 우선 닭, 오리, 돼지족발 등을 넣고 6~7시간 우려 진한 육수를 냅니다. 제비집, 오징어, 대창, 버섯, 비둘기 알, 해삼, 전복, 상어지느러미, 상어 껍질, 관자 등 수십 가지 진귀한 식재료들은 각각의 특성에 맞게 지지고 볶고 튀기고 삶는 등 온갖 조리법을 총동원하여 각각 익힌 후 움푹한 단지에 차곡차곡 쌓아 넣습니다. 그리고 그 위에 육수를 붓고 황주를 넣어 연잎으로 단지를 막습니다. 다시 단지째로 은근한 불에 정성껏 끓이면 갖가지 식재료들이 조화를 이루며 불도장이 완성됩니다.

불도장은 단지 뚜껑을 개봉하는 순간이 절정입니다. 식재료의 짙은 향이 코를 뚫고 들어와 먹기 전부터 식욕을 춤추게 합니다. 짙은 갈색의 탕이 살짝 느끼할 수도 있으나 귀한 식재료와 술 향이 더해져서 오랜 시간 입안을 감돕니다.

불도장과 복수전

불도장은 단품 가격이 50만 원 이상이며 진귀한 식재료를 쓸수록 비싸져서 오직 귀한 손님에게만 대접하는 극진한 요리라고 보시면 됩니다. 그런데 최근 중국에서도 고급 식재료에 대한 엄격한 규제가 생겨 불도장에는 상

귀한 식재료와 황주의 술 향이 더해져 독특한 맛을 낸다.

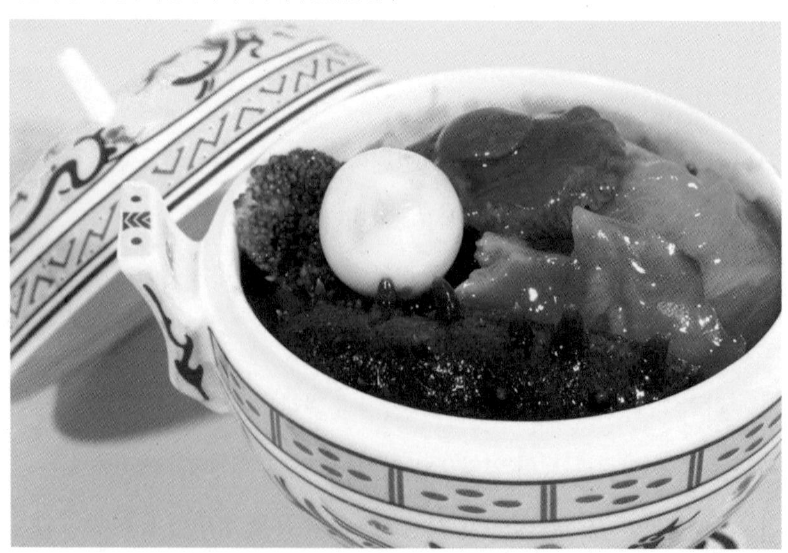

어지느러미나 제비집과 같은 식재료들을 사용하지 않습니다. 대신 푸젠에는 동일한 조리법으로 만들되 닭, 오리 등 일반적인 재료로 만들어 먹는 '복수전(福寿全, 푸서우췐)'이라는 요리가 생겼습니다. 푸젠 사람들은 설날이나 정월대보름 가족들이 단란하게 모였을 때 이 탕 요리에 둘러앉아 가족의 행복과 건강을 빕니다. 워낙 조리법이 복잡하여 가정에서 해 먹기보다는 레스토랑에서 특별 주문한답니다.

황제의 강장제 제비집 수프

지스옌워鸡丝燕窝

중국의 고급 보양식 가운데 제비집 수프가 있습니다. 제비집이란 금사연(金丝燕)이라고 하는 바다 제비가 지은 집입니다. 금사연은 여름에는 중국 대륙에서 지내다가 겨울이 오면 남중국해와 베트남, 말레이시아, 인도네시아 등으로 날아갑니다. 금사연은 천적으로부터 새끼를 보호하기 위하여 바닷가 절벽 80~100미터 높이에 해초와 생선 뼈 등을 모아 입의 타액을 섞어 둥지를 만드는데 시간이 흐르면 투명하게 변하지요. 이것을 채취하여 깃털과 피 등을 세심하게 제거한 후 식재료로 사용합니다.

금사연의 둥지는 보약

금사연 둥지는 중국에서 나지 않습니다. 동남아시아에서 주로 생산되고 중국이 값비싸게 들여오는 것이지요. 주로 수프나 죽으로 끓여 먹습니다. 『본초강목』에서는 제비집이 허한 기를 보한다는 기록이 있고, 『홍루몽』에는 제비집 수프가 약 17번이나 등장하는데 기침을 멈추고 기를 보하며 피부를 맑게 해주는 음식이라고 묘사되어 있습니다. 교질 단백질 등 영양이 풍부하고 강장효과가 뛰어난 음식입니다.

제비집을 중국으로 처음 들여온 것은 명나라의 항해사 정화(郑和)입니다. 그가 동남아시아 운항길에 제비집 수프를 먹었는데 얼굴이 불그스레해지고 기운이 솟아 장기간의 피로가 말끔히 해소되는 것이 아니겠습니까. 그래서 그는 얼른 제비집을 가져다가 황제에게 바쳤고 그때부터 황실의 보양식으로 이름을 떨쳤습니다.

청의 전성기를 이룬 건륭황제는 매일 아침 공복에 제비집 수프 한 그릇부터 마셨다고 합니다. 건륭제는 88세까지 장수했고 중국 역사상 63년이라는 최장기간 황제와 태상황제를 지냈습니다. 서태후 또한 평생 제비집 수프를 즐겨 먹었는데 그녀의 환갑연에 오른 '만수무강'이라는 제비집 요리 레시피는 현재까지 전해지고 있습니다. '만수무강'은 오리, 햄, 닭고기, 버섯을 각각 넣은 4가지 제비집 수프입니다.

닭고기와 제비집의 만남

제비집은 닭고기, 오리고기 또는 버섯, 연밥, 배, 대추, 홍삼, 코코넛 등 다양한 식재료를 함께 넣어 끓입니다. 푸젠은 제비집의 산지인 동남아시아

불린 제비집은 낮은 불에 살짝 찐다.

가 가까워 거래가 활발했고 오래전부터 제비집 수프를 즐겨 먹었습니다. 특히 닭고기를 넣은 지스옌워(鸡丝燕窝)가 유명합니다.

먼저 제비집을 찬물에 깨끗이 씻어 2~3시간 불려 놓습니다. 불린 제비집은 면보에 싸서 약 5분간 찝니다. 닭가슴살은 핏물을 뺀 뒤 푹 삶아 얇은 실처럼 찢어내고 전분과 오리알 청으로 버무려 돼지기름에 살짝 볶습니다. 닭고기와 제비집을 얹은 위에 닭고기 수프를 부어 마무리합니다.

제비집은 이제 인공 양식이 가능해 가격이 많이 내렸습니다. 이젠 중국의 많은 지역에서 다양하게 즐겨 먹습니다. 고급 레스토랑에서 황금빛 그릇에 담겨 등장하거나 산후 조리식으로 인기가 높습니다.

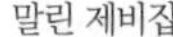

말린 제비집

03

술 향기 가득한 푸젠 대표 요리

훙자오러우 红糟肉

푸젠요리에서 가장 지역색 있는 홍자오(红糟) 요리를 소개합니다. 홍자오는 홍곡으로 빚은 칭홍술(青红酒)의 술지게미입니다. 칭홍술은 황주와 비슷하지만 단맛이 더 강합니다. 홍자오는 빨간 고추장처럼 생겨 음식을 붉은빛 감도는 그윽한 술 향기로 물들입니다.

술지게미, 홍자오

홍자오는 식재료의 비린내를 제거하고 체열을 내리는 효과가 있어 더운 남방지역에서 즐겨 씁니다. 게다가 음식의 부패를 막아 예전에는 설날에 만든 홍자오 요리를 정월 보름까지 먹었습니다. 날씨가 추워지면 푸젠은 집집마다 칭홍술을 빚기 시작합니다. 약 60일간 발효하면 술이 완성되

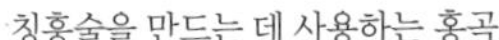
칭홍술을 만드는 데 사용하는 홍곡

는데 보통 동짓날 술을 빚으면 설날 온 가족이 둘러앉아 새 술을 마실 수 있지요.

홍자오는 푸젠요리를 관통하는 가장 대표적인 맛인데 술지게미 속에 20% 정도 술을 머금고 있어 알코올 향이 강하게 납니다. 한국에서 된장을 다양하게 풀어 넣듯 푸젠인은 육류, 생선, 탕 등 요리에 홍자오를 사용합니다. 푸젠에는 홍자오연(红糟宴)이라 하여 홍자오를 이용한 연회 코스가 있을 정도입니다. 속설에 홍자오를 많이 먹으면 아들을 낳는다 하여 임신을 준비하는 여성들에게 자주 만들어주기도 했습니다.

돼지고기로 만든 홍자오러우

홍자오 돼지고기요리

홍자오 요리 중 가장 쉬운 '홍자오러우'의 조리법을 살펴봅시다. 기름에 생강과 파를 익히다가 홍자오를 한 스푼 듬뿍 넣고 볶아줍니다. 돼지고기를 편으로 썰어 넣고 볶다가 어느 정도 양념이 배면 물을 넣고 뭉근하게 끓여냅니다. 홍자오의 술 향이 부족하면 칭홍술을 가미하여 알코올 향을 더합니다. 홍자오 요리는 따로 간장이나 기타 양념장을 넣지 않고 술맛에 감도는 은은한 단맛을 고스란히 즐깁니다. 그윽한 술맛을 좋아한다면 푸젠에서 꼭 한번 맛보시길 바랍니다.

Tip 술지게미 요리

푸젠 이외에도 다양한 지역에서 술지게미를 요리에 활용했다. 장강 삼각주 일대는 지우냥(酒酿)이라 부르는 발효된 찹쌀 찌꺼기를 사용한다. 술지게미는 술맛과 더불어 단맛을 띠어 생선이나 완자 요리에 적합하다. 타이창(太仓)지역에는 자오유(糟油)라고 하는 조미료를 즐겨 쓰는데 찹쌀 찐 물에 월계, 회향, 표고버섯, 화자오, 소금 등 20여 가지를 첨가하고 일 년간 발효시킨 맛술 유형의 양념이다. 빨간색을 띠는 홍자오는 푸젠에서 즐겨 먹는 술지게미이다. 요리 이름에 쭈이(醉, 취하다)혹은 자오(糟)가 들어가면 술 향을 떠올려도 좋다.

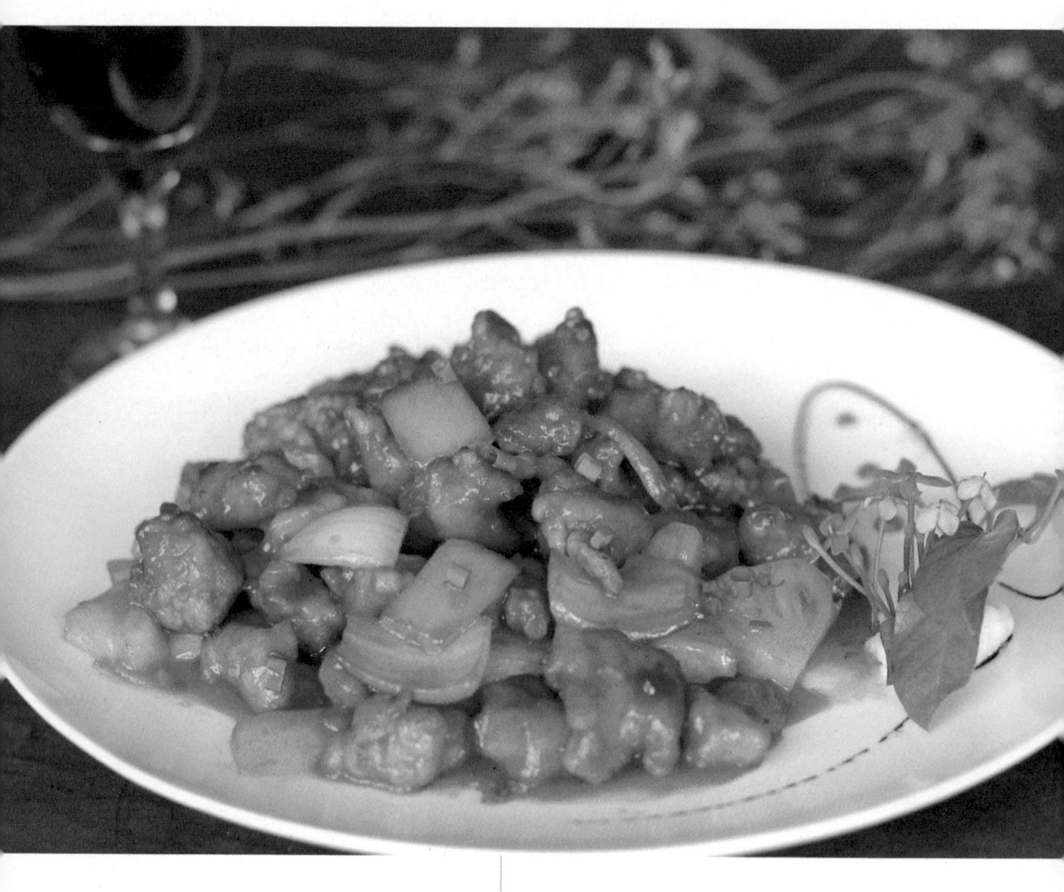

04

양귀비도 반했을 새콤달콤 돈육튀김

여지육 荔枝肉

여지(荔枝)는 '리치'라고 불리는 중국 남방지역의 과일입니다. 붉고 거친 껍질 속에 하얗고 투명한 과육이 숨어 있습니다. 그 맛이 젤리처럼 쫀득하고 기가 막히게 달콤하여 중국 당나라 때 양귀비의 사랑을 듬뿍 받았지요. 양귀비에게 최상급 여지를 헌공하려고 주산지인 광둥성 난링(南岭)에서 말에 싣고 수천 리 길을 달려 장안까지 배송했습니다.

잔칫상의 주인공 여지육

푸젠에는 여지육, 리즈러우(荔枝肉)라고 유명한 향토 음식이 있습니다. 이 요리는 여지가 들어가지 않은 제육찜이지만 색상과 모양, 맛이 모두 여지와 비슷하다고 해서 생긴 이름입니다. 푸젠 푸티엔(莆田)에서는 붉은 여지육 요리를 상서로운 음식으로 여겨 제일 먼저 잔칫상에 올립니다.

돼지고기는 먼저 푸젠의 대표 소스인 술지게미, 홍자오로 버무려 숙성시킵니다. 홍자오는 돼지의 누린내를 없애고 술 향을 은은하게 입힙니다. 숙성육은 십자칼 모양을 내어 계란 흰자, 밀가루를 묻히고 수차례 치대어 동그랗게 말아 튀깁니다. 작고 동그란 돈가스 모양에 겉이 바삭하며 거칠어서 여지의 모양을 닮아갑니다. 이제 파 기름을 내고 설탕, 케첩, 간장 등을 넣어 새콤달콤 소스를 만듭니다. 고기에 얹어 볶다가 국물이 자작하게 가라앉으면 감자를 넣어 익혀냅니다. 그릇에 담을 때는 여지로 장식합니다.

한입에 쏙 들어가는 여지육. 겉바속촉의 정석으로 새콤달콤한 소스가 육즙과 잘 어우러집니다. 여지육은 무더운 여름철 식욕을 끌어올리는 요리입니다. 양귀비가 살아 있다면 여지육을 사랑할지도요.

샤먼의 명물, 땅콩 짬뽕면과 굴전

사차면&하이리젠

沙茶面 & 海蛎煎

바다에 인접한 푸젠의 샤먼(厦门)은 싱싱한 해산물 요리의 천국입니다. 관광지로 유명하고 외지인들이 많기에 독특한 향신료 대신 무난한 맛을 추구합니다. 샤먼을 방문할 때 맛보아야 할 명물은 바로 사차면(沙茶面, 땅콩 짬뽕면)과 하이리젠(海蛎煎, 굴전)입니다. 한국인의 입맛에도 착착 맞지요.

사차 소스

사차(沙茶)는 일종의 땅콩 소스입니다. 인도네시아의 사테(Sate)라는 꼬치구이에 발라먹던 소스가 푸젠에 들어왔고, 현지인들은 좋아하는 양념을 추가하여 개량했습니다. 사차장에는 땅콩, 참깨, 새우, 코코넛, 마늘, 고춧가루 등이 들어갑니다. 훠궈 전문점에서 사차장을 쉽게 찾아볼 수 있는데 고소한 땅콩에 매콤달콤한 향미가 더해져 고기를 더욱 맛있게 합니다.

푸젠은 중국에서 가장 먼저 개항한 지역입니다. 원양선에 몸을 싣고 해외로 나간 사람들이 귀국 시 동남아의 소스들을 가져왔고 사차나 카레, 케첩 등 외래 소스들을 활용하여 푸젠요리를 발전시켜갔습니다.

사차면의 조리법은 매우 간단합니다. 면을 삶고 새우, 돼지의 심장, 간과 선지, 오징어, 두부 등을 고명으로 얹어 돼지 사골 육수를 붓습니다. 마무리로 사차장을 듬뿍 얹으면 고소하고 매콤한 사차면 완성! 사차면 전문점에는 고명이 다양해서 취향껏 골라 먹을 수 있습니다. 사차면은 짬뽕 국물에 돼지 내장과 해물이 듬뿍 들고, 고소한 땅콩장을 풀어 먹는 맛입니다. 사차장의 매운맛은 쓰촨식처럼 강하지 않고 은은하여 자칫 느끼할 수 있는 땅콩장에 경쾌함을 더합니다. 사차면은 샤먼뿐만 아니라 푸젠, 광둥, 나아가 타이완이나 동남아지역까지 광범위하게 유행되어 쉽게 맛볼 수 있지만 내공 있는 사차면은 샤먼이 으뜸입니다.

샤먼식 굴전, 하이리젠

사차면과 찰떡궁합이 바로 굴전입니다. 현지에서는 하이리젠, 또는 허자이젠(河仔煎)이라고 불립니다. 고구마 전분과 계란을 섞은 반죽에 굴을 듬뿍 넣고 바삭하게 부쳐냅니다. 가난하여 밀가루와 쌀이 흔치 않던 시절 이곳 사람들은 바다에서 나는 굴과 고구마 전분을 섞어 허기를 달랬습니다.

중국에서는 굴을 '하오(蚝)'라고 부릅니다. 굴 소스의 중국 이름은 '하오

굴전 하이리젠

유(蚝油)'입니다. 그런데 푸젠지역에서는 굴을 '하이리(海蛎)'라고 부릅니다. 푸젠인들이 며느리를 들일 때 하이리젠으로 요리 솜씨를 테스트했지요. 조리법은 쉽지만 노릇하고 바삭하게 구워내려면 손맛과 솜씨가 필요했기 때문입니다.

하이리젠은 가정에서도 흔히 해 먹는 요리입니다. 반죽에 굴을 섞는 한국식과는 달리 먼저 돼지기름에 굴을 굽습니다. 굴이 살짝 익어가면 그 위에 반죽을 부어 전의 모양을 잡아줍니다. 다시 뒤집어 앞뒤가 노릇하게 구워지면 그릇에 담아내고 칠리 소스를 뿌려줍니다. 하이리젠은 겉은 바삭하고 속은 말캉말캉한 굴의 식감이 돋보입니다.

사차면과 하이리젠은 샤먼 여행의 머스트잇 음식으로 관광지마다 전문점들이 반깁니다. 여행길에서 쉽게 먹을 수 있도록 종이 포장도 잘 되어 있습니다. 샤먼을 여행하신다면 꼭 드셔 보시기 바랍니다.

Tip 중국의 허니문 여행지, 샤먼

푸젠(福建)이라고 하면 다소 낯설지만 샤먼(厦门)은 한국 예능 프로그램에도 자주 등장할 정도로 유명한 휴양지이다. 아열대 기후로 사계절이 따뜻하고 야자나무 우거진 이국적인 풍경이 독특하다. 트렌디한 분위기에 젊은 층이 좋아하는 먹거리, 놀거리가 풍성하여 중국 신혼부부들의 허니문 명소로도 인기가 높다.

07

湘

샹차이(湘菜)_후난요리

강산을 넘나드는 호탕하고 칼칼한 매운맛

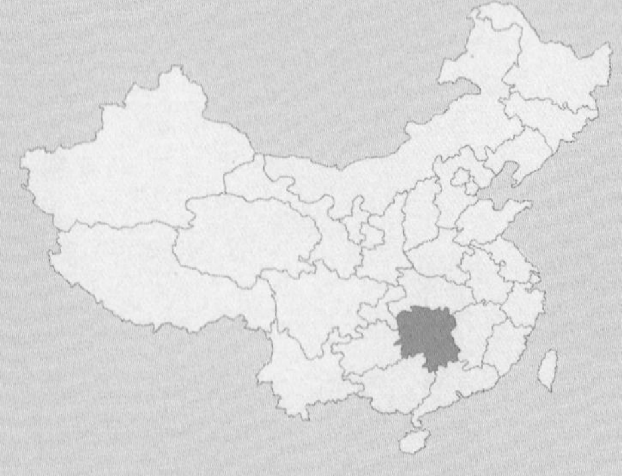

후난성(湖南省)은 중국 내륙에 위치해 있습니다. 둥팅후(洞庭湖)를 기준으로 호수의 남쪽은 후난, 호수의 북쪽은 후베이(湖北)라고 부릅니다. 후난과 후베이는 고전 작품 『초한지』의 무대입니다. 한국에 널리 알려진 관광지 장가계가 바로 후난지역 내에 있습니다. 후난성의 약자는 샹(湘)인데요. 이 지역의 심장을 가로지르는 샹장(湘江)이라는 강 이름에서 유래했습니다. 그래서 후난요리를 샹차이(湘菜)라고 부릅니다.

칼칼한 고추 본연의 매운맛

샹차이는 기름을 많이 쓰고 색감이 강렬하며 매운맛이 특징입니다. 중국에서 매운맛을 즐기는 3대 지역으로 쓰촨(四川), 후난(湖南), 꾸이저우(贵州)를 꼽습니다. 쓰촨의 매운맛은 '마라'로 혀를 얼얼하게 만드는 화자오의 역할이 크다면 후난의 매운맛은 칼칼한 고추 본연의 맛에 집중합니다. 후난에서는 고추절임과 신선한 고추 둘 다 많이 사용합니다. 후난의 인구가 6,800만 명인데 매일 고추를 먹어야 사는 사람이 5,000만 명 이상이라 할 정도로 후난인의 고추에 대한 애정은 각별합니다.

후난 시장에 가면 하이난(海南), 광시(广西), 산시(山西) 등 다양한 지역에서 매일 운송해 오는 다양한 고추 품종들을 만날 수 있습니다.

그들은 다양한 고추의 맛을 탐미하여 한 가지 요리를 할 때에도 몇 가지 고추를 블렌딩하여 매운맛을 더욱 세밀하게 나누어 먹습니다. 후난 사람들은 고추가 없이는 밥을 먹지 않고, 고추 요리는 맵지 않을까 두렵다 했습니다. 매운 고추를 즐겨 먹고 당차고 톡톡 쏘는 매력에 자신감이 넘치는 후난의 여성들을 '라메이즈(辣妹子)'라고 부릅니다.

고추의 화끈함은 이곳 사람들에게 호전적인 기질을 선물하였지요. 청말 신해혁명이나 항일전쟁의 선두에서 싸워온 수많은 명장들이 후난 출신입니다. 중국의 혁명을 이끈 마오쩌둥, 류사오치 등도 모두 후난 출신입니다. 그래서 중국은 후난 사람들이 없다면 군대를 이끌 수 없다고도 합니다.

절임고추의 매력

후난요리에는 둬자오(剁椒)라고 하는 다진 고추절임을 많이 씁니다. 신선한 고추를 씻어 다진 후 소금과 마늘, 생강과 함께 옹기에 넣고 밀봉하여 숙성시킵니다. 5일 정도 지나면 고추는 매운맛과 함께 은은한 단맛을 얻습니다. 후난은 기후가 습하여 고추가 생체의 밸런스를 맞춰주는 역할을 합니다. 매운 고추의 맛과 더불어 마늘, 더우츠, 쪽파도 많이 사용됩니다.

샹차이의 3대 체계

샹차이는 한나라 때 그 체계가 잡혀가는데 세 지역 즉, 샹장 유역과 둥팅후지역, 샹시(湘西) 산중 요리로 나뉩니다.

샹장 유역은 창사(长沙), 헝양(衡阳), 샹탄(湘潭) 요리가 중심이며 그 특징으로는 식재료의 다양성, 간장을 많이 쓴 농도 진한 맛을 들 수 있습니다. 약불에 뭉근히 오랜 시간 동안 끓이거나 찜, 조림 등의 조리법이 많이 쓰이지요. 대표적인 요리로 돼지고기 삼겹살찜인 '훙샤오러우'가 있습니다.

둥팅후지역은 둥팅후 호수에서 나는 생선, 연근, 연밥으로 만든 요리들이 많습니다.

마지막으로 샹시지역은 산간지역의 요리로 버섯요리, 절임육, 훈제요리가 많습니다. 특히 후난에는 다양한 소수민족들이 거주하는데요. 그들의 독특한 식문화도 샹차이 계열에 녹아 음식의 풍미를 다채롭게 해줍니다.

청홍이불을 덮은 칼칼한 생선 머리

둬자오위터우 剁椒鱼头

뒤자오위터우(剁椒鱼头)라고 하는 생선머리찜은 샹차이(湘菜)의 가장 대표적인 요리입니다. 후난지역은 둥팅후(洞庭湖)라는 큰 호수를 끼고 있고 샹장(湘江), 즈장(资江), 환장(浣江), 눙장(浓江) 4개의 큰 강이 감아 돌아 물이 많은 곳입니다. 자연히 물산이 풍부하여 다양한 생선요리가 발달했습니다.

생선머리찜 요리

뒤자오위터우는 거대한 생선 머리를 반으로 나누어 찐 요리입니다. 그 위에 청실홍실 이불을 곱게 덮듯이 빨간 고추 푸른 고추를 얹습니다. 중국에서는 특히 생선요리를 상서로움의 상징으로 여겨 연회석이나 잔칫상에 빠지지 않고 등장시키는데요. 붉디붉은 색을 띠는 생선 머리 요리는 그 상징적 의미만으로도 많은 복을 불러옵니다.

후난 사람들은 쓰촨 못지않게 매운 요리를 많이 먹습니다. 후난식 매운 맛은 주로 뒤자오(剁椒)를 많이 쓰는데 생생한 붉은색을 중시합니다. 뒤자오는 다진 고추에 소금을 넣고 발효시켜 만듭니다. 고추는 발효되는 과정에서 식감이 아삭아삭 살아나고 매운맛이 강화되며 기분 좋은 식감이 가미됩니다. 쓰촨요리가 얼얼한 매운맛을 추구한다면 후난은 온전한 매운맛에 집중합니다.

머리가 큰 생선, 융위

뒤자오위터우를 조리할 때에는 호수에서 잡은 융위(鳙鱼)를 사용합니다. 융위는 대두어라고도 부르는데 머리가 크고 생선 빵이라고 불릴 만큼 살집이 도톰하고 부드럽습니다. 조리법은 생각보다 단순합니다. 생선은 몸통을 버리고 머리만 취하며 파와 생강, 술, 절임고추를 덮어 찜기에 쪄냅니다.

잘 조리된 둬자오위터우는 젓가락을 들어 생선 두 볼을 덮은 붉은 고추를 살살 밀어내고 빵처럼 보드러운 생선 살을 집어냅니다. 그리고는 생선즙이 어우러진 양념장에 살포시 담갔다 입에 넣습니다. 혀에 닿는 순간 새콤한 신맛이 먼저 침샘을 자극합니다. 신맛은 일부러 가미한 것이 아니라 고추가 발효되는 시간에 선물처럼 얻은 시간의 맛입니다. 신맛의 안내를 따라 두 눈을 감고 음미하다 보면 뒤따라오는 매운맛이 힘차게 손을 잡아줍니다.

둬자오위터우의 자박한 국물에 면을 말아 먹는다.

생선 머리를 맛있게 먹는 팁

여기서 잠깐, 이 요리를 처음 접할 때 어두를 어디서부터 먹어야 할지 망설여질 것입니다. 미식가들은 먼저 입, 눈, 아가미 밑 부분의 살 순서로 공략하라고 조언합니다. 그렇게 오고 가는 젓가락 뒤에 융위는 순식간에 뼈만 남습니다. 끝날 때까지 끝난 게 아니라고 했던가요? 둬자오위터우의 하이라이트는 자박하게 남겨진 국물에 면을 말아 먹는 것입니다. 새콤하고 칼칼하며 구수한 생선 육수가 면과 어우러져 미각은 다시 한 번 희열에 들뜹니다.

Tip 후난의 대표 소스 둬자오(剁椒)

둬자오는 후난식 고추절임장으로 후난 사람들이 매운맛을 즐기는 매우 중요한 방식이다. 고추를 깨끗이 씻어 다진 다음 소금, 마늘, 생강을 넣고 밀봉하여 절이면 시큼 매콤한 둬자오가 완성된다. 둬자오는 음식에 매운맛뿐만 아니라 감칠맛과 단맛을 더해준다. 시큼한 둬자오의 맛은 후난의 매운맛이 타 지역과 가장 다른 부분이다.

중독성 강한 얼얼한 민물 가재

마라룽샤 麻辣龙虾

한국에서도 최근 인터넷이나 SNS상에서 수천 건의 마라룽샤 식당 리뷰가 뜨는 것을 목격합니다. 마라룽샤 마니아로서 자연스럽게 머리를 끄덕이게 되는 현상입니다. 중독성이 강한 요리로 마라룽샤를 따를 것이 없습니다. 룽샤(龙虾)는 민물 가재를 뜻합니다. 민물 가재를 맵고 얼얼한 향신료로 볶아낸 요리가 바로 마라룽샤입니다.

여름철 메뉴의 최강자

중국에서는 이 마라룽샤가 여름철 야식 메뉴의 최강자로 군림하며 중국 전역의 야시장과 배달 앱을 장악합니다. 지난 러시아 월드컵 시기에는 무려 300만 마리의 마라룽샤가 팔렸다고 합니다. 한국에 치맥이 있다면 마라룽샤와 맥주를 함께 곁들여 먹는 "마맥"은 중국에서 어마어마한 인기를 자랑합니다. 중국 농업부의 발표에 의하면 2017년 중국의 마라룽샤 생산량은 112만 톤에 달하며 총생산액은 2,600억 위안(한화 약 44조 7천억 원)을 돌파했다고 합니다.

중국 전역을 룽샤 사랑의 폭풍우로 몰아넣은 것은 후난입니다. 후난의 둥팅후(洞庭湖)에서 나는 민물 가재를 깨끗이 손질하여 닭고기, 돼지 뼈 우려낸 육수에 넣고 고추 등 각종 맵고 얼얼한 향신료와 함께 펄펄 끓여낸 것이 최초의 마라룽샤였습니다. 이후 다른 조리법이 개발되었는데 룽샤를 뜨겁게 삶아낸 후 마늘, 향신료, 고수 등과 함께 자작하게 볶아내는 것입니다.

마라룽샤를 먹을 때에는 도구는 필요 없습니다. 일회용 장갑을 두 손에 끼고 팔을 걷어붙인 후 손으로 한 판 승부를 봐야 합니다. 머리 부분의 껍

중국 전역의 야시장을 정복한 마라룽샤

질을 살짝 들어내면 노란 가재 내장이 빼꼼히 나옵니다. 집게손가락으로 쏙 긁어낸 후 입으로 넣고 쪽 빨면 매콤하고 고소한 맛이 혀를 감싸 안습니다. 다음 몸통의 양쪽을 힘껏 눌러 껍질을 부순 후 하얀 살을 발라내고 한입 넣어봅니다. 그 맛에 감격하여 '둘이 먹다 하나 죽어도 모른다'는 말은 이럴 때 쓰는구나 새삼 깨닫습니다.

초기 마라롱샤가 막 인기를 얻기 시작할 무렵 식당에서는 개수나 인분이 아닌 근 단위로 팔았습니다. "오늘 저녁은 마라롱샤 다섯 근!" 이런 식이었지요. 요즘 마라롱샤를 개 단위로 파는 식당을 볼 때면 왠지 서운함이 확 밀려옵니다. 그만큼 마라롱샤의 몸값이 귀해졌기 때문입니다.

마라롱샤와 맥주는 환상 궁합

마라롱샤의 환상 궁합은 시원한 맥주인데 일회용 장갑을 끼고 롱샤를 먹다가 다시 장갑을 벗고 맥주잔을 만지기가 여간 불편한 일이 아닙니다. 그렇다고 맥주를 포기한다면 바보 같은 일입니다. 한여름 밤 매콤한 마라롱샤에 시원한 맥주 한잔을 곁들인다면 세상 부러울 것이 없기 때문입니다.

마라롱샤는 후난 음식이라는 말이 무색할 정도로 중국 전역의 야식 시장을 정복하고 있습니다. 상하이 뒷골목에서도 베이징의 꾸이제(簋街)에서도 항저우의 맥줏집에서도 심지어는 서울 건대입구의 골목 상가에서도 마라롱샤를 찾아볼 수 있습니다. 밤이 출출할 무렵 마라롱샤의 중독이 시작됩니다.

마오쩌둥이 사랑한 요리

마오자차이毛家菜

후난요리 중에는 특별한 요리 계열이 있습니다. 일명 마오자차이(毛家菜, 모가요리)인데 마오쩌둥이 즐겨 먹은 가정식을 일컫습니다. 마오쩌둥은 중국 근현대사에 가장 중요한 인물입니다. 1893년에 후난성 샹탄현(湘潭县) 사오산(韶山)에서 농민의 아들로 출생한 그는 중국 공산당의 요직에서 활동하다가 장제스와의 내전에서 승리한 후 베이징에 중화인민공화국 정부를 세웁니다. 그는 현대적 게릴라 전술을 완성한 군인이자 중국식 공산주의 이론을 창시한 이론가, 중국 대륙을 통일한 정치가입니다. 중국 사람들은 그의 이름보다 마오주씨(毛主席, 마오 주석)라 부르는 것을 더욱 친근하게 여깁니다. 그가 생전에 즐겨 먹던 요리들을 모아 "마오자차이"라는 이름까지 붙일 정도였지요.

마오쩌둥과 모가반점

모가요리 전문점 중 가장 유명한 식당은 1987년에 문을 연 모가반점(毛家饭店)입니다. 본점은 사오산 마오쩌둥 기념관 맞은편에 위치해 있습니

마오쩌둥 기념 배지

마오쩌둥과 양화이런

다. 이 레스토랑에서는 마오가 평소에 즐기던 홍사오러우나 생선찜, 야채볶음 등을 팔고 있습니다. 주인 양화이런(杨怀仁)은 마오의 먼 친척으로 마오가 후난을 방문하면 찾아가는 사람이었습니다. 모가반점 본점은 후난에서 진행되는 여러 정치행사의 주요 연회장으로 이용됩니다. 현재까지 전국에 300여 개의 지점이 있는데 베이징이나 상하이에 있는 모가반점은 한국 여행사 패키지 상품에도 종종 등장합니다.

모가반점에 들어서면 마오의 흉상과 마주하며 붉은 글씨로 쓴 대자보, 문화대혁명 시기를 풍미했던 홍가(红歌, 마오쩌둥 찬양 노래)와 퍼포먼스가 펼쳐져 그 시대를 살아온 사람들에게 깊은 향수를 자극하고 있습니다. 마오는 중국인에게 전무후무한 추앙을 받는 인물로 지금도 격변의 시기를

중국 전역에서 성업 중인 모가반점 레스토랑

살아온 사람들에게는 그에 대한 각별한 애정이 남아 있습니다. 1950년대 전후에 태어난 세대들은 모가반점에서 마오가 즐겨 먹었다는 음식을 맛보면서 자신들의 젊은 시절을 떠올립니다. 질풍노도 같은 시절과 인물에 대한 추앙, 젊은 날의 아련한 회상이 모가반점의 식지 않는 인기 비결입니다.

후난 가정식 요리 마오자차이

한편 그 시절을 겪어 본 적 없는 젊은 세대나 외국인들에게 마오자차이를 주로 하는 레스토랑은 후난 가정식 요리를 즐길 수 있는 곳으로 간주됩니다. 이곳에서 가장 유명한 요리는 단연 마오가 가장 즐겨 먹었다는 홍사오러우(红烧肉)입니다. 돼지고기 오겹살을 센 불에 볶아 간장을 넣어 찜하듯 끓여낸 요리로 간장의 진한 감칠맛과 돼지고기의 고소함이 어우러집니다.

작은 가마솥에 매운 고추와 돼지고기 혹은 닭고기 등을 자작하게 볶아내는 깐궈요리(干锅菜)도 유명합니다. 모가요리는 경쾌하고 단순한 매운 맛이 핵심입니다. 술안주보다는 밥반찬으로 인기가 높습니다. 모가요리는 점차 체계가 잡혀갔고 후난요리 하면 빠지지 않는 아이콘이 되었습니다.

04

고추를 추앙하는 야들야들 제육볶음

샤오차오러우 小炒肉

후난요리는 대체적으로 흰쌀밥과 잘 어울립니다. 기름기가 좌르르 흐르고 적당히 매콤짭짤하여 반찬으로 더없이 좋기 때문입니다. 고추를 즐겨 쓰고 파마늘을 듬뿍 넣기에 매운맛에 익숙한 한국인의 입맛에도 딱 떨어진다 할 수 있습니다.

후난의 대표 밥도둑 요리

후난의 대표적인 밥도둑, 샤오차오러우(小炒肉), 혹은 라자오차오러우(辣椒炒肉)라고 부르는 고추고기볶음을 소개합니다. 고추는 저장과 장쑤 지역을 통해 중국에 들어왔으나 정작 그곳에서는 고추를 관상용으로만 여겼습니다. 명나라 때 곤극 <목단정>을 살펴보면 고추를 '고추꽃'이라 부르며 그 아름다움을 노래하는 구절이 나오기도 합니다.

내륙지방으로 들어가면서 습하고 더운 기후조건에서 고추는 비로소 식재료로 쓰입니다. 물론 주연이 아닌 조연급인데요. 주재료의 향미를 끌어올리는 역할을 했지요. 그런데 샤오차오러우는 그 역할이 역전됩니다. 고추의 매운맛과 아삭한 식감이 주인공이며 돼지고기 삼겹살이 들러리입니다. 고추와 삼겹살의 만남, 비계와 살코기가 적당히 붙은 고기는 고추의 아삭함에 길들여져 목구멍으로 술렁술렁 넘어갑니다.

고추 본연의 맛 강조

쓰촨의 매운맛은 화자오가 들어가 얼얼한 마라이며, 두반장이 섞이며 발효의 깊은 여운이 담겨 있습니다. 반면 후난은 고추 본연의 자연스러운 매운맛을 선호합니다. 싱싱하고 아삭한 식감, 코끝 찡하도록 톡 쏘는 매운 맛이 핵심이죠. 후난에서 자주 사용하는 둬자오도 고추를 오래 저장하려는 의도일 뿐 발효취를 쓰고자 한 것은 아닙니다. 고추 본연의 아삭함도 최대한으로 살려냈습니다.

매운맛의 3대 고장을 일컬으며 이런 말이 전해집니다. "쓰촨인은 매운 것을 두려워하지 않고(不怕辣, 부파라), 후난인은 맵지 않을까 두려워하며(怕不辣, 파부라), 꾸이저우인은 매워도 두려워하지 않는다(辣不怕, 라부파)" 여기서 매운맛 즐기는 데 가장 고수는 후난인이 아닐까요.

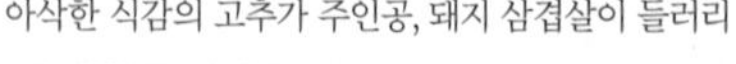
아삭한 식감의 고추가 주인공, 돼지 삼겹살이 들러리

고추가 주인공인 샤오차오러우

그럼 맛있는 샤오차오러우는 어떻게 만들어질까요. 먼저 달궈진 웍을 돼지비계로 코팅하듯 기름을 냅니다. 삼겹살을 얇게 썰어 기름에 볶다가 마늘을 투하하여 불맛을 입힙니다. 돼지기름에 잘 볶아진 삼겹살을 웍에서 꺼내고 남은 기름에 수분 가득한 고추를 넣어 볶습니다. 소금, 간장으로 맛을 낸 다음 미리 볶아 두었던 삼겹살을 넣어 곁들이면 완성입니다. 돼지고기 특유의 녹진함과 후난 특유의 깔끔한 매운맛이 어우러져 매력이 그만입니다.

샤오차오러우는 가정에서도 쉽게 따라 해볼 수 있는 요리입니다. 샤오차오러우를 볶을 때에는 길쭉한 형태의 매운 고추를 선호합니다. 한국의 청양고추도 어울리겠습니다. 기호에 따라 마른고추를 넣거나 절임고추를 넣어 단맛을 내어도 좋습니다.

악취 요리 본좌의 맛

취두부 臭豆腐

취두부는 중국어로 처우더우푸(臭豆腐, 악취 나는 두부)라고 합니다. 그 향이 시궁창에서 나는 것과 같다 해서 세계 3대 악취 요리로 당당히 선정되었습니다. 취두부는 중국의 대표적인 길거리 음식 중 하나입니다. 고약한 냄새가 퍼져서 격조 있는 테이블에 올리기에는 무리가 있지요.

취두부 장사꾼이 영업을 시작하면 그 특유의 향이 인근에 퍼져 광고가 저절로 됩니다. 맛을 모르는 사람들은 코를 막고 도망가기 급급하지만 마니아들은 벌써 긴 줄을 늘어서서 차례를 기다리지요. 그 줄에는 명품 백과 세련된 화장을 한 이삼십 대 아가씨들도 많습니다.

여러 지역에서 사랑받는 취두부

삭힌 두부 요리는 중국에 다양한 버전이 있습니다. 안후이(安徽)지역의 마오더우푸(毛豆腐)는 하얀 곰팡이가 실처럼 덮인 두부를 쪄먹는 요리입니다. 베이징의 왕즈허(王致和) 취두부는 푸른 곰팡이의 블루치즈와 흡사하며 서태후에게 진상되어 '어청방(御青方)'이라는 이름을 하사받기도 했습니다.

후난 창사의 취두부

그중에서 가장 유명한 것이 후난성 창사(长沙)의 취두부입니다. "취두부를 맛보지 않았다면 창사에 다녀왔다 말할 수 없다"라고 할 만큼 존재감이 큽니다. 코를 찌르는 악취 때문에 우아한 레스토랑의 식탁에 오를 수 없는 운명이었으나 취두부는 중국의 마오쩌둥이나 미국 케네디가의 막내인 에드워드 케네디, 아버지 부시 등 정계 명사들이 맛보고 언급한 바 있을 정도로 귀한 몸입니다.

창사 취두부 중에서도 훠궁디엔(火宮殿)이라는 시장의 취두부가 가장 유명합니다. 이 또한 마오 주석 때문이지요. 1958년 고향인 후난 시찰을 간 마오쩌둥은 훠궁디엔의 취두부를 맛보고는 "취두부의 향은 고약하나 그 맛은 향기롭기 그지없구나! 훠궁디엔의 취두부는 참으로 맛있다"고 감탄했습니다. 그 후로 중국 지도자들은 후난만 방문하면 반드시 훠궁디엔에 들러 취두부를 먹는 관례가 생겼지요. 마오를 신격화했던 문화대혁명 시기에는 훠궁디엔 벽면에 "절대적 지침: 훠궁디엔의 취두부는 참으로 맛있다"고 대자보를 써 붙일 정도였습니다. 지금까지도 창사의 명물로 꼽히는

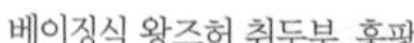
베이징식 왕즈허 취두부, 홍팡

훠궁디엔의 취두부는 하루 판매량이 3만 개에 달합니다.

맛있는 취두부를 만드는 데 가장 중요한 과정은 간수 제조입니다. 간수는 버섯, 죽순, 술, 소금, 더우츠(豆豉, 청국장처럼 발효시킨 콩) 등 10여 가지 재료를 함께 넣어 약 보름 동안 삭힙니다. 잘 삭혀진 간수에 두부를 3~4시간 담그면 두부는 간수를 빨아들여 검은 먹색을 띠며 고약한 냄새를 풍기는 취두부로 변신합니다.

마지막으로 취두부를 기름에 지글지글 튀겨 꼬챙이로 송송 찔러 준 다음 간장, 참기름, 고춧가루를 섞어 만든 양념장에 찍어 먹습니다. 지역에 따라 약간의 차이는 있겠지만 길거리에서 판매되는 취두부는 대부분 이러한 조리과정을 거칩니다.

왕즈허 취두부

취두부를 이야기하면서 왕즈허를 빼놓으면 섭섭하지요. '베이징 취두부'라고 불리는 왕즈허 취두부는 푸른빛을 띠는 치즈 같은 식감을 가지고 있습니다. 300여 년 전 청나라 때, 안후이에서 베이징으로 올라온 왕즈허는 과거시험을 보았으나 낙방했습니다. 그는 고향으로 내려갈 면목이 없어 베이징에 눌러앉아 두부 가게를 열었습니다. 부엌일 한 번 안 한 선비가 두부를 만들면 얼마나 잘 만들까요? 두부는 전혀 팔리지 않았습니다. 볏단으로 덮어두었던 두부는 며칠이 지나자 곰팡이가 파랗게 피어올랐습니다. 밑천을 쏟아부어 만든 두부였기에 썩어도 차마 버릴 수가 없었습니다. 고심 끝에 왕즈허는 곰팡이가 핀 썩은 두부를 소금물에 절였는데 희한하게

도 두부는 푸른색을 띠면서 독특한 맛을 냈습니다. 그는 간판을 내걸고 이 두부를 팔기 시작했는데 한 번 산 사람들이 다시 사러 오면서 장안에 소문이 자자하게 퍼져갔습니다. 왕즈허 취두부의 소문을 들은 서태후는 그 맛이 궁금하여 궁으로 진상하도록 했는데 그녀의 입맛에 딱 들어맞았습니다. "이토록 맛있는 음식의 이름이 취두부라니 너무 우아하지 않구나" 이렇게 말하며 서태후는 어청방이라는 고급스러운 이름까지 하사했답니다.

왕즈허 취두부는 칭팡(青方)이라는 이름으로 지금까지 널리 팔리고 있습니다. 참고로 훠궈를 먹을 때 참깨장에 넣어 맛을 내는 붉은빛의 삭힌 두부는 훙팡(红方)이라고 부릅니다. 훙팡은 콩으로 만든 된장 맛과 비슷하여 칭팡에 비해 향이 훨씬 부드럽고 먹기 좋아 취두부 입문용으로 시도해볼

길거리 음식, 창사 취두부

만합니다.

왕즈허 취두부는 튀겨 먹기보다 빵에 발라 먹거나 국수를 먹을 때 비빔장처럼 넣어 먹습니다. 상상하기 어렵겠지만 베이징 사람들은 입맛이 없을 때 고추장처럼 취두부를 찍어 먹기도 합니다.

서양에서는 취두부를 "중국의 치즈"라고 부릅니다. 삭히는 과정에서 콩 안의 이소플라본 흡수율이 높아지며 항산화 효과도 뛰어나지요. 식물성 유산균이 풍부하여 체내 면역력을 높여주기도 합니다.

Tip 장류 브랜드 왕즈허

왕즈허는 1699년 베이징지역에 위치한 유명 장류 브랜드이다. 왕즈허는 특허를 받은 기술을 이용하여 다양한 취두부를 대량 생산하고 있으며 춘장, 간장, 황장 등을 생산하고 있다. 취두부 대량 생산 브랜드로는 단연 제일로 중국 여행 시 로고 모양은 왕서방, 투명한 유리병에 푸르른 두부가 들어 있는 것을 보면 한번 사서 먹어보기 바란다. 다만 사람이 많은 장소에서는 함부로 뚜껑을 열어보는 행위는 자제하시길.

08

徽

후이차이(徽菜)_후이저우요리

재력과 학식을 겸비한 상인들의 식문화

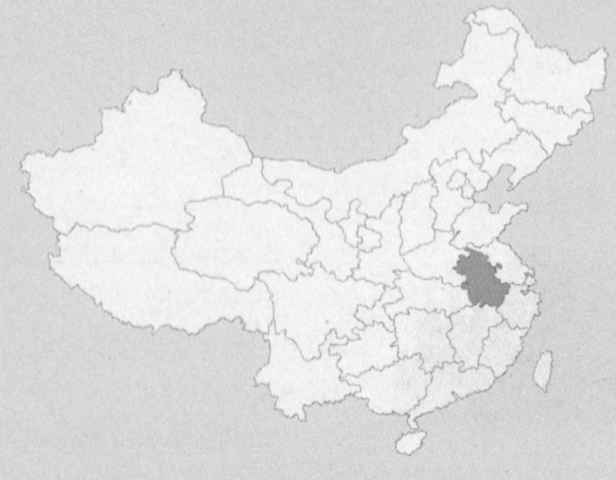

후이차이(徽菜)는 중국 8대 요리 중 유일하게 성(省) 단위가 아닌 시와 현 단위 지역에 걸쳐 규정된 요리입니다. 후이차이의 '후이저우(徽州)'는 오늘의 안후이성(安徽省) 황산시(黄山市)와 지시시엔(绩溪县), 장시성 우웬시(婺源市)에 이르며 관광지로 유명한 황산 일대입니다. 후이차이는 안후이성 요리 계열이라고 생각하기 쉽지만 안후이성은 완(皖)이라는 약자로 불리고 옛 안칭부(安庆府)와 후이저우부(徽州府)가 합쳐져 이루어진 성입니다.

세계문화유산, 후이상

12세기 초 송나라부터 20세기에 이르기까지 후이저우는 독특한 문화를 발전시켰습니다. 그 저변에는 상인 문화, 후이저우 건축, 신안의학 등이 체계를 이루며 세계문화유산에 등재될 만큼 보존적 가치를 인정받고 있습니다. 후이저우요리 또한 명, 청 시기에 8대 요리의 백미로 꼽히며 저장(浙江), 장쑤(江苏), 푸젠(福建), 장시(江西) 등 주변 음식 문화에 깊은 영향을 끼쳤습니다.

명, 청 시기 최고의 전성기를 누렸던 후이상(徽商, 후이저우 상인)은 전국 10대 상인계열 중 으뜸이었고 중국 전역을 누비며 재력과 세력을 축적했습니다. 후이저우요리도 그들로 인해 발전하며 전국으로 퍼져나갔지요. 한때 중국 전역에 1,000여 개의 후이저우 식당이 성업했고 상하이에만 500개가 넘었습니다.

후이저우는 산으로 둘러싸여 농경지가 적습니다. 남자들은 상업이나 학문으로 출세해야만 했습니다. 후이상은 초기에 소금, 솜, 목재, 종이를 위주로 교역했고 점차 중국에서 규모가 가장 큰 금융 전당업도 장악합니다. 그들은 항저우와 베이징을 잇는 경항대운하를 따라 남과 북을 잇는 무역에서 막대한 재력을 쌓았습니다.

후이저우가 험난한 자연환경에서도 문화와 경제가 발전한 저력은 교육에 있습니다. 송, 원 이래 후이저우는 약 260여 개의 사숙(私塾, 근대 학교가 세워지기 이전의 사설 서당)을 세워 자제들을 가르쳤습니다. 중국 전역에서 사숙의 밀집도가 가장 높은 지역이 바로 후이저우였으며 걸출한 학자를 대거 배출하였습니다. 성리학의 기틀을 잡고 유학과 동아시아 사상에 막대한 영향력을 끼친 주희(朱熹)가 바로 후이저우 출신입니다.

후이상은 상하이 개항 이후 몰락해가면서 역사의 무대에서 서서히 사라졌습니다. 후이저우의 음식 문화도 차츰 빛바래 갔지만 현재까지도 중국의 요리 계열상 중요한 입지에 있습니다.

음식 동원의 철학

후이저우는 80%가 산과 구릉으로 뒤덮여 각종 산채와 야생 동물을 요리합니다. 이 지역에서 체계를 잡은 '신안의학(新安医学)'은 음식 동원의 철학을 바탕으로 자연식 본연의 영양과 맛, 식재료 간의 궁합을 철저히 따졌습니다.

후이저우요리는 끓이고 삶고 찌는 것이 주력이고 기름에 튀기거나 볶는 것은 적습니다. 불의 사용을 중요시하고 숯의 약한 불에서 뭉근히 끓이는 전골류가 많습니다. 우르르 한꺼번에 끓이지 않고 천천히, 천천히 우려내어 전체의 맛과 영양을 하나로 통합시킵니다. 신속하게 볶을 때는 장작을 이용하고 천천히 끓일 때는 작은 나무토막을 활용하는 등 불 조절이 관건입니다. 여기에는 풍부한 나무 재원이 힘을 보탭니다. 전통 후이저우 요릿집에 가면 숯불 위 솥을 줄지어 세워 놓고 뭉근히 달이는 풍경이 아름답습니다.

홍어와 견줄 만한 삭힌 쏘가리의 매력

처우꾸이위臭鳜鱼

중국인의 식탁에 빠지지 않고 등장하는 것이 생선입니다. 생선은 삶의 완전함을 상징하기에 머리부터 꼬리까지 통째로 요리합니다. 일반적인 식재료는 찢거나 썰거나 편을 내어 조리하지만 유독 생선만은 완전체를 유지합니다. 생선을 먹을 때도 이 방식은 고수가 되지요. 우선 젓가락으로 살코기만 집어 먹습니다. 여럿이 요리를 나눌 때도 칼이나 가위를 쓰지 않고 숟가락으로 가볍게 저며 각자의 그릇에 올려줍니다.

한쪽의 생선 살을 다 먹어도 함부로 뒤집으면 안 됩니다. 옛날 뱃사람들은 생선을 뒤집으면 배가 뒤집힌다고 불길하게 여겼습니다. 오로지 젓가락으로 등뼈의 큰 줄기를 걷어내거나 불편하더라도 가시 사이 사이로 아랫부분의 생선 살을 빼먹어야 합니다.

구린내 나는 쏘가리

중국에는 지역을 대표하는 생선요리들이 있는데 후이저우지역의 대표는 '처우꾸이위(臭鳜鱼)'입니다. 직역하면 '구린내 나는 쏘가리'로 한국의 홍어를 연상시키지요. 삭힌 생선의 요리입니다.

처우꾸이위를 처음 대하면 꼬릿한 냄새 때문에 본능적으로 코를 막게 됩니다. 그러면 경험자들은 "처음은 다 그래" 하며 맛보기를 종용하지요. 젓가락으로 한 점을 떠서 국물에 푹 담갔다 입에 넣어주는데, '와! 이것은 생선요리의 신세계야!'라는 마음의 소리를 듣게 됩니다. 치간을 넘나드는 쫄깃한 식감, 생선 살의 담백함과 젓갈 같은 발효취에서 나는 풍요로운 향미가 영혼을 혼미할 정도로 두드립니다. 진한 감칠맛이 국물에 스며들기에 생선을 다 먹고 난 후에 면을 말아 마지막 한 방울까지 호로록 떠먹습니다.

산동네에서 생선을 먹는 법

후이저우는 산으로 둘러싸여 생선이 귀합니다. 예로부터 겨울이 임박하면 생선 장수들이 장강에서 잡힌 쏘가리를 후이저우까지 나무통에 담아와서 팔았습니다. 운반하는 과정에 생선의 부패를 막기 위해 소금을 한 층씩 뿌려가며 쌓았는데 7~8일 정도 걸리는 여정에서 생선은 여지없이 삭기 마련이었습니다.

삭은 생선은 퀴퀴한 냄새가 났지만 이게 바로 별미였습니다. 살짝 삭은 쏘가리를 깨끗이 씻어낸 후 기름에 튀기니 고약한 냄새는 사라지고 육질은 탱글탱글한 것이 씹으면 씹을수록 입안에 침이 고이는 것이 아니겠습니까. 후이저우 사람들은 순식간에 이 생선요리에 빠지게 되었지요. 점차 타지 사람들도 그 맛을 한번 맛보면 잊지 못할 지경이 되었습니다.

지금은 조리법이 더욱 정교해졌는데요 생선의 발효취가 많이 중화된 편입니다. 쏘가리를 깨끗이 손질한 후 뱃속에 소금, 다진 파, 다진 생강 등을 넣고 하루 정도만 삭혀내기 때문입니다. 냄새는 날 듯 말 듯 연하게 삭히고 탱글하고 쫀득한 생선 살의 식감만 살려낸 것입니다.

물론 후이저우에 가면 전통식으로 조리한 처우꾸이위도 맛볼 수 있습니다. 쏘가리는 복숭아 꽃필 때의 것을 최고로 칩니다. 살집이 튼실한 쏘가리는 젓가락으로 껍질을 벗겨보면 하얀 살점이 육쪽마늘처럼 옹골차게 들어 있습니다. 한국에도 잘 알려진 관광명소인 황산에 가게 된다면 처우꾸이위에 한번 도전해보시기 바랍니다. 홍어 마니아에겐 삭힌 쏘가리의 별미도 새로운 경험이 될 테니까요.

Tip 구린내 나는 요리, 처우차이

중국에서는 삭힌 요리 또는 악취가 나는 요리를 처우차이(臭菜)라고 부른다. 사오싱(绍兴), 닝보(宁波), 후이저우 일대는 비가 많이 내리고 음산한 날씨가 대부분이다. 그들은 5, 6월에 집중적으로 처우차이를 만들어 먹는다. 처우차이는 강한 구린내가 나지만 먹다 보면 고소한 뒷맛이 나 묘한 중독성이 있다. 가장 유명한 처우차이는 전 세계에 이름을 날린 취두부이다. 그 외 처우둥과(臭冬瓜, 삭힌 동과), 처우센차이(臭苋菜 , 삭힌 비름)도 자주 해 먹는 요리이다.

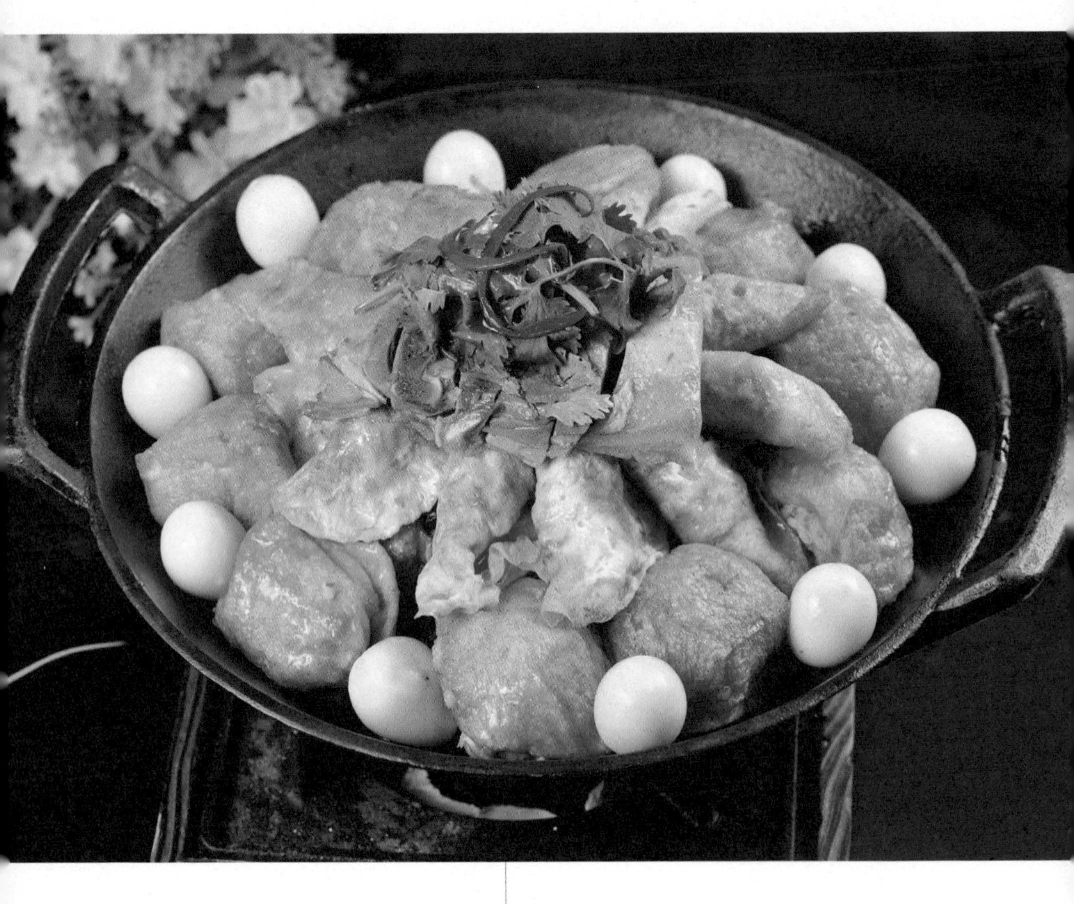

02

가족의 사랑으로 층층이 쌓아 올린 전골 요리

이핀궈一品锅

후이차이(徽菜) 계열에 아주 유명한 전골 요리가 있습니다. 갖가지 식재료들을 층층이 쌓아 뭉근한 불 위에 끓여 먹는 이 요리는 건륭황제도 맛이 일품이라고 치하하여 일품 전골 요리, 이핀궈(一品锅, 일품과)라고 부릅니다.

안후이 지시(绩溪)지역에서는 설날이나 잔치, 제사 때마다 이 요리를 해 먹습니다. 온 가족이 둘러앉아 푸짐하게 쌓인 요리를 먹기에 화합과 행운의 뜻이 담겨 있습니다. 중국의 유명한 학자이며 전 베이징대학 총장과 주미 대사를 역임한 후스(胡适) 선생은 이 요리를 한층 더 유명하게 했습니다. 특히 미국에 있을 동안 귀빈 접대 시 자신의 고향 요리인 이핀궈를 대접하여 큰 인기를 끌었지요. 그래서 '후스 이핀궈'라고 부르기도 합니다.

어머니의 정성이 깃든 요리

이 요리의 기원에는 어머니의 애틋함과 아내의 정성이 담겨 있습니다. 타고난 장사꾼인 후이저우 남자들은 일 년 내내 타지를 떠돌며 물건을 사고팝니다. 오직 설날이나 집안에 큰 행사가 있어야 잠시 귀향하지요. 이날만 학수고대하던 아낙들은 어떻게 하면 맛있는 음식으로 남자의 마음을 녹일까 하는 고민에 빠집니다. 인근 지역에서 구할 수 있는 식재료는 모두 구하고 맛있는 것들로만 쌓아 올려 정성껏 끓이는 요리가 탄생한 것입니다.

이 한 솥의 음식에는 고향의 향수, 집을 향한 그리움, 가족의 사랑과 안녕을 기원하는 마음까지 모두 녹아들었습니다. 잠시의 꿀 같은 시간을 보내고 먼 길을 다시 떠날 때, 남자들은 뱃길에서 작은 화로에 불을 지펴 보글보글 이핀궈를 끓여 먹었습니다. 여행길의 추위와 고통을 달래고 고향에 두고 온 식구들을 다시 기억하는 자신만의 의식이었지요.

층층이 쌓아 올린 사랑

이핀궈는 커다란 솥에 갖가지 제철 식재료를 얹어서 끓여냅니다. 가장 아래층에는 무, 죽순, 완두와 같은 야채를 깔고 두 번째 층에 갈비와 돼지고기볶음 등 육류를 얹습니다. 세 번째 층에는 소를 넣은 유부를, 네 번째 층에는 지단을 부쳐 빚은 만두를, 다섯째 층에는 닭고기를 여섯째 층은 계란이나 메추리알을 층층이 얹어 다 함께 보글보글 끓입니다.

여기서 재료들은 계절과 상황에 따라 바뀌지만 가장 중요한 식재료인 지단 만두는 꼭 들어가는 주인공입니다. 지단 만두는 오리알로 지단을 부친 뒤 올방개를 다져서 소로 넣습니다. 지단 만두는 모양이 원보(중국의 옛날 돈)와 비슷하게 생겨서 돈을 부른다는 의미가 담겨 있습니다.

이핀궈는 다양한 식재료를 푹 끓여내서 구수한 맛이 납니다. 사전에 볶거나 찌는 과정을 거친 다음 층층이 쌓기에 자칫 느끼한 맛이 들 수도 있습니다. 그러나 따뜻한 탕과 함께 겨울철 보양식으로는 더할 나위 없지요.

완성된 이핀궈는 함부로 뒤적거리거나 와르르 쏟아 넣고 잡탕으로 먹는 것이 아닙니다. 어른부터 순서대로 한 층 한 층 우아하게 먹어야 합니다. 전골을 식탁에 낼 때는 불을 같이 올리지 않고 팔팔 끓인 솥만 올립니다. 후이저우요리지만 강남 일대에서 널리 유행하여 양저우에서 '췐지아푸(全家福)'라 부르고 상하이에서는 '자후이궈(杂烩锅)'라고 부르며 가정에서 자주 해 먹습니다. 일반적인 이핀궈는 재료를 4층 정도 쌓고 고급스러운 것은 7층까지도 쌓아 올립니다. 층층이 높이 오르라는 의미가 있어 잔치나 큰 행사에도 자주 등장하는 요리입니다.

Tip 후이저우인들의 고향 요리, 원정산순(问政山笋)

원정산순은 후이저우의 또 다른 대표 요리이다. 이 지역의 가장 대표적인 식재료인 죽순을 진화햄(절임육), 버섯과 함께 넣고 은근한 불에 끓인 요리이다. 탐스럽고 하얀 죽순은 불 타듯 진한 진화햄의 색감이 어우러져 보기에도 좋다. 진화햄의 뼈 부분으로 진한 국물을 내고, 죽순, 버섯, 햄 조각을 넣어 팔팔 끓이다 설탕과 소금으로 간을 하면 유명한 원정산순이 완성된다.

겨울철 보양식 자라탕

훠투이뚠쟈위 火腿炖甲鱼

중국에서는 예로부터 자라탕을 보양식으로 먹어왔습니다. 자라는 기력 회복, 자양강장, 피부미용 등에 좋은 겨울철 보양식입니다. 『초한지』에서는 항우(项羽)가 가장 사랑했던 여인 우희(虞姬)가 항우를 위해 자라탕을 끓이는 장면이 나옵니다. 중국에서는 자라와 토종닭을 함께 끓인 요리를 '패왕별희(霸王别姬)'라고 부릅니다.

24가지 산해진미

자라는 귀한 보양식으로 산해진미 중의 으뜸으로 꼽힙니다. 우리가 자주 사용하는 단어인 산해진미(山海珍味, 중국어로는 산진해미)는 당나라 시인 위응물(韦应物)의 『장안도시(长安道诗)』에서 처음 등장합니다. '산진(山珍)'은 산과 들에서 나는 진귀한 식재료, '해미(海味)'는 바다에서 나는 귀한 음식 재료를 가리킵니다.

산해진미는 모두 24가지 식재료를 포함합니다. 너구리 입술, 낙타 등, 원숭이 머리, 곰 발바닥, 제비집, 물오리 가슴, 사슴 힘줄, 누런 물잠자리 입술 상팔진(上八珍)과 상어지느러미, 야생 흰목이버섯, 준치, 민어 부레, 사향 고양이, 개구리, 상어 입술, 자라 등껍질 연골을 포함한 중팔진(中八珍), 해삼, 아스파라거스, 밤버섯, 죽순, 적린어(赤鳞鱼), 말린 조개관자, 굴 조갯살, 오징어 난소 하팔진(下八珍)이 포함됩니다.

힘이 불끈 자라탕

후이저우지역은 산이 높고 음산한 기후라 자라, 사향 고양이, 밤버섯 등

산해진미의 으뜸으로 꼽히는 귀한 보양식

희귀 식재료들이 많이 납니다. 본연의 맛을 최대한 살리고 양념이나 향신료를 최소화한 후이저우요리는 진귀한 식재료들을 이용한 보양식이 많습니다. 그중에서 진화햄(金华火腿, 저장지역의 육가공햄)과 자라를 넣은 탕요리가 보양식으로 매우 유명합니다.

자라는 깨끗이 손질하여 80도 물에 담가 데치고 껍질을 벗겨 냅니다. 내장을 제거하고 다리와 꼬리를 제거한 후 적당한 크기로 잘라 줍니다. 진화햄은 고기와 뼈 부분을 취해 4등분으로 잘라 깨끗이 씻어둡니다. 자라고기와 햄을 가지런히 펴 놓습니다. 파는 묶어서 넣고 생강은 편으로 썰어 넣습니다. 육수와 사오싱 황주를 부어 센 불에 끓이기 시작합니다. 고기 거품을 제거하고 설탕을 넣어 1시간 정도 약불에 끓입니다. 충분히 끓인 후 햄은 건져내 편으로 썰어 넣고 참기름과 후춧가루를 뿌려 마무리합니다.

진화햄은 돼지고기 뒷다리를 소금에 절여 통째로 발효시킨 것입니다. 중국에서는 이런 육가공햄을 훠투이(火腿)라고 통칭하지요. 이 햄을 우려낸 국물은 뽀얀 우윳빛을 띠며 구수한 맛을 더하니 자칫 비릴 수 있는 자라탕을 보완해 줍니다. 추운 겨울날 훠투이뚠쟈위를 한 그릇 마시면 이듬해 봄이 오기까지 추위와 싸워 이길 수 있습니다.

04

흰 곰팡이 털을 휘감은 두부

마오더우푸毛豆腐

후난의 처우더우푸(臭豆腐)가 후각적인 충격을 준다면 후이저우의 마오더우푸(毛豆腐)는 시각적으로 겁을 주는 요리입니다. 두부에 기다란 곰팡이 털이 보송보송 나 있는데 언뜻 보기엔 혐오스럽지만 현지에서는 곰팡이를 길이에 따라 품평을 할 정도로 진귀한 존재입니다.

후이저우지역의 습윤한 기후는 두부를 발효시켜 곰팡이가 끼게 하는데 안성맞춤입니다. 마오더우푸는 두유를 만들어 간수를 넣어 응고시킵니다. 그리고 작은 큐빅 모양으로 잘라서 발효시킵니다. 시간이 지나면 작은 큐빅 모양의 두부에서는 하얀 곰팡이 실이 자라납니다.

일단 곰팡이 털 두부, 마오더우푸가 완성되면 양면을 노릇노릇하게 부쳐냅니다. 다진 파, 고추장 소스를 더해 지져 먹기도 하고 간장 등 조미료를 넣어 볶아 먹기도 하고 고추장 소스를 입혀 숯불에 구워 먹기도 합니다. 하얀 곰팡이는 기름에 튀겨내면 사라지고 깊은 풍미만 남습니다. 맛이 독특하여 호불호가 많이 갈리는 음식입니다.

주원장과 마오더우푸

주원장이 지시(绩溪, 후이저우지역)를 공격할 때 지역의 백성들은 두부를 빚어 장수들에게 헌납했습니다. 그런데 두부는 너무 많아 다 먹지를 못한 데다 날씨까지 더워 곰팡이가 끼고 말았습니다. 두부가 아까운 요리사는 곰팡이 두부를 기름에 튀겨 갖가지 양념을 넣어 조리했지요. 그런데 웬걸 풍미가 기가 막힌 것이 아니겠습니까. 훗날 이 요리는 후이저우로 전해졌으며 다양한 조리법으로 진화하여 오늘의 모습을 갖추었습니다.

Part 2

기타 지역의
중국요리

01 화북지역(华北) : 구중궁궐 황제의 수라상에서 전해진 맛

02 동북지역(东北) : 소박하고 푸짐한 가정식 요리

03 서남지역(西南) : 소수민족 음식 문화에 담긴 지혜

04 서북지역(西北) : 실크로드 위, 밀의 역사

05 화중 · 화남지역(华中/华南) : 남과 북, 음식 문화의 대단결

06 홍콩 · 마카오 · 타이완지역(香港/澳门/台湾) : 세계적인 미식의 천국

01

华北

화북지역

베이징(北京), 톈진(天津), 허베이(河北),
산시(山西), 네이멍구(内蒙古), 닝샤(宁夏)

구중궁궐 황제의 수라상에서 전해진 맛

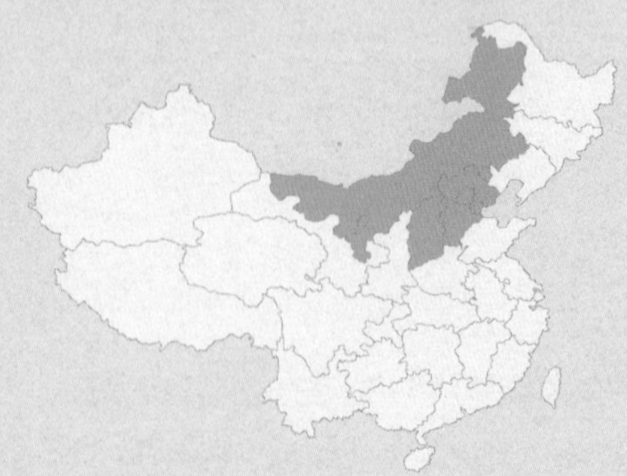

화북지역은 원, 명, 청나라 시기를 거치며 역사적인 문화 중심지였기 때문에 궁중요리와 귀족요리가 발달하였습니다. 베이징은 8대 요리의 계열에 포함되지는 않지만 중국 각 지역의 요리들이 전해져 독창적인 음식 문화를 꽃피웠습니다. 췐쥐더(全聚德), 사궈쥐(砂锅居), 둥라이순(东来顺) 등 100년이 넘는 노포들은 선대의 전통을 고수하고 있어 살아 있는 국사책이 되기에 손색이 없습니다.

'면의 고향'이라 불리는 산시는 무려 2천 년의 면식 역사를 자랑합니다. 밀가루를 주식으로 하는 이 지역에서는 보리, 수수, 메밀 등 수십 가지 곡물을 섞어 다양한 면 요리를 만들어냅니다. 마음만 먹는다면 365일 서로 다른 면식을 해 먹을 수 있다고 합니다.

01

짭조름한 볶음 장에 비벼 먹는 행복감

베이징 짜장면北京炸醬面

한국인들에게 가장 친숙한 중국요리는 단연 짜장면입니다. 입학식, 학예회, 운동회, 새집으로의 이사, 집들이 등등 일상의 소소한 즐거움엔 짜장면이 빠지지 않았습니다. 중국인의 입장에서는 짜장면이 어쩌다 한국인의 소울푸드가 되었는지 그저 경이롭기만 합니다.

짜장면의 원조는 베이징

짜장면의 원조는 베이징입니다. 그러나 베이징 짜장면은 한국의 것과는 맛이 완전 다릅니다. 한국의 짜장면은 캐러멜과 춘장의 달콤한 조화라면 베이징 짜장면은 춘장 본연의 맛과 생야채가 어우러진 투박한 비빔국수에 가깝고요.

베이징에서 짜장면은 여름에 즐겨 먹는 가정식입니다. 무더위에 입맛이 없을 때 집에 있는 야채와 볶은 된장을 면에 비비면 한 끼 식사로 훌륭하게 즐길 수 있습니다. 쫄깃한 수타면은 아버지의 팔뚝 힘이 결정하고, 정갈하게 다듬어진 야채는 어머니의 정성입니다. 다진 고기와 함께 지글지글 볶은 황장(강된장) 또는 춘장을 얹어 온 가족이 식탁에 둘러앉아 먹으면 행복지수가 높아갔지요. 짜장면은 어디에서든 소소하고 확실한 행복을 주는 음식이네요.

베이징의 유명한 짜장면집은 대부분 운동장만 한 홀에서 북적북적거리며 먹는 것이 특색입니다. 게다가 종업원은 주문을 받거나 음식을 올릴 때 어김없이 꽹과리 두드리듯 높은 목청으로 외치지요. "짜장면 납시오~" 일종의 퍼포먼스랍니다.

여러 가지 야채를 넣어 비벼 먹는 가정식

여름철 가정식

베이징 짜장면은 차갑게 먹는 면식입니다. 수타로 뽑은 면발을 뜨거운 물에 삶은 뒤 다시 찬물로 헹궈냅니다. 찬물에 헹궈진 면발에서는 탱글탱글한 힘이 느껴집니다. 짜장면 한 그릇에 주렁주렁 딸려오는 작은 접시들을 '차이마(菜码)'라고 부르는데 채 썬 오이, 무, 당근 그리고 푸른 콩, 숙주나물, 다진 파 등이 담겨 있습니다. 꼭 어떤 야채들이 함께 나와야 한다고 정해진 규칙은 없습니다. 계절 따라 신선하게 오르며 먹는 사람 취향 따라 면에 넣고 비빕니다. 그래서 짜장면은 까다롭지 않고 편안한 요리입니다.

따로 나오는 짜장 소스는 다진 돼지고기와 함께 튀기듯 볶아내어 더욱 고소합니다. 소량만 나온다고 인색하다 하지 말고 염도가 높기 때문에 양

조절을 해야 합니다. 삼삼한 입맛의 소유자라면 나온 소스의 절반만 넣어도 충분합니다. 짜장면집 테이블에는 단무지, 양파 대신 생마늘이 준비되어 있습니다. 현지인 흉내를 내고 싶다면 짜장면 한입 후루룩 먹은 뒤 생마늘을 한입 베어 먹어 보세요. 입안 가득 확 퍼지는 마늘 향이 면의 느끼함을 달래줄 것입니다.

혹시 베이징 사람들에게 가장 맛있는 짜장면집을 소개해 달라면 대략 난감해할 겁니다. 그들에게 가장 맛있는 짜장면은 집에서 어머니가 해주시는 한 그릇이니까요.

Tip 베이징 사람들이 짜장면을 먹게 된 이야기

중국에서 면은 주로 서북지역 사람들의 음식이다. 그런데 유독 베이징 사람들이 짜장면을 즐겨 먹게 된 이유가 무엇일까? 전하는 이야기에 의하면 팔국 연합군의 침략에 서태후는 궁을 버리고 시안으로 도주하게 되었다. 태후의 행차가 시안에 도달했을 때 그녀는 몹시 배가 고팠다. 그때 어디에선가 볶은 된장의 고소한 향이 코를 찔렀다. 내시가 지시를 받고 살펴보니 길가에 있는 면 집에서 짜장면을 팔고 있었다. 서태후는 가마에서 내려 짜장면을 먹어 보았는데 그 맛에 그만 홀딱 반하고 말았다. 시안에서 짜장면을 즐겨 먹은 서태후는 훗날 베이징으로 환궁할 때 그 짜장면 요리사를 궁중으로 데리고 갔다. 짜장면은 그렇게 베이징에 뿌리를 내리게 되었다.

02

베이징을 대표하는 오리장작구이

베이징 카오야 北京烤鸭

오늘날 베이징을 대표하는 하나의 요리를 들라면 단연 카오야입니다. "베이징에 와서 만리장성에 오르지 않으면 대장부가 아니고, 베이징 카오야를 먹지 않으면 평생 여한이 남는다"라는 말이 있을 정도지요.

난징에서 온 궁중요리

오리구이 카오야(烤鸭)는 불판에 굽는 것이 아니라 오리 한 마리를 통째로 화로 속에 걸어 장작나무 불로 구워내는 요리입니다. 베이징 카오야는 원래 난징(南京)지역의 오리구이 기법에서 비롯되었습니다. 난징은 예로부터 오리를 즐겨 먹어 "오리 한 마리도 살아서 성을 나가지 못한다"라는 말이 있을 정도였습니다. 명나라 성조는 난징에서 베이징으로 수도를 옮길 당시 오리구이 기법을 궁중요리로 채택했습니다. 카오야는 구중궁궐에서 더욱 세련된 요리로 거듭났습니다. 그러다가 1864년 베이징 첸먼(前门)지역에 췐쥐더(全聚德, 전취덕)라는 가게를 연 양췐런(杨全仁)이라는 사람이 궁중 요리사 쑨(孙) 사부를 주방장으로 모셔 궁중요리인 카오야가 민간에 전해지기 시작했습니다.

황제의 수라상에 오르던 요리인 만큼 카오야의 조리 방식은 무척 까다롭지요. 먼저 내장을 꺼낸 오리의 배 속 1/3을 뜨거운 물로 채웁니다. 그리고 오리 전체를 얼음 설탕 물로 샤워를 시켜 줍니다. 초기 작업을 마친 오리는 불가마 속에 걸어 대추나무 장작불로 은근히 굽습니다. 굽는 동안 오리고기의 기름기는 쏙 빠지고 대추나무 장작의 향긋함이 고깃살에 스며듭니다.

카오야의 명가, 췐쥐더 오리구이

바삭한 껍질 부드러운 살점

베이징 카오야 레스토랑에서는 항상 손님이 보는 앞에서 오리고기 편을 썹니다. 카오야의 빠질 수 없는 퍼포먼스이지요. 오리 한 마리는 총 108개의 편으로 썰어주는데 칼은 30도로 눕혀서 썰어야 하고 고기 편은 살구씨 모양으로 정교하게 썰어져야 합니다. 바삭한 껍질과 부드러운 살점은 따로 접시에 담아 올려 줍니다.

정성껏 편을 썰어 올린 카오야는 껍질부터 먹으면 좋습니다. 탐스러운 캐러멜 색깔에 윤기가 좌르르 흐르는 껍질은 설탕에 찍어 혀 위에 올립니다. 바삭하고 아스러지는 소리에 고소한 기름이 입안에 가득 퍼집니다. 미각과 청각과 후각을 동시에 후벼 파며 짧고도 강렬한 황홀감을 안겨 줍니다. 이것이 카오야의 서막입니다. 이제 본격적으로 카오야의 고기를 즐겨 봅니다.

카오야에는 밀 전병, 티엔미엔장, 채 썬 파와 오이가 함께 오릅니다. 투명하도록 하늘하늘한 밀 전병을 한 장 접시에 펼쳐 놓습니다. 춘장을 살짝 찍은 오리고기를 얹은 다음 오이와 파채를 적당히 올려 상단과 하단을 접고 나머지 부분을 돌돌 말아 원통형으로 만듭니다. 이렇게 전병에 쌈한 오리고기는 달콤하고 부드러운 맛으로 다가옵니다.

카오야의 마무리는 오리탕입니다. 요리사는 편을 썰고 남은 뼈를 주방으로 가져갑니다. 이것을 버리느냐고요? 절대 아닙니다. 뼈를 푹 고아서 손님이 고기의 마지막 한 점을 집을 때쯤 오리탕으로 끓여 내오는 것이지요. 우유처럼 뽀얗고 구수한 오리탕도 잊지 말고 꼭 드셔야 합니다.

전통 카오야의 기준이 되는 식당은 단연코 췐쥐더지만 베이징 사람들은 좀 더 다양하게 베이징 카오야를 즐기고 있습니다. 퓨전 스타일의 세련된 카오야를 원하신다면 '따둥(大董)'을, 고급스러운 비즈니스 접대가 주목적이라면 하얏트 호텔의 '창안이하오(长安一号)'를, 서민적인 가격대에서 부담 없이 즐기고 싶다면 '따야리(大鸭梨)'를 추천합니다.

Tip 100년 전통 식당, 췐쥐더(全聚德)

베이징 카오야 하면 빼놓을 수 없는 레스토랑이 바로 췐쥐더이다. 1864년에 세워진 이 레스토랑은 청나라 시기, 중일전쟁, 신중국 성립 등 중국의 근대사를 고스란히 겪은 100년이 넘는 노포이다. 신중국이 성립된 후 췐쥐더는 국유기업으로 거듭나 키신저, 닉슨 등 27명의 해외 정상 중국 방문 시 접대 장소로 꼽혔다. 현재는 상장 기업으로 중국 전역뿐만 아니라 해외에도 지점을 가지고 있다. 1개 점포당 연간 오리 소비량이 30만 마리에 달하는 췐쥐더는 이벤트로 카오야 한 마리 시킬 때마다 오리의 고유번호가 새겨진 신분증을 기념으로 준다. 뱃속에 들어간 오리가 몇 번째 조리된 오리인지 알고 기념할 수 있도록.

03

궁중 겨울 보양식 양고기 샤부샤부

솬양러우 涮羊肉

'양고기 훠궈'라고도 불리는 솬양러우(涮羊肉)는 베이징 별미 중의 하나입니다. 입김이 호호 피어오르는 겨울철 뜨끈뜨끈한 화로에 둘러앉아 솬양러우를 먹는 것은 겨울철 흔한 풍경입니다. 벌겋고 얼얼한 매운맛의 충칭 훠궈(重庆火锅)가 전국을 지배하고 있지만 베이징 사람들은 유난히 솬양러우를 사랑합니다. 충칭 훠궈가 부두 노동자들이 먹던 음식이었다면 베이징 솬양러우는 황제가 궁중에서 먹던 귀한 음식이었습니다.

솬양러우의 화로는 몽고 기마병의 모자처럼 생겼습니다. 한국의 신선로와 비슷한 모양으로 중앙이 굴뚝처럼 높이 솟아 있고 주변에 빙 둘러 국물을 끓여 고기나 야채를 데쳐 먹을 수 있도록 만들어졌습니다. 화로 중앙에 숯불을 넣어 육수를 끓이기 때문에 굉장히 뜨겁습니다. 샤부샤부해 먹을 수 있는 공간이 제한되어 한 젓가락씩 국물에 휘휘 저어 익으면 바로 먹어야 합니다. 한꺼번에 가마에 넣어버리면 화로 주변에 다 붙어버리는 대참사가 일어납니다.

쿠빌라이가 즐겨 먹던 음식

솬양러우는 원나라의 궁중요리에서 비롯됩니다. 원의 세조 쿠빌라이는 양고기를 무척 즐겨 행군 중에도 수시로 양고기 요리를 찾았습니다. 쿠빌라이가 좋아하는 양고기 요리를 빨리 낼 수 있는 방법을 고심했던 취사병은 양고기를 얇게 썰어 탕에 데쳐 먹을 수 있는 방법을 고안해냈습니다. 이 요리를 매우 사랑한 쿠빌라이는 훗날 궁중에서도 자주 해 먹었는데 솬양러우는 원, 명, 청 천 년의 역사를 관통하며 줄곧 황실의 요리로 사랑받았습니다.

1796년, 86세의 나이로 선위한 건륭황제는 천수연(千叟宴)을 베풀어 70세 이상의 노인들을 초대했습니다. 천수연 당시 1,550개의 솬양러우 화로를 설치하여 5,000여 명에게 음식을 하사했습니다. 이는 역사적으로 가장 큰 솬양러우 연회이기도 합니다. 솬양러우의 별미는 삽시에 민간에 전해졌고 어느 내시가 비법을 궁 밖의 식당으로 빼돌리면서 민간에서도 솬양러우를 즐기기 시작했습니다.

솬양러우의 주인공은 신선한 육질의 양고기입니다. 양고기는 종잇장처럼 얇게 썰어야 하므로 굉장한 스킬이 필요합니다. 얇은 양고기도 좋지만 두툼한 모양의 양고기도 한번 시도해볼 만합니다. 살아 있는 듯 신선한 육질이 씹혀지면서 고소한 맛이 입안을 감돕니다. 『본초강목』에 의하면 양고기는 기를 북돋아 주고 신장과 폐를 보하여 해독 효과가 있다 했습니다.

솬양러우가 요리되는 가마

베이징식 훠궈 소스, 즈마장

훠궈 식당에서 일반적으로 먹고 있는 양념장인 즈마장(芝麻酱)도 사실은 베이징의 솬양러우에서 비롯되었습니다. 참깨 소스인 즈마장은 전형적인 베이징 소스입니다. 베이징 사람들은 즈마장에 야채도 버무려 먹고 오이도 찍어 먹습니다. 실제 훠궈의 고향인 쓰촨 청두에 가면 현지인들은 즈마장이 아닌 기름장에 찍어 먹습니다.

솬양러우를 곁들여 먹는 양념장도 베이징 스타일의 먹는 법이 있습니다. 즈마장에 훙팡 또는 푸루(腐乳)라고 하는 취두부를 약간 넣고, 산시성의 식초와 고추기름, 간장, 생선액젓, 부추꽃절임을 넣어 양념장을 만듭니다. 화로에서 휘리릭 저어 익힌 고기와 야채는 이 양념장에 찍어 먹으면 별미입니다.

양고기 외에 솬양러우에는 얼린 두부, 당면, 배추를 함께 곁들여 먹는 것이 기본입니다. 설렁탕에 깍두기가 있듯이 솬양러우에는 절인 마늘을 함께 먹으면 느끼함이 사라집니다. 솬양러우를 먹을 때는 베이징 본토 맥주인 옌징맥주(燕京啤酒)가 최고의 페어링입니다. 맥주의 시원한 맛이 양고기의 느끼함을 한방에 날려보냅니다.

Tip 둥라이순

솬양러우는 1903년에 개업한 둥라이순(东来顺)이 가장 유명하다. 둥라이순은 전통 방식의 솬양러우를 고집하는 레스토랑으로 2008년 국가 무형 문화재로 꼽히기도 했다. 둥라이순에서는 솬양러우뿐만 아니라 양고기 볶음, 구이, 튀김 등 200여 종의 다양한 풍미를 지닌 양고기 음식을 맛볼 수 있다. 현재 중국 내에 100여 개의 체인점을 가지고 있으며 베이징 왕푸징점이 115년 된 본점이다.

만주족과 한족의 화합으로 이룬 연회 코스

만한전석 满汉全席

중국요리에 관심이 있는 분이라면 '만한전석(满汉全席)'에 대해 들어보셨을 것입니다. 만한전석은 청나라 황실의 궁중연회 메뉴로 궁중요리와 지방 특색의 요리들을 두루 갖추었습니다. 만한전석은 청나라 강희황제가 한족과 만주족의 화합을 위해 연회석 요리로 만들었는데, 이두(李斗)가 쓴 『양주화방록(扬州画舫录)』에 처음 등장합니다.

중국의 마지막 황실인 청나라는 만주지역의 만주족이 세운 나라입니다. 청나라는 명나라의 분열을 틈타 명나라의 수도 베이징에 입성하여 혼란에 빠진 명나라 백성을 구하고 명나라를 승계한다는 구실을 내세웠습니다. 따라서 건국 초기 만주족인 청나라 관리들과 명나라의 한족 관리들이 함께 정사를 보니 불화와 갈등이 끊이지 않았습니다.

강희황제는 만주족과 한족의 단결과 화합의 의미에서 만한전석을 열어 조정의 화합을 이끌고자 했습니다. 따로 차려지던 만주족과 한족의 요리가 만한전석을 통해 자연스럽게 한상차림이 되면서 청나라도 만주족과 한족이 어우러지는 나라가 되어갔던 것입니다.

만한전석의 108가지 요리

만한전석에는 총 108가지 요리가 포함되는데 만주족식 특색을 담은 구이, 신선로 등이 있고 한족 특색인 튀기고 볶고 지지는 다양한 요리가 등장합니다. 그중에는 남방요리 54가지와 북방요리 54가지가 포함되며 전체 연회는 3일에 걸쳐 진행됩니다. 장쑤와 저장요리 30가지, 산둥요리 30가지, 광둥요리 12가지, 푸젠요리 12가지, 만주요리 12가지, 동북요리 12가지가 포함됩니다. 식재료는 제비집, 해삼, 상어지느러미 등 고급 식재료에서부터 일반적인 콩이나 두부, 죽에 이르기까지 총망라됩니다.

만한전석은 입석 전 먼저 향을 피워 고사를 지냅니다. 그 후 차와 견과류를 올리지요. 4가지 과일, 4가지 견과류, 4가지 절임 과일 등이 오릅니다. 다음 차가운 요리, 볶은 요리, 후식 순서로 오릅니다. 만한전석은 총 여섯 번의 연회석으로 나누며 분채만수(粉彩万寿) 궁중 식기와 은 식기를 사용합니다. 또한 연회 중에는 악사들의 은은한 반주와 더불어 갖가지 궁중 예식에 따라 절도를 지키고 품위 있게 진행됩니다. 청은 베이징에 수도를 옮기고 차츰 중원의 연회 문화를 받아 들이면서 체계적인 궁중요리 문화를 창조해 나갔습니다. 이런 맥락에서 만한전석은 제국의 태평성세에 대한 과시라고

만한전석에 쓰이는 분채만수 식기

할 수 있지요. 실제로 황제도 매일 만한전석을 먹은 것이 아니라 중요한 국가 행사나 국빈 환영식에서 가끔 베풀었습니다.

궁중요리 전문점, 방산

그렇다면 오늘날 만한전석은 문헌에서만 만나볼 수 있는 연회일까요? 베이징의 방산(仿膳)이라고 하는 궁중요리 레스토랑에 가면 만한전석을 맛볼 수 있습니다. 1925년에 세워진 방산 레스토랑은 베이하이공원(北海公园) 내의 이란당(漪澜堂)에 위치해 있습니다. 이란당은 건륭 연간에 세워진 궁중 고전 건축물입니다. 방산은 궁중 어용 조리사 몇 명이 세운 청나라 궁중요리 전문점입니다. 2011년 방산은 청나라 궁중요리 조리법으로 국가 무형 문화재에 등재되기도 하였습니다.

방산은 황실의 연회 형식과 식기를 재현하고 황실을 연상하게 인테리어를 꾸며 화려한 분위기를 연출해 냅니다. 각종 국빈 연회와 최고급 혼례식을 진행하는 고급 레스토랑이지요.

방산의 궁중요리는 단품과 만한전석 연회 메뉴가 마련되어 있습니다. 『중국만한전석채보(中国满汉全席菜谱)』라고 하는 요리 도서를 출간하기도 하였습니다. 방산에는 만한전석 중 몇 가지 요리를 맛볼 수 있는 객단가 5만 원대의 일반 메뉴에서 100만 원을 호가하는 궁중연회 코스도 있습니다. 만한전석 전체 코스는 한화로 약 1억 원 정도 합니다. 현재 만한전석은 중국의 고급 요리 문화를 포괄적으로 이해할 수 있는 중요한 문화재로 평가받고 있습니다.

속이 꽉 찬 육즙의 맛

꺼우부리빠오즈狗不理包子

한국과 중국의 만두는 서로 다른 음식을 지칭합니다. 한국의 만두는 밀가루 피에 고기나 야채 소를 감싸 빚어 만듭니다. 그러나 중국에서 만두(馒头, 만터우)는 소 없이 동그랗게 쪄낸 밀빵입니다.

중국에서 소를 빚어 만든 것은 빠오즈(包子), 샤오롱빠오(小笼包), 사오마이(烧卖), 탕빠오(灌汤包), 궈티에(锅贴), 딤섬(点心) 등 지역별로 다양하게 존재합니다. 북방에서는 밀가루를 발효하여 투박하고 큼지막하게 쪄내니 빠오즈라고 부릅니다. 남쪽으로 갈수록 그 사이즈가 작고 아기자기해집니다. 빠오즈처럼 찌는 방식이 아닌 생 밀가루에 소를 넣어 물에 끓여 먹는 만두는 자오즈(饺子, 교자)라고 부릅니다. 자오즈는 빠오즈와 엄연히 다른 장르입니다.

중국 대표 조식 메뉴, 빠오즈

광둥식 딤섬은 다양하게 주문하여 여유롭게 차와 즐기는 음식이라면 빠오즈는 길거리에서 흔히 팔고 비닐 주머니에 대충 싸서 즐깁니다. 햄버거를 먹듯 빠오즈 하나로 끼니를 해결할 수 있지요. 아침이 바쁜 젊은이들에게 회사 앞 빠오즈 노점은 구원의 존재입니다. 매일 아침 한 소쿠리의 빠오즈에 좁쌀죽 한 그릇을 후루룩 먹으면서 청년들은 뜨거운 내일을 꿈꿉니다.

빠오즈의 소는 채소도 있고 고기도 있습니다. 빠오즈 전문점에 가면 수십 가지 기상천외한 소가 등장하지만 빠오즈의 정석은 다진 돼지고기와 파를 넣어 만든 주러우따충(猪肉大葱)입니다. 그래서 빠오즈의 영어 명칭이 'Chinese Meat Bun'입니다.

한입 베어 물면 파와 돈육의 조합이 향기롭게 퍼집니다. 포근하고 푸짐함을 담당하는 토실한 밀빵은 곡물의 구수함으로 가득합니다. 빠오즈는 모름지기 피가 두꺼워야 뱃속이 든든하지요. 피도 두툼, 속도 두둑한 빠오즈 2개면 한 끼 식사로 충분합니다.

톈진의 명물, 꺼우부리

톈진에서 가장 흔한 음식점이 바로 빠오즈 전문점입니다. 서민 음식이면서 가장 추앙받는 것은 톈진의 명물이라 불리는 '꺼우부리빠오즈'입니다. 꺼우부리빠오즈는 청나라 고귀(高贵)가 1858년에 처음 만들었습니다. 고귀의 별명은 꺼우즈(狗子, 개똥이)였는데 하도 빠오즈를 열심히 만들며 옆 사

꺼우부리빠오즈 톈진점

람을 본체만체하니 사람들은 그와 그의 가게를 꺼우부리라고 불렀답니다.

위안스카이가 서태후에게 빠오즈를 진상하는 모습

꺼우부리빠오즈는 위안스카이(袁世凱)가 톈진에서 군대를 훈련시킬 당시 즐겨 먹었고 훗날 서태후에게도 진상했습니다. 서태후도 빠오즈를 좋아해 꺼우부리빠오즈는 삽시에 유명세를 타기 시작했지요. 지금도 꺼우부리 가게에 가면 위안스카이가 아첨하듯 서태후에서 빠오즈를 진상하는 동상을 볼 수 있습니다.

꺼우부리빠오즈는 엄격한 기준이 존재합니다. 빠오즈 하나에 18개의 주름을 잡고 만두소에는 돈육의 살코기와 지방, 야채의 비율을 엄격히 따졌습니다. 꺼우부리빠오즈는 이제 전 세계 수백 개의 체인점을 지닌 유명 브랜드가 되었습니다. 일반 빠오즈가 한 소쿠리에 4위안 정도인 데 비해 꺼우부리빠오즈는 10배 더 비싸고요. 톈진에 들르시면 한번 드셔 보시기 바랍니다. 개인적으로는 해 뜨는 아침에 눈 비비며 나가서 좁쌀죽과 함께 사 들고 와 먹는 동네 빠오즈가 제일 맛있긴 합니다만.

06

아침을 여는 맛있는 리어카 조식

젠빙궈즈 煎饼馃子

톈진(天津)을 상징하는 3대 음식으로 꺼우부리빠오즈(狗不理包子)와 마화(麻花, 중국식 꽈배기), 젠빙궈즈(煎饼馃子)가 있습니다. 그중에서 젠빙궈즈는 톈진 사람들이 가장 사랑하는 길거리 음식입니다. 격식 있는 식당에서는 좀처럼 만날 수 없지만 걸어가면서 가장 맛있게 먹을 수 있는 아침 식사랍니다.

톈진인의 하루는 젠빙궈즈와 함께 시작됩니다. 새벽녘이면 동네 어귀에서 리어카가 하나둘씩 불을 켭니다. 기름 가마에 밀가루 반죽을 쭉쭉 늘여 궈즈(馃子)라고 하는 튀김을 만들어냅니다. 지글지글 튀겨내는 소리는 ASMR처럼 골목에 쫙 퍼집니다. 고소한 향기가 새벽잠을 깨우지요. 사람들은 귀신에 홀린 듯 파자마 바람으로 나와 리어카 앞에 줄을 섭니다. 톈진, 베이징 등 중국 북방지역에서 흔히 볼 수 있는 풍경입니다.

중국의 조식 문화

참고로 말씀드리자면 중국 대부분의 맞벌이 가정이나 싱글족들은 아침 식사를 길거리 음식으로 해결합니다. 다양한 길거리 음식으로 아침을 맞이하는 것이 조식 문화로 자리 잡았습니다. 죽, 두유, 만두 등등 다양한 메뉴가 있지만 북방지역에서는 젠빙궈즈를 가장 많이 먹습니다.

젠빙궈즈는 즉석 음식입니다. 손님이 하나둘씩 모여들면 젠빙궈즈 리어카는 현란한 퍼포먼스를 시작합니다. 녹두가루 반죽 한 국자 떠서 달궈진 주물판에 올립니다. 긴 자처럼 생긴 네모난 연장을 쓰고 콤파스 돌리듯이 중간점을 잡아 한 바퀴 돌립니다. 그 끝으로 동그랗고 얇은 젠빙이 피어납니다. 그 위로 무심하듯 계란 하나를 툭 터뜨려 다시 빙 돌려줍니다. 반죽과 계란이 하나가 되는 순간, 재빨리 티엔미엔장(甜面酱, 달고 짠맛의 춘장)을 살짝 바르고 매운맛을 내는 고추 소스와 다진 파를 뿌린 뒤 미리 튀겨둔 궈즈를 얹습니다. 이를 이불 덮어 주듯이 사방으로 감싸주면 따끈한 젠빙궈즈 완성입니다.

요즘 젠빙궈즈도 업그레이드 버전이 생겨 상추도 넣고 소시지도 넣고 숙주나물도 들어갑니다. 토핑이 추가되면 가격도 올라가지요. 푸짐하게 만들어진 젠빙궈즈는 한화로 약 1,500원 정도입니다. 신기할 정도로 싸지만 단백질과 탄수화물이 골고루 들어가서 아침 식사로는 부족함이 없습니다.

궈즈를 넣어 더욱 바삭한 젠빙

녹두가루로 만든 젠빙

두툼하게 만들어진 젠빙궈즈를 손으로 감싸면 밤새 웅크리고 있던 시장기가 깨어나며 침샘이 폭발합니다. 처음 먹을 때는 한입 크게 베어 물지요. 구수한 곡물의 향에 티엔미엔장의 달달한 맛, 계란을 입힌 녹두전병의 보드러움이 하나로 녹아듭니다. 젠빙궈즈 하나를 다 먹으면 배가 든든해져 하루를 거뜬하게 시작할 수 있습니다.

톈진 젠빙은 산둥(山东)에서 톈진으로 이주해온 사람이 처음 만들었지만 산둥의 젠빙과는 조리법이 다릅니다. 산둥 젠빙은 옥수숫가루로 만들어져 겉보기에는 종이 같고 미리 만들어 파는 경우가 대부분입니다. 반면 톈진의 젠빙은 현장에서 만들어집니다. 녹두가루가 더욱 부드럽고 온기가 살아 있지요. 둘 사이를 구분하는 것은 그리 어렵지 않습니다.

녹두 반죽은 기술이 부족하면 부치다가 찢어지거나 망가질 수 있기에 콩가루나 밀가루를 섞어 쓰기도 합니다. 그러나 녹두의 배합이 50% 이상이어야 진정한 톈진 젠빙이라고 할 수 있습니다.

톈진 젠빙은 대부분 길거리에서 분주하게 만들어져서 제조 환경이 그다지 깔끔하지 않습니다. 반죽도 튀고, 계란도 튀고, 토핑도 이리저리 흩어지니까요. 외지인들은 그 때문에 맛보기를 주저하지만 중국식 아침 문화를 체험하는 데 이만큼 좋은 것도 없습니다.

당나귀 고기 화덕 빵 샌드위치
뤼러우훠사오 驴肉火烧

"천상에는 용 고기, 지상에는 당나귀 고기"라는 말이 있을 정도로 중국에서는 당나귀 고기를 육식 중 최고로 꼽습니다. 당나귀 고기는 보혈 작용이 뛰어나고 원기 회복에 도움이 됩니다. 한의원의 약재 중 보혈에 처방하는 아교(阿胶)가 바로 당나귀 껍질을 고아 만든 것입니다.

당나귀는 임신 기간이 348~377일에 달하고 한 배에 한 마리만 낳습니다. 때문에 중국에서도 당나귀 고기는 흔하게 먹는 음식이 아닙니다. 이런 당나귀를 요리해 먹는 지역이 허베이성(河北省) 허지엔(河间)입니다. 그곳에서도 자주 먹는 음식이 아니라 선뜻 맛보기 어렵지만 한번 먹으면 그 매력이 쉽게 잊히지 않습니다. 고기의 식감은 소고기와 비슷한데 육질에 포화지방이 거의 없어 담백하고 양고기처럼 누린내도 나지 않습니다.

당 현종이 먹어봤다는 뤼러우훠사오

당나귀 요리 중에서 가장 유명한 것은 뤼러우훠사오(驴肉火烧)입니다. 화덕에 구워 겉이 바삭한 빵 훠사오(火烧)에 당나귀 고기를 다져서 넣습니다. 마치 서브웨이의 샌드위치를 닮았지요. 뤼러우훠사오는 오랜 역사를 지니고 있습니다. 당 현종은 제위 전에 허지엔에 들러 뤼러우훠사오를 먹고 갔으며, 건륭황제도 강남으로 가는 도중 허지엔에 들러 이 음식을 먹고 그 맛을 극찬했습니다. 허지엔의 뤼러우훠사오 조리법은 최고의 영업 비밀로 절대 외지인에게 가르쳐주지 않았습니다. 옛날에는 허지엔 사람이 아니면 이 음식을 만들 줄 몰랐습니다.

그러나 지금은 어느 정도 레시피가 알려져 있습니다. 우선 빵을 만들어야 하는데 밀가루 반죽에 기름을 발라 팬에 굽습니다. 겉이 노릇하게 익으면 팬을 들어 화덕에 반쯤 익은 빵 반죽을 붙여 놓습니다. 반죽은 불 끓는 화덕의 열기에 겉은 바삭, 속은 촉촉하게 구워집니다.

당나귀 고기는 약 14시간 정도 물에 담가 핏물을 제거합니다. 그다음 12시간 정도 끓여내는데 최소한의 향신료만 넣을 뿐 고기의 향을 최대한 살려냅니다. 뭉근하게 익은 당나귀 고기를 차갑게 식힌 후 잘게 다져냅니다. 마지막으로 갓 구워낸 훠사오 사이에 가득 채워 넣지요. 뜨겁게 구워진 화덕빵과 차가운 당나귀 고기가 만나 뤼러우훠사오가 완성됩니다. 뤼러우훠사오에는 당나귀 고기 본연의 맛을 살리기 위해 향이 강한 소스나 향신료는 넣지 않습니다. 용 고기에 비견할 만큼 귀한 식재료이니까요.

용 고기와 맛을 견준다는 당나귀 고기

뤼러우훠사오는 허지엔뿐만 아니라 바오딩(保定)지역에서도 많이 먹는데 둘은 조금 다르게 생겼습니다. 바오딩식은 모양이 동그랗고 허지엔식은 길쭉하게 생겼습니다. 허지엔식은 뜨거운 빵에 차가운 고기를 넣어 먹는 것이고 바오딩식은 뜨거운 빵에 뜨거운 고기를 다져 넣는 것이 특징입니다. 바오딩 뤼러우훠사오에는 당나귀 고기뿐만 아니라 야채도 더러 곁들여 넣습니다. 두 지역 훠사오의 맛은 거의 비슷합니다.

Tip 북방지역의 보양식, 당나귀 고기

중국의 북방지역에서는 당나귀 고기를 다양하게 즐기고 있다. 하늘의 용 고기와 그 맛을 견준다는 말이 있는 당나귀 고기는 보혈 기능이 뛰어나 원기 회복에 도움을 준다. 뤼러우훠사오뿐만 아니라 당나귀탕, 만두, 장조림, 샤부샤부도 있다. 후베이성 차오허(漕河)지역에는 108가지 당나귀 요리를 선보이는 전여연(全驴宴)이 매우 유명하다.

08

몽골족의 양고기 통바비큐

카오췐양 烤全羊

9월, 무덥던 여름이 지나고 푸르른 초원이 가장 아름다울 때 하늘은 높고 말은 살찌고 양도 질세라 오동통 살이 오릅니다. 아름다운 계절 몽골에는 여행객이 몰려듭니다. 푸르른 초원에서 말 달리고, 이국적인 게르에서 밀크티를 즐기며, 저녁에는 우등불을 피워 양 한 마리를 바비큐하니 한 잔 술에도 얼큰하게 취합니다.

몽골인들의 양고기

몽골의 음식 하면 첫째도 양, 둘째도 양입니다. 양고기와 도수 높은 백주를 맘껏 대접하는 것이 몽골 사람들이 손님을 맞는 방식입니다. 그들의 소탈한 기질을 맛보는 시간이기도 하고요. 몽골족들의 다양한 양고기 요리에는 대형 스케일을 자랑하는 카오췐양(烤全羊)이 있습니다.

카오췐양은 몽골족들의 전통 미식입니다. 『열하행궁조상선제당(热河行宫照常膳底档)』이라고 하는 고서에는 몽골 왕이 수차례 통양구이 잔치를 열어 열하(热河)를 방문한 청나라 황제를 대접했다고 기재되어 있습니다. 카오췐양은 차츰 황실에 알려졌고 더불어 중원으로 전파되었습니다.

숯불에 구운 양은 언제나 진리입니다. 잘 구워진 양고기는 특유의 비린내가 사라지고 고소한 맛이 춤을 춥니다. 두 팔을 걷어붙이고 커다란 양 갈비를 뜯다 보면 알알이 세어 먹는 양꼬치 따위는 시시합니다. 양고기에 맥주라니요! 몽골에서는 있을 수 없는 일. 양고기에는 무조건 도수 높은 백주가 제격입니다.

카오췐양은 생후 일 년이 안 된 새끼 양을 선호합니다. 무게는 15킬로그램 전후가 적당합니다. 가을철 초원의 풀을 먹고 통통해진 새끼 양은 지방층이 두껍고 살코기가 연해 맛이 뛰어납니다. 양은 숙련된 기술자가 신속하게 잡아 내장을 손질하며 뱃속에 양념을 넣고 표면에는 기름과 술을 비롯한 소스를 바릅니다. 손질된 양을 네다리 쭉 뻗은 상태로 기다란 막대기가 몸 전체를 관통하도록 꽂은 후 불 위에 올립니다.

세 번 구워 먹는 카오췐양

카오췐양은 총 세 번을 굽습니다. 첫 번째는 먼저 껍질에 칼집을 내고 소스를 바른 후 막대기를 빙빙 돌리며 균일하게 열을 가합니다. 양 껍질이 익어갈 무렵 고소한 향이 나면 외층 껍데기를 먼저 먹습니다. 껍질의 지방층이 녹아들며 구운 듯 튀긴 듯 미묘한 맛이 납니다.

두 번째는 몸통을 굽습니다. 잘 구워진 양고기는 겉은 바삭, 속은 촉촉하여 손으로 쭉쭉 찢어 먹지요. 도수 높은 백주에 고기만 먹어도 좋고 베이징카오야처럼 티엔미엔장과 파채를 곁들여 밀 전병에 싸 먹기도 합니다.

하이라이트는 언제나 마지막인 법. 세 번째는 갈비뼈에 붙은 살점을 다시 한번 불에 그을리듯 구워냅니다. 갈빗살은 찰진 맛이 살아 있어 사실상 통양구이의 백미입니다. 뼈째로 들고 양념장에 툭툭 찍어 먹으면 자신도 모르게 몽골 사람들의 호방한 기질에 물들어 갑니다.

카오췐양의 원형은 푸르른 몽골 초원에 있지만 현실이 고달픈 도시에는 외곽에 카오췐양 전문점이 성황을 이룹니다. 몽골의 게르처럼 꾸며놓고 초원의 분위기를 연출하지요. 양 한 마리를 세 번 굽고 다 먹으려면 상당한 시간이 걸리므로 식사 사이사이에 몽고춤, 전통악기 연주 등과 같은 다양한 퍼포먼스를 선보입니다. 중국에서는 귀한 손님을 대접하거나 사내 워크숍 등 뭔가 흥성스러운 분위기를 연출하고 싶을 때 카오췐양 회식을 선호합니다.

내몽고 초원의 게르

칼의 춤, 면의 노래

산시 따오샤오면 山西刀削面

중국의 부엌에서 가장 중요한 도구는 칼입니다. 식재료는 칼을 거쳐 요리사와 이어지고 칼에 의해 요리에 맞는 모양으로 다듬어집니다. 전장에서 사람의 목숨을 앗아가는 무기가 주방에서는 사람을 먹여 살리는 존재로 전이됩니다. 세상 대부분의 요리가 칼을 거치지 않는 것이 없습니다만 요리 이름에 칼이 들어간 경우는 흔치 않습니다.

산시의 주식은 면

산시의 주식은 밥이 아닌 면입니다. 면의 고향이라 할 수 있죠. 그중에서도 유명한 것은 '따오샤오면(刀削面)'입니다. 그런데 따오샤오면이 어떤 맛인지 물어보면 돌아오는 대답은 아리송합니다. 소고기 탕면이기도 하고 국물 없는 볶음면, 혹은 토마토 비빔면이기도 하지요. 따오샤오면은 완성된 하나의 면식을 칭하는 것이 아니라 제면의 기법에 중점을 둔 이름이기 때문입니다. 면을 썰어 아침에는 탕과 함께, 점심에는 볶아서 한 끼, 저녁에는 남은 찬반 탈탈 털어 비벼 먹을 수 있는 면입니다.

따오샤오면이 만들어지는 모습은 아주 재미있습니다. 아기 베개만 한 반죽을 판에 올려 한쪽 어깨에 걸친 다음 다른 한 손에는 칼을 잡습니다. 칼이 가볍게 반죽 위를 오가면 잘려나간 면 자락들은 공중에서 너울너울 춤추며 가마솥으로 날아갑니다. 면사부는 마치 바이올린 연주를 하듯 절제된 리듬에 맞춰 면을 썰지요. 이때 사용되는 면칼은 직사각형 모양의 날렵한 철판으로 날의 반대쪽은 동그랗게 말려 손에 잡기 좋게 만들어졌습니다. 칼이 반죽을 스치듯 지나가면 하늘하늘 면발이 휘날리면서 아름다운 노래가 완성됩니다.

얇게 편을 내는 방식이기에 반죽은 다른 때보다 훨씬 단단해야 합니다. 그래야 면발도 쫄깃하고 씹는 맛이 좋습니다. 따오샤오면은 일반 국수의 동그란 모습이 아닌 두텁고 넙죽한 모양입니다. 한 가락만 집어 먹어도 포만감이 밀려옵니다.

며느리도 가르쳐주지 않는 "루"

따오샤오면 전문점에서 면을 주문하면 루(鹵)를 골라야 합니다. 루는 면에 올리는 걸쭉한 형태의 소스인데 면의 맛을 결정합니다. 가장 대표적인 것이 새콤달콤한 토마토장, 고기짜장, 구수한 양고기탕과 소고기탕, 목이버

베개만 한 반죽을 썰어내는 전용 칼

섯 계란장 등이 있습니다. 뜨거운 국물에 익힌 면발을 그릇에 담고 미리 준비된 루를 한 국자 듬뿍 얹으면 따오샤오면이 완성됩니다. 당연히 맛의 승부는 루에 있습니다. 그래서 제자에게 따오샤오면 써는 기술은 가르쳐주지만 루의 비법은 며느리도 안 가르쳐준다고 하지요. 궁한 자가 스스로 터득해야 한답니다.

요즘에는 따오샤오면도 쉽게 써는 도구들이 등장했습니다. 감자 채칼처럼 생긴 도구로 누구나 쉽게 만들 수 있습니다. 아예 로봇을 가게 앞에 세워 면 썰기 퍼포먼스를 보이기도 하지요. 전통 방식으로 손수 제면하는 가게를 보면 정겹기도 합니다. 이런 고집이 있는 가게는 그만큼 인심도 후한 법이지요.

02

东北

동북지역

헤이룽장(黑龙江), 지린(吉林), 랴오닝(辽宁)

소박하고 푸짐한 가정식 요리

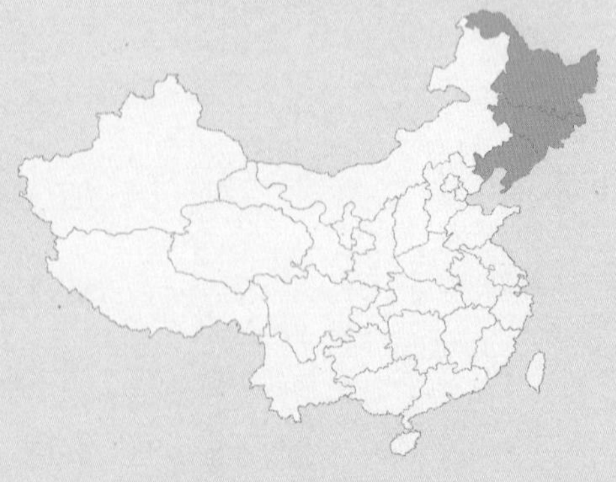

추운 지역에서 나고 자란 동북 사람들은 유목민 기질이 다분하여 목청이 높고 크며 호방한 성격입니다. 음식에서도 동북은 재료를 대충 썰어내어 격식 없이 끓여내기도 합니다. 넉넉한 인심의 동북 사람들을 닮아 식당에 가면 요리 그릇도 어마어마하게 큽니다.

산둥요리에 기반을 두고 있는 동북요리는 큰불에 볶고 튀기고 조리는 기법을 많이 사용합니다. 짠맛이 강하고 설탕을 잘 쓰지 않습니다. 이 지역의 식탁에는 배추, 감자, 말린 버섯, 당면 등 긴 겨울철 보관이 쉬운 식재료가 많습니다.

당면을 넣은 중국식 백김치찌개

쏸차이 뚠펀탸오酸菜炖粉条

배추는 한국뿐만이 아니라 중국에서도 국민 식재료라 할 만큼 널리 사용됩니다. 배추 가격에 따라 장바구니 물가를 평가할 정도로 중요한 위치에 있지요. 절임뿐만 아니라 생으로 혹은 말리거나 데치는 방법으로 다양한 요리에 활용됩니다. 잎, 줄기, 뿌리 모두 먹을 수 있고, 미네랄, 비타민, 섬유질이 풍부하여 어느 하나 버릴 것 없는 포용의 상징입니다.

배추의 탄생

천여 년 전 중국의 장강 이남에서는 숭차이(菘菜)라는 채소를 즐겨 먹었습니다. 베이징과 항저우를 잇는 경항대운하가 통하자 숭차이는 배에 실려 북방에 전해집니다. 숭차이는 맛으로는 으뜸이지만 북방의 추운 기후조건에서 자라지 못했습니다. 숱한 교통비를 들여가며 남방에서 숭차이를 얻어먹는 것은 여간 불편한 일이 아니었습니다. 그래서 북방의 차가운 땅에서도 잘 자라는 우징(芜菁)이라 부르는 순무와 교배시켰습니다. 이것이 배추의 탄생입니다. 배추는 추운 기후에서도 쑥쑥 잘 자랐습니다. 급기야 배추는 남북을 막론하고 중국의 식탁을 점령하는 야채의 제왕 자리에 등극했습니다.

마오쩌둥의 배추 외교

1949년 12월, 신중국 창립 두 달 뒤 중국의 지도자 마오쩌둥은 첫 해외 순방으로 소련을 방문했습니다. 그때 마오쩌둥은 배추와 무, 파, 배 등을 2,500킬로그램씩 기차에 가득 실어 선물로 스탈린에게 전달했다고 합니다.

'배추 외교'는 '핑퐁 외교'보다 훨씬 앞선 셈입니다.

동양의 피카소라 불리는 중국의 화가 치바이스(齐白石)는 배추를 자주 그렸습니다. 잎이 푸르고 줄기가 하얀 배추는 청렴한 기상을 대표한다고 믿었습니다. 중국의 옥 제품 매장에 가면 옥으로 정교하게 조각된 고가의 배추 장식품들이 매우 많습니다. 그만큼 중국인들은 배추를 애정합니다.

북방의 백김치찌개

겨울이 유난히 긴 동북지역에서는 날이 추워지기 전에 많은 배추를 소금물에 절입니다. 소금물에 절인 배추는 백김치와 비슷한 맛을 내는데 '쏸차이(酸菜)'라고 부릅니다. 한국에서는 절임배추에 고춧가루와 양념을 넣어 매콤한 배추김치를 만들지만 중국에서는 그대로 뭉청뭉청 썰어 볶아 먹습니다. 발효를 거친 배추는 채소가 별로 없는 겨울날 여러 가지 요리에 빠짐없이 등장하며 주인공 같은 조연이 되어줍니다.

돼지고기를 듬뿍 넣고 절인 배추를 듬성등성 썰어 볶다가 굵은 당면을 한 움큼 넣은 쏸차이 뚠펀탸오(酸菜炖粉条)는 동북을 대표하는 요리입니다. 시큼하니 얼큰한 맛이 한국의 백김치찌개 정도로 이해하셔도 좋습니다.

웍에 기름을 붓고 돼지고기를 볶다가 미리 썰어 놓은 절인 배추를 넣습니다. 배추와 기타 식재료들이 잠길 정도로 물을 붓고 자글자글 끓이다 우동만큼 굵은 당면을 넣어 마무리합니다. 당면이 수그러들면 요리는 커다란 식기에 담겨 나옵니다. 동북요리 전문 식당에 가면 요리 그릇이 어마어마하게 큽니다. 두 사람이 얼굴을 묻고도 남을 사이즈에 요리를 내옵니다. 때문에 요리를 시킬 때 인원수와 요리 사이즈를 잘 고려해야 합니다. 이는 통이 크고 투박한 성격의 동북 사람들과 닮았습니다.

오후 4시가 넘으면 해가 자취를 감추는 기나긴 겨울 밤, 뜨끈한 장판 위에 엉덩이를 붙이고 앉아 어머니가 해주시는 쏸차이 뚠펀탸오에 밥을 말아 먹던 따뜻한 기억, 동북 사람이라면 누구나 이 기억 하나 정도 간직하고 삽니다. 쏸차이 뚠펀탸오는 굳이 격식을 갖추지 않더라도 정을 나눌 수 있는 사람들끼리 먹는 사랑의 요리입니다.

겨울에 생각나는 중국식 백김치찌개 쏸차이 뚠펀탸오

02

동북의 향토 음식

샤오지뚠모구 小鸡炖蘑菇

뚠차이(炖菜)는 대형 가마솥에 다양한 식재료들을 넣고 지글지글 끓여 먹는 요리를 말합니다. 한국의 전골과 흡사합니다. 유난히 긴 겨울에 동북인들은 뚠차이를 해 먹으며 혹한을 견뎌냅니다. 고기는 뭉청뭉청 썰고 야채도 무심하게 조각내어 격식 없이 순서 없이 함께 넣고 큰불에 볶다가 솥에 팔팔 끓입니다. 거기에 소금, 간장, 설탕을 툭툭 털어 넣으면 한 그릇 뚝딱 완성입니다.

남방과 북방의 문화 차이

중국은 대륙이 광활하여 북방과 남방 문화의 지역 차가 큽니다. 성격은 물론 말투나 억양도 다르고 식성도 제각기이죠. 추운 지역에서 나고 자란 동북 사람들은 유목민 기질이 다분하여 목청이 높고 크며 호방한 성격입니다. 반면 남방 사람들은 조용하고 섬세한 성격을 지니고 있습니다. 음식에서도 동북은 재료를 '뜯어낸다' 할 정도로 뭉텅뭉텅 썰어내어 격식 없이 끓여내고 남방은 섬세한 칼질, 익힘의 순서, 차림의 장식까지 섬세하게 신경을 씁니다. 그래서 '중국', '중국인', '중국요리'를 한마디로 규정짓기 어렵습니다.

뚠차이를 먹는 풍경은 정겹습니다. 창밖으론 동장군이 기승을 부리지만 식탁에 뚠차이 하나만 올리면 집 안이 따뜻한 기운으로 가득합니다. 가족들은 뚠차이 주변으로 빙 둘러앉아 도수 높은 백주 한잔에 웃고 떠들며 하루를 마무리합니다.

뚠차이는 '둔(炖)'이라는 글자를 중심으로 '좌 고기 우 야채' 방식으로 명명합니다. 예를 들어 '주러우 뚠 펀챠오(猪肉炖粉条, 돼지고기당면찜)', '파이구 뚠 바이차이(排骨炖白菜, 돼지갈비배추찜)' 이런 식입니다. 동북인들의 직설적인 화법입니다.

영계버섯찜

다양한 뚠차이 중 영계와 버섯을 넣고 찐 '샤오지뚠모구(小鸡炖蘑菇)'를 소개해볼까 합니다. 동북지역의 식탁에는 배추, 감자, 말린 버섯, 당면 등 긴 겨울철 보관이 쉬운 식재료가 많습니다. 이 요리에 들어가는 버섯 역시 동북에서 나는 전모(榛蘑, 개암버섯)를 말린 것입니다. 버섯은 닭고기의 여린 감칠맛을 보조하며 구수한 향을 선사합니다. 강한 버섯 향은 처음 먹는 사

겨울 추위를 달래주는 닭볶음요리

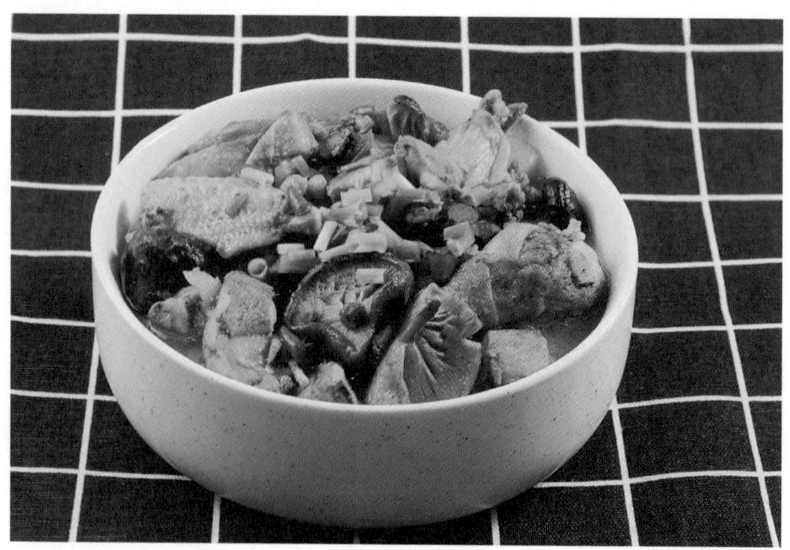

람에게 거부감을 주기도 하지만 고기처럼 쫄깃한 식감에 곧 빠져듭니다. 거기에 함께 넣은 당면은 쫀득쫀득 씹히며 포만감을 더해 줍니다. 대개 추운 지역의 요리가 그렇듯 짠맛이 강합니다. 샤오지뚠모구는 동북의 랴오닝(辽宁)지역의 대표 향토 요리입니다.

조리법은 간단합니다. 생강, 파, 마늘을 기름에 볶다가 손질된 닭고기와 미리 물에 불린 마른 버섯을 넣고 센 불에 볶습니다. 이어서 물을 가득 붓고 뭉근히 끓여냅니다. 간장, 소금, 설탕으로 맛을 내면 완성입니다. 밥상에 올릴 때는 음식의 온기를 지키기 위해 철 냄비를 사용하는데 덜어내기 직전 당면을 한 움큼 넣습니다.

동북요리 전문점에 가면 큰 가마솥 그대로 테이블에서 요리를 해줍니다. 가마 주변에 궈테(锅贴)라고 하는 옥수수 떡을 부쳐 같이 먹으면 별미입니다. 정교한 비주얼은 아니지만 한 그릇 푸짐한 모양이 보기만 해도 배가 부릅니다.

03

하얼빈의 대표 외식 요리

궈바오러우锅包肉

동북지역의 아이들에게 외식의 대표 메뉴는 '궈바오러우(锅包肉)'입니다. 집에서 밥을 먹지 않는 날은 무조건 '궈바오러우를 먹는 날'입니다. 궈바오러우가 등장할 때면 새침한 듯 상큼한 식초 향이 아이들의 이목을 집중시킵니다. 이윽고 푸짐하고 넓적한 모양의 고기튀김에 아이들은 환호성을 지르지요. 한입씩 입에 넣으면 이곳저곳에서 바삭바삭 소리가 울려 퍼집니다. 아이들은 이미 어머니의 음식을 머릿속에서 지워버렸습니다. 어느덧 접시에는 고깃덩이 한 조각이 남고 아이들은 이를 쟁취하기 위해 놀랍도록 빠른 속도로 젓가락을 놀립니다.

튀김 기술이 만들어낸 요리

최근 한국에서도 '찹쌀탕수육'이라는 이름으로 궈바오러우가 인기를 얻고 있습니다. 수십 년간 중화요리의 대장 격이던 탕수육을 위협할 수준입니다. 동네 중국집에서도 궈바오러우를 만들어 팔고 대학가에는 강정처럼 만들어 컵에 담아 파는 푸드 트럭도 있습니다.

그런데 중국의 정통 궈바오러우에는 찹쌀이 들어가지 않습니다. 돼지고기 안심에 옥수수 전분을 입혀 여러 번 튀겨내고 식초와 설탕, 맛술, 생강, 파 등을 곁들인 소스에 볶아 나옵니다. 궈바오러우는 중국요리의 튀김 기술을 잘 표현한 요리입니다. 1차로 돼지고기 안심에 옥수수 전분을 고루 묻혀 약불에 오래 튀겨 고기를 익힙니다. 2차로 센 불에 빠르게 튀겨 색을 입힙니다. 한꺼번에 많이 넣고 튀기면 고기가 엉겨 붙기에 기름을 가득 부은 웍에 몇 회씩 나누어 튀겨야 합니다. 그래야 겉은 바삭하고 속은 촉촉하며 부드

새콤달콤 소스를 휘감은 돼지고기튀김

러운 식감의 고기튀김이 완성됩니다. 전분과 고기가 혼연일체를 이루지요. 튀기는 기술에 따라 궈바오러우의 식감은 천차만별입니다.

실제로 궈바오러우의 영어 이름은 'Double Cooked Pork Slices'입니다. 특별한 식재료가 없이 만들 수 있는데도 외식 메뉴가 된 이유는 바로 여러 번 튀겨야 하는 테크닉 때문입니다. 실제로 궈바오러우 조리 기술은 2014년 중국 국가 무형 문화재에 등재될 만큼 까다롭습니다.

러시아인들을 위해 개발된 요리

동북요리는 원래 짠맛이 강하고 설탕을 잘 사용하지 않습니다. 궈바오러우는 청나라 광서황제 시기 하얼빈에서 처음 만들어졌습니다. 당시 하얼빈은 러시아와 교류가 많았지요. 하얼빈 관내 요리사인 정싱원(郑兴文)은 러시아인들에게 맛있는 음식을 만들어 먹여야 했어요. 고심한 후에 바삭한 고기튀김에 새콤달콤한 소스를 올렸지요. 그 요리를 맛본 러시아 관원들은 환호성을 질렀습니다. 원래는 센 불에 폭발하듯 튀겨낸다 하여 '궈빠오러우(锅爆肉)'라고 했습니다. 러시아인들이 빠오(爆) 발음을 서투르게 내어 '궈바오러우(锅包肉)'라고 부르게 되었습니다. 러시아인 사이에서 인기였던 궈바오러우는 점차 중국인들도 즐기며 하얼빈 대표 요리로 거듭났습니다. 1959년 하얼빈을 방문한 저우언라이 전 총리는 궈바오러우를 맛보고 "하얼빈이라는 도시 문화를 잘 담은 요리"라고 평하기도 했습니다.

궈바오러우는 이제 동북지역을 넘어 중국 전역에 유명해졌습니다. 또한 케첩을 추가한다거나 야채를 함께 곁들이는 등 다양한 모습으로 진화하는 중입니다.

Tip 라오추자(老厨家)

라오추자는 하얼빈을 방문할 때 잊지 말고 들러야 할 레스토랑이다. 궈바오러우를 발명한 요리사 정싱원은 1922년 '라오추자'라는 식당을 열어 궈바오러우를 대중화시켰다. 라오추자는 '오래된 요리사의 집'이라는 뜻이다. 하얼빈에 6개 매장이 있는데 진정한 궈바오러우를 맛보기 위해 곳곳에서 방문하는 미식가들로 문전성시를 이룬다. 이 식당은 2014년 궈바오러우의 조리법으로 국가 무형 문화재에 등재되었다. 오랜 전통을 자랑하듯 100여 년 전의 식기와 조리도구로 실내 장식을 했고 궈바오러우를 비롯하여 다양한 동북요리를 선보인다. 하얼빈에서 딱 한 번 식사를 한다면 라오추자에서 원조 궈바오러우에 하얼빈 맥주를 곁들이는 것이 좋다.

아버지의 빼갈을 떠올리게 하는

건두부干豆腐

건두부(干豆腐, 깐더우푸)는 동북지역의 대표적인 식재료입니다. 두부의 일종이지만 그 자체로 하나의 체계를 이루고 있습니다. 볶음, 무침, 굽기, 쌈 등 다양하게 조리해 먹고 제각기 독특한 맛으로 변신합니다. 게다가 콩이 가지고 있는 담백한 고소함과 풍부한 영양은 덤이지요. 가격까지 저렴하고 사시사철 편하게 구할 수 있으니 소중한 존재입니다.

건두부는 일반 두부를 만드는 방식과 약간 다릅니다. 훨씬 부드러운 천에 콩물을 얇게 펴서 이불처럼 널찍한 면(面)을 만들어 건조합니다. 지린성(吉林省) 위수(榆树)의 건두부를 최고로 치는데요. 이 지역에는 두부 공장만 1,500개가 넘고 연간 콩 소비량이 10만 톤에 달합니다. 그중 '위수건두부'는 동북지역의 양질의 콩으로 만들어내니 특별히 고소하고 부드럽지요.

동북의 넘버원 가정식

건두부 요리는 다양한데 그중에서도 건두부 고추볶음 '젠자오 깐더우푸(尖椒干豆腐)'가 유명합니다. 보편적인 가정식인데 동북의 거의 모든 식당에서 만나볼 수 있으며 집에서도 쉽게 해 먹을 수 있습니다.

건두부를 다이아몬드 모양으로 썰어 돼지고기, 고추와 함께 살짝 볶아냅니다. 이제 가장 중요한 과정! 바로 전분 물을 두르는데요. 자칫 뻑뻑할 수 있는 재료들을 찰지고 윤기 있게 감싸줍니다. 젠자오 깐더우푸에 고춧가루를 살살 뿌려 먹으면 제아무리 40도 이상인 빼갈도 "크아~" 소리를 내며 목구멍으로 술술 넘어갑니다.

젠자오 깐더우푸 한 접시 볶아 놓고 가족들이 둘러앉아 식사할 때 아버

건두부

건두부를 볶아낸 요리

지는 늘 매운 음식을 못 먹는 아이들을 배려하며 접시의 가장자리에만 고춧가루를 뿌립니다. 평소에 말수 없는 아버지는 매콤한 두부와 빼갈을 번갈아 입안에 넣고 황홀한 듯 옛날 이야기를 풀어내지요.

할아버지의 사랑을 담은 요리

건두부를 이용한 요리 중에 '징장러우쓰(京酱肉丝, 경장육사)'라고 하는 유명한 요리도 있습니다. 돼지고기를 채 썰고 춘장으로 볶아냅니다. 파채를 곁들여 건두부에 싸 먹으면 감칠맛이 배가됩니다. 건두부의 담백한 고소함과 달콤 짭조름한 돼지고기가 근사하게 어우러집니다. 짜장도 두부도 한국인에게 익숙하여 이 요리는 중국에 거주하는 한국인 사이에 인기가 높습니다.

징장러우쓰는 베이징으로 이주해 살던 어느 동북 할아버지에 의해 만들어진 요리입니다. 베이징에서 가장 유명한 요리는 단연 오리구이, 카오야(烤鸭)입니다. 하지만 카오야는 재료가 귀하고 조리법이 까다로워 황실 귀족들이나 먹는 고급 요리였습니다. 서민들은 감히 엄두를 낼 수 없었지요. 동북에서 베이징으로 이주해온 가난한 할아버지는 카오야가 먹고 싶다던 어린 손자를 위해 팔을 걷어붙였습니다. 오리 대신 돼지를 춘장에 볶고 파채를 썬 다음 밀 전병 대신 집에 남은 건두부에 쌈을 싸주었죠. 어린 손자는 할아버지식 카오야를 눈 깜작할 사이에 먹어치웠습니다.

그 어린 손자가 어른이 되어 유명한 베이징 카오야 전문점의 요리사가 되었습니다. 카오야를 원 없이 먹고 만들 줄도 알았지만 그는 늘 어린 시절 할아버지가 만들어 주셨던 '짝퉁 카오야'의 맛이 그리웠습니다. 훗날 손자는 그 맛을 추억하며 베이징 요리의 대표 메뉴가 된 징장러우쓰를 만들어냈습니다.

건두부는 격식이 따로 없습니다. 실처럼 썰어 무쳐도 먹고 양꼬치 전문점에 가면 고수와 파를 넣어 둘둘 말아 굽기도 하고 육수를 부어 국수처럼 먹기도 합니다. 기쁘거나 슬플 때도 건두부는 소박한 밥상에 행복을 선사했지요.

05

땅에서 나는 채소의 반란

띠산셴 地三鮮

지상에 나는 3가지 평범함으로 그 모든 비범한 재료를 이긴다는 요리, 띠산센(地三鲜, 지삼선). 이는 가지, 감자, 피망을 쓰면서도 고기 못지않은 식감을 내는 동북요리입니다. 말캉말캉한 가지, 보드러운 감자, 아삭한 피망이 삼박자를 신나게 울리기에 두터운 마니아층을 형성하고 있습니다.

가지? 가지!

특히 가지는 중국요리에서 사랑을 듬뿍 받지요. 진보랏빛에서 오는 파이토케미컬 제왕 가지는 영양도 맛도 뛰어난 재료입니다. 말캉한 식감에 어떤 소스도 온몸으로 받아들여 부드러운 맛으로 표현해주지요. 지역마다 유명한 가지요리가 있는데 동북에는 사오체즈(烧茄子)라고 하는 가지볶음이 있습니다. 가지에 칼집을 내어 간장에 볶아내는 요리입니다. 베이징에서는 짜장 소스에 가지를 잘게 썰어 살짝 튀겨 춘장과 함께 볶아 비벼 먹습니다. 된장을 듬뿍 넣고 볶아내는 장체즈(酱茄子)라는 요리도 밥과 함께 비벼 먹으면 한 그릇 뚝딱하기 좋고요. 사천요리 중 달콤새콤한 맛을 내는 어향가지(鱼香茄子)도 매우 유명합니다. 중국 북방의 가지는 한국의 것과 비슷하게 길쭉한 모양이지만 남방에 가면 단호박처럼 둥그렇습니다. 길쭉한 것보다 수분 함량이 더 많고 씨앗이 또렷합니다.

감자와 가지와 피망

띠산센은 조리법이 간단하여 가정식으로 사랑받습니다. 레시피를 한번 살펴볼까요? 먼저 감자, 가지, 피망은 모두 큼직한 모양으로 썰어 놓습니다.

사실 중국에서 띠산셴을 할 때 가지는 칼을 대지 않고 손으로 뭉청뭉청 모양을 잡아 뜯어 놓습니다. 감자 역시 고구마 맛탕 할 때의 모양처럼 조각내 줍니다. 피망은 푸른색을 선호합니다.

다음은 커다란 웍에 기름을 가득 붓고 가지와 감자를 각각 색이 변하도록 충분히 튀겨 줍니다. 튀김 과정 없이 오직 볶아서 익혀내려면 가지와 감자의 조직에서 수분이 빠져나와 본래 식감의 매력을 잃습니다. 이 과정이 요리 맛을 결정하는 포인트입니다.

새로 기름을 두고 다진 생강, 파, 마늘을 볶아 향을 낸 후 피망을 볶습니다. 피망이 한 숨 꺼지면 튀겨낸 가지와 감자를 넣고 볶다가 간장, 소금, 설탕을 넣고 맛을 냅니다. 마지막에 전분을 물에 풀어 웍의 가장자리를 따라

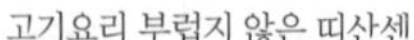
고기요리 부럽지 않은 띠산셴

부어 주면 맛있는 띠산센이 완성됩니다. 참 쉽죠? 띠산센은 재료도 구하기 쉽고 따라 하기도 쉬워 오늘 당장 해 먹어 볼 수 있는 중국요리입니다. 채식을 주로 하는 분께도 권합니다. 뜨끈한 쌀밥과 곁들여 먹으면 고기요리 부럽지 않습니다.

Tip 가지된장볶음, 장체즈(酱茄子)

가지는 동북요리 중 사랑을 듬뿍 받는 식재료이다. 띠산센뿐만 아니라 장체즈라 부르는 가지된장볶음도 동북에서 자주 해 먹는 요리이다. 가지를 4등분으로 자르되 끝을 남겨두어 모양을 유지해 준다. 기름 가마에 손질한 가지를 넣고 튀기듯이 볶는다. 가지가 숨이 죽으면 물, 된장, 간장, 굴 소스를 넣어 만든 양념장을 넣어 10분간 찐다. 마지막으로 다진 마늘을 뿌려 향을 내면 둘도 없는 밥도둑인 장체즈가 완성된다. 조리법이 쉽고 특별한 소스를 필요로 하지 않아 오늘 당장 해 먹어 볼 수 있다.

06

신장식 vs 연변식 양꼬치

양러우촨羊肉串

신장 양꼬치의 추억

"양러우촨, 양러우촨, 신장 양러우촨~" 저녁노을이 스며들 무렵 골목 어귀에서 머리에 사각모를 얹은 신장(新疆) 위구르족이 양꼬치를 파는 소리가 퍼집니다. 한국의 "메밀묵 사리어 찹쌀떡~"과 같은 뉘앙스로요. 양러우촨(羊肉串)은 양꼬치의 중국 이름입니다. 신장에서 온 양꼬치 아저씨는 길고 네모난 불가마에 숯을 얹고 그 위에 양꼬치를 즐비하게 눕혀 끊임없이 부채질을 해대며 소리 높이 외칩니다. 오른손으로는 현란한 뒤집기를 구사하고 왼손을 하늘 높이 들어 고춧가루, 소금, 즈란(孜然) 가루를 흩뿌려주면 고소하고 맛 좋은 양꼬치가 완성됩니다. 사람들은 걸음을 멈추고 5~10개쯤 양꼬치를 사고는 불가마 옆에 붙어 앉아 쏙쏙 빼먹습니다. 그리고 제 갈 길로 떠나죠. 중국의 동네마다 양꼬치에 대한 기억이 스며 있습니다.

양꼬치는 고기 크기가 다양한데 아기 주먹만 한 따촨(大串)에서 한입에 한 줄을 삼켜버릴 수 있는 샤오촨(小串)까지 있습니다. 실제로 신장에서는 아기 주먹만 한 고기를 5~6개씩 한 꼬챙이에 꽂아 푸짐하게 구워내곤 합니다. 지금은 신장 사내들에 의해 중국 전역에 퍼져 야시장이나 전통시장에서는 빠지지 않는 길거리 음식으로 자리를 잡았지요.

양꼬치의 대변신

중국의 양꼬치는 길거리에서 먹는 신장식과 깔끔하게 차려진 레스토랑에서 스스로 구워 먹는 연변식이 있습니다. 혹독한 겨울철 길거리에 서서 양꼬치 먹기가 힘든 나머지 연변지역 사람들은 신장식 양꼬치를 기반으로 가마 안쪽에서 연기를 빨아들이는 무연 기술을 개발하여 노천이 아닌 레스토랑에서 편안하게 먹을 수 있도록 업그레이드시켰습니다. 요즘에는 꼬치가 돌돌 스스로 돌아가게 만들어 놓은 구이가마까지 등장하여 특별한 기술이 없이도 맛있게 구워진 양꼬치를 먹을 수 있습니다.

연변식은 양고기를 미리 양념에 숙성시켜 비린내를 제거합니다. 신장식에 비해 향신료가 적게 들어가 호불호 없이 먹을 수 있습니다. 단순히 양고기만 먹는 것이 아니라 양의 힘줄, 내장, 혈관 등 다양한 부위를 요리했고, 이와 곁들여 닭과 소고기, 야채까지 다양하게 꼬치구이로 즐길 수 있습니다.

신장식 길거리 양꼬치

양꼬치의 생명은 신선함에 있습니다. 신선한 양고기라야 비린내가 없고 육질이 부드럽기 때문입니다. 예전에는 양꼬치 가게마다 대문 앞에 양가죽을 널어 갓 잡은 고기의 신선함을 홍보하기도 했습니다.

양꼬치에는 찍어 먹는 양념이 여럿 등장합니다. 추랴오(粗料)는 굵은 고춧가루, 시랴오(细料)는 곱게 간 고춧가루, 즈마랴오(芝麻料)는 맵지 않은 맛의 양념 가루로 고소한 깻가루 맛이 납니다. 즈란이라고 하는 향이 강한 향신료는 빠지지 않고 들어가는데 특유의 향이 싫다면 미리 빼달라고 주문해야 합니다.

한국의 양꼬치

한국에는 2000년대부터 연변 조선족 동포들이 대거 이주하면서 구로, 동대문 일대에 양꼬치 전문점들이 들어섰습니다. 요즘은 양꼬치를 즐기는 인구도 확연히 증가했습니다. 한국의 양꼬치 전문점이 바로 전형적인 연변식 양꼬치입니다. 큐빅 모양의 비계와 살코기를 번갈아 꽂아 고소한 맛이 나는 양꼬치는 맥주와 찰떡궁합입니다.

연변식 양꼬치는 중국 방방곡곡에 퍼져 있습니다. 대표주자로 꼽히는 '풍무꿰성(丰茂串城, 펑마오촨청)'은 전국 규모의 프랜차이즈로 성장하여 요식업 상장기업이 고가에 인수했습니다. 풍무꿰성은 한국에도 진출하였습니다.

07

중국 10대 면에 당당히 이름을 올린

연길냉면延吉冷面

중국의 동북지역에는 연변조선족자치주라고 하는 지역이 있습니다. 연변 조선족은 두만강, 압록강 유역의 함경도, 평안도 등 지역에서 만주벌로 이주해 간 한민족의 후손입니다. 그들은 연변이라는 땅에서 한민족의 문화와 전통을 이어가고 있으며 척박한 땅을 일구는 가운데 독특한 지역 문화를 형성했습니다.

연변 음식은 한식의 전통과 한족 문화의 교류로 형성되었습니다. 김치, 된장국, 냉면, 떡 등을 즐겨 먹는가 하면 기름에 볶는 조리법을 활용하고 고추기름, 고수, 화자오 등 중국요리에 흔히 쓰이는 향신료를 적극 활용합니다. 양념 맛이 순한 한식에 비해 조선족 음식은 훨씬 강한 향미를 추구하는 경향이 있습니다.

여름에는 연길냉면

중화요리에 자부심이 대단한 한족들도 깊이 사랑하게 된 요리가 있으니 바로 '연길냉면(延吉冷面, 옌지렁미엔)'입니다. 연길은 연변조선족자치주의 도시 이름입니다. '연길냉면'은 중국 상무부(商务部) 선정 '중국 10대 면 요리'에 꼽힐 만큼 유명합니다. 참고로 중국 10대 면 요리에는 란저우라면(兰州拉面), 우한러간면(武汉热干面), 베이징 짜장면, 산시 따오샤오면, 사천 탄탄면, 허난 후이면(河南烩面), 쿤산 아오자오면(昆山奥灶面), 전장 궈가이면(镇江锅盖面) 등 쟁쟁한 선수들이 포진해 있지요. 한족들 가운데는 연길이 어디인지 몰라도 연길냉면을 모르는 사람은 거의 없습니다. 면의 천국인 중국에서 이 정도의 성과는 대단한 것이라고 볼 수 있습니다.

조리법이 까다로워 짝퉁 냉면도 등장합니다. 새콤하고 차가운 면이면 무조건 연길냉면이라고 간판을 내거는 장사치도 많습니다. 무더운 여름에는 아쉬운 대로 그런 '연길냉면'도 제법 인기를 끌지요.

한반도에 뿌리를 둔 물냉면

그렇다면 제대로 된 연길냉면을 맛볼까요. 연길냉면은 한반도의 물냉면에 뿌리를 두고 있습니다. 우량종 연변 황소를 푹 끓여 기름은 제거하고 차게 식혀 육수로 씁니다. 육수는 신맛보다 단맛이 강하며 겨자는 넣지 않습니다. 면은 메밀을 치대 국수틀에 눌러 뽑은 것을 씁니다. 투명한 검은색을 띠는데 식감으로 따지자면 함흥냉면보다 두껍고 평양냉면보다 훨씬 쫄깃한 편입니다. 면에 절대 가위를 대지 않는 중국식 관습대로 연길냉면은 절대 잘라 먹지 않습니다. 연길냉면을 먹는 데 익숙하면 평양냉면은 왠지 숭덩숭덩 먹는 기분이 들지요.

연길냉면의 절정은 고명입니다. 다른 냉면과 가장 차별화되는 부분이지요. 소고기 편육, 계란을 기본으로 양배추김치, 꿩 또는 닭고기, 완자, 연변산 사과와 배, 오이채 등 매우 다양하고 푸짐하게 고명이 올려집니다. 양념장을 듬뿍 넣어 만든 양배추김치는 냉면에 시원하고 칼칼한 맛을 더해 주고 각종 고명은 집어 먹는 재미가 쏠쏠합니다. 연변의 냉면 전문점에 가면 아예 냉면 고명만 따로 렁미엔마오(冷面帽, 냉면모자)라는 이름을 붙여 술안주로 팝니다.

조리과정이 복잡해서 연길냉면은 주로 외식할 때 사먹습니다. 연길에서 가장 유명한 냉면집은 ‘진달래’, ‘삼천리’, ‘순희’ 등이 있는데 그 이름과 분위기에 한국적 정서가 물씬 풍깁니다.

연길냉면의 절정은 다양한 고명

03

西南

서남지역

윈난(云南), 꾸이저우(贵州), 티베트(西藏)

소수민족 음식 문화에 담긴 지혜

25개의 소수민족이 살고 있는 윈난지역은 경관이 아름답고 야생 식재료가 풍요롭습니다. 이곳 사람들은 예로부터 농사를 짓지 않고 자연 그대로의 음식을 먹었습니다. 윈난에서 나는 야생 버섯은 전 세계 식용 버섯의 절반 이상을 차지합니다. 봄에 나는 꽃과 가을에 나는 버섯을 먹으며 자연적인 건강식을 하게 됩니다.

묘족들이 모여 사는 꾸이저우지역에서는 신맛으로 소금을 대체했습니다. 더불어 매운 고추를 듬뿍 넣어 만든 시큼하고 매콤한 요리가 원시 삼림이 우거지고 습기가 많은 이곳 사람들의 삶을 경쾌하게 만들어 줍니다.

묘족의 새콤매콤 생선요리

솬탕위酸汤鱼

중국의 서남쪽 꾸이저우성(贵州省)은 묘족(苗族)이 모여 삽니다. 이들은 신맛을 가장 즐깁니다. "3일만 신 것을 먹지 않아도, 발걸음이 비틀거린다(三天不吃酸, 走路打蹿蹿)"라고 할 정도이지요. 원시 삼림이 우거지고 습기가 많아 신맛 없이는 맥이 풀리고 식욕이 사라진다 합니다. 예로부터 부족한 소금을 신맛으로 대체하기도 했고요. 더불어 매운 고추를 듬뿍 넣어 즐기기도 합니다.

신맛과 매운맛의 조합, 꾸이저우에는 '솬탕위(酸汤鱼)'라는 요리가 있습니다. 민물 생선을 새콤한 야생 토마토와 매콤한 고추 탕에 끓여 먹습니다. 국물은 신맛이 주를 이루며 은은하게 매운 고추가 지루함을 달래줍니다. 민물고기 외에 두부, 콩나물 등 야채도 함께 넣어 먹습니다.

백산과 홍산이 지닌 힘

묘족요리의 신맛은 단순히 식초의 힘이 아닙니다. 그들만의 발효 비법이 숨겨져 있지요. 신맛을 담당하는 양념은 백산(白酸)과 홍산(红酸)이 있습니다. 백산은 곡물 발효액입니다. 쌀뜨물을 끓여 발효시키기에 막걸리와 유사한 맛이 납니다. 백산은 탕 요리의 베이스가 되는데 은은한 시큼함은 입맛을 돋우고 소화를 돕습니다. 묘족의 어른들은 백산을 '장수탕'이라 불러 사랑해 마지않았습니다.

홍산은 야생 토마토 발효액입니다. 묘족요리 전반에 양념장으로 쓰이지요. 마오라자오(毛辣角)라고 부르는 야생 토마토(방울토마토와 흡사함)와 생강, 마늘, 고추, 소금, 쌀가루, 술을 함께 저장 용기에 넣어 약 15일간 발효시킵니다. 발효를 거친 식재료들을 잘게 다져 양념장처럼 만들어 각종 요리에 넣으면 감칠맛이 살아납니다.

쏸탕위는 백산을 베이스로 홍산과 민물고기를 넣고 끓인 전골 요리입니다. 보글보글 끓어오르는 새콤매콤 탕에서 생선은 산미를 빨아들여 육질이 탱글탱글 쫀득하게 익어갑니다. 한 젓가락 집어낸 생선육을 고춧가루, 다진 파, 마늘, 콩가루 등을 넣어 만든 소스에 찍어 먹습니다. 묘족 마을에서 쏸탕위에 사용하는 민물고기는 벼를 심은 수전에서 자라는 따오화위(稻花鱼)이고, 일반 레스토랑에서는 초어를 많이 씁니다.

홍산, 백산을 베이스로 한 쏸탕위

도심 속의 카이리 쏸탕위

쏸탕위는 자극적인 맛을 선호하는 현대인들의 입맛을 강타했습니다. 산골 마을에서만 해 먹던 음식이 이제는 중국의 대도시 빌딩 숲에서도 만나볼 수 있지요. 꾸이저우성 카이리시(凯里市)에서 유명해져 전국으로 퍼져나갔기에 '꾸이저우 쏸탕위' 또는 '카이리 쏸탕위'로 불립니다. 맛도 도시인들의 입맛에 맞게 조금씩 변모해 갑니다.

지금은 중국 젊은이들이 쏸탕위를 즐기는 모습이 SNS에 올라오고 저 깊은 묘족 마을에서도 조상의 조리법으로 그들의 쏸탕위를 끓여 먹고 있습니다.

원초적 건강한 맛

윈난 야생 버섯 샤부샤부 野生菌火锅

윈난(云南)은 중국의 서남쪽 국경 지역에 자리한 성입니다. 베트남, 라오스, 미얀마와 인접하며 25개 소수민족이 집거합니다. 유명한 보이차 원산지가 바로 윈난입니다. 윈난은 천혜의 자연조건을 갖추었습니다. 경관이 아름답고 야생 식재료가 풍요로워 이곳 사람들은 예로부터 농사를 짓지 않고 자연을 먹었습니다. 봄에 나는 꽃과 가을에 나는 버섯만 해도 무궁무진하니까요.

야생 버섯의 왕국, 윈난

윈난에는 특히 야생 버섯이 넘쳐납니다. 일반적으로 우리는 버섯을 '딴다'라고 표현하지만 이 지역에서는 버섯을 '줍다'라고 합니다. 사방이 버섯 천지이기 때문입니다. 그 귀하다는 송이버섯도 윈난에서는 실컷 먹을 수 있습니다.

윈난산 야생 버섯은 약 250여 종에 달하며 전 세계 식용 버섯의 절반 이상을 차지합니다. 야생 버섯은 매년 5월부터 9월까지가 최적기이고 7, 8월에 가장 많이 납니다. 늦여름, 밤비가 내리고 나면 공기 분자까지 버섯 향으로 깊이 물듭니다. 버섯은 아침의 햇살을 반기며 빠끔히 얼굴을 내밉니다. 오전 8~9시는 버섯을 줍기에 가장 좋은 시간이지요. 도심을 벗어나서 살아본 윈난 사람들은 대부분 어린 시절 버섯을 줍던 추억을 지니고 삽니다. 해마다 윈난에서는 버섯왕 선발대회가 열리기도 하고요. 2018년, 난화야생균미식문화제에는 15.21킬로그램에 달하는 운남 영지버섯이 참전하여 이슈가 되기도 했습니다.

갖가지 야생 버섯의 향연

샤부샤부로 골고루 맛보는 버섯

당연히 요리에도 버섯이 빠질 수 없겠지요. 야생 버섯을 먹고 자란 그들은 양식 버섯을 거들떠보지도 않습니다. 특히 야생 버섯 샤부샤부가 유명합니다. 푹 우려낸 닭 육수에 다양한 버섯을 익혀 먹는 요리입니다. 버섯 샤부샤부 전문점에 가면 한상 가득 이름 모를 버섯들이 올라오는데 보기만 해도 배가 부르고 건강해지는 느낌입니다. 본격적인 식사 전에 중요한 윈난의 버섯들을 살펴봅시다.

버섯을 중국어로는 '쥔(菌, 균)'이라고 부릅니다. 송이를 버섯 중의 왕으로 부른다면 칭터우쥔(青头菌)은 버섯의 여왕입니다. 갓 부분은 푸르른 빛이 감돌며 기둥은 우윳빛이 납니다. 지중쥔(鸡枞菌)은 닭다리 모양처럼 생겨서 얻은 이름으로 실제로도 닭고기 맛이 납니다. 니우간쥔(牛肝菌)은 덩치가 큰 대왕 버섯으로 버섯 하나로 한 끼를 때운다는 말도 있지요. 그 밖에 라오런터우쥔(老人头菌)은 식물계의 전복으로 불리는데 해발 3,000미터 이상에서 서식합니다.

감칠맛 나는 육수에 다양한 모양과 색깔의 버섯을 넣어 끓이면 버섯 향이 우러나와 후각을 자극합니다. 버섯을 하나하나 맛보며 버섯 박사가 되어갈 때쯤 두부, 배추, 콩나물 등 좋아하는 야채를 추가로 넣지요. 육수에는 몸에 좋은 성분들이 우러나와서 식재료들이 다시 이들을 듬뿍 빨아들이게 되는데 이 경지에 이르면 보약의 효능을 지니고 있습니다. 한 가지 주의할 점! 야생 버섯은 독성이 잔존하므로 반드시 15분 이상 끓여 드시기 바랍니다.

03

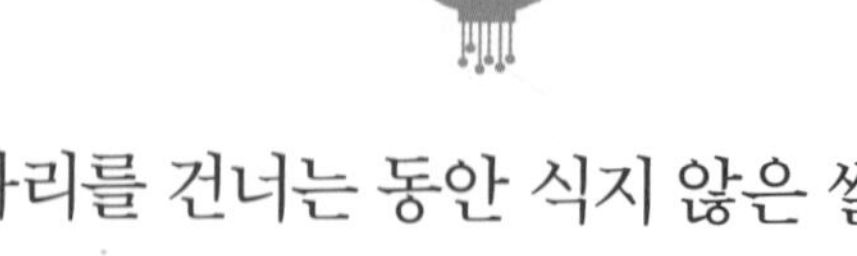

다리를 건너는 동안 식지 않은 쌀국수

궈차오미셴 过桥米线

귀차오미센(过桥米线)은 윈난(云南)의 유명한 쌀국수입니다. 중국 남방에서는 쌀국수를 즐겨 먹는데 대개 면발이 널찍하지만 유독 윈난 쌀국수만 동글동글한 모양입니다. 육수는 주로 닭으로 내며 고명과 함께 쫄깃하게 씹어먹는 쌀국수는 아주 매력적입니다. 현재는 인기가 높아 중국 전역에서 맛볼 수 있지요.

귀차오미센의 특징은 육수와 면, 고명이 따로따로 나온다는 점입니다. 쌀국수, 육수를 중추로 닭고기나 돼지고기, 생계란이 단백질을 더하고 숙주나물, 버섯, 죽순, 당근 등의 야채가 함께 나옵니다. 식재료는 기호에 따라 선택하여 국물에 익혀 먹을 수 있습니다. 식당이 고급일수록 주재료와 부재료가 더욱 다양하게 플레이팅 되어 나옵니다.

아내의 정성을 담은 쌀국수

이 요리에는 아름다운 이야기가 담겨 있습니다. 귀차오(过桥)는 '다리를 건너다', 미센(米线)은 '쌀국수'라는 뜻입니다. 옛날 이 동네에 사는 선비는 입신양명을 위해 마을 밖의 강가에서 머리를 싸매고 공부에 몰두했습니다. 부인은 매일 남편에게 식사를 챙겨 주었지요. 늘 고민스러운 것이 어떻게 하면 따스한 밥을 먹일 수 있을까였습니다. 그러다 만들어낸 음식이 바로 이 쌀국수입니다. 부인은 육수를 끓이고 그 위에 기름을 부어 오랜 시간 뜨거움을 유지하도록 했습니다. 쌀면과 식재료를 따로 가져가서 그곳에서 익혀 주었지요. 매일 국수를 가지고 다리를 건넜다 하여 이름이 '귀차오미센'이 되었습니다.

육수는 닭, 오리, 돼지갈비를 푹 끓여 뽑아냅니다. 윗부분은 닭기름이 둥둥 떠서 코팅의 효과로 김이 올라오지 않지만 국물은 100도에 가깝게 뜨겁습니다. 자칫 모르고 국물부터 들이켜다가는 입천장이 홀라당 벗겨질 수 있습니다. 애초에 국물을 담기 전부터 뚝배기는 뜨겁게 달구어져 준비됩니다. 미센의 국물은 '4가지 뜨거움(四烫)'을 고수합니다. 육수, 국수, 그릇, 닭기름이 모두 말이죠. 그래야 다른 식재료들이 불 없는 뚝배기 속에서도 잘 익게 됩니다.

닭 육수와 쌀국수의 만남

궈차오미센을 먹을 때에는 순서가 있습니다. 먼저 육류와 계란을 넣어 익혀 먹고 그다음 야채를 넣고 그다음 쌀국수를 넣습니다. 한꺼번에 탈탈 털어먹는 것은 바람직하지 않습니다. 국물은 맨 마지막에 적당히 식은 다음 먹는 것이 좋습니다.

궈차오미센은 베트남 쌀국수보다 다양하고 일본식 샤부샤부보다는 심플합니다. 한 사람에 한 그릇씩 먹기에 요즘은 중국의 혼밥족들에게도 인기가 높습니다. 궈차오미센은 닭 육수와 면이 조화로워 한국인의 입맛에도 잘 맞습니다.

윗부분에 닭기름을 부어 코팅하여 열기를 유지한다.

04

옹기 속 수증기의 마법

치궈지 汽锅鸡

윈난에는 집집마다 꼭 하나씩 가지고 있는 옹기 솥이 있습니다. 이름하여 치궈(汽锅)입니다. 겉모습은 영락없는 옹기 단지 같지만 뚜껑을 열면 그 안에 구멍이 난 원통관이 있습니다. 관은 밑바닥과 연결되어 있는데 이곳에 요리를 맛있게 하는 비밀이 숨어 있습니다. 그럼 치궈를 이용한 닭요리, 치궈지(汽锅鸡)를 맛보러 떠나볼까요.

중국에는 지역과 민족에 따라 대표적인 닭요리가 있습니다. 예를 들어 난징의 옌쥐지(盐焗鸡), 항저우의 자오화지(叫花鸡), 더저우의 파지(扒鸡), 타이완의 산베이지(三杯鸡) 등등 조리법도 다양하지요. 중국 윈난에는 치궈지라는 마술 같은 요리가 있습니다.

치궈 솥의 마술

치궈지는 수비드 조리법입니다. 찜통에 치궈를 올려 찌기 시작하면 수증기가 치궈 밑바닥과 연결된 둥근 관을 따라 올라가 순환하며 요리를 익힙니다. 수증기는 관을 따라 솥으로 피어 오르고 식재료를 익힌 다음 방울방울 흘러내려 국물이 만들어집니다. 이 과정에서 식재료의 영양소는 파괴되지 않고 식감이 살아나서 궁극의 맛을 창조합니다. 치궈를 이용한 요리는 닭뿐만 아니라 돼지갈비, 오리 등 다양합니다. 참고로 치궈는 윈난 젠수이(建水)지역에서 만들어낸 것을 최상품으로 칩니다.

설날 음식, 치궈지

치궈지는 윈난의 설음식입니다. 섣달 그믐이면 주부들은 암탉을 잡아 치궈지를 준비합니다. 치궈 안에 조각낸 닭과 파, 생강, 삼칠, 대추 등 각종 부재료들을 차곡차곡 쌓아 넣습니다. 물론 치궈 안에는 물을 넣지 않습니다. 치궈의 뚜껑을 덮고 찜통에 올려 불을 켭니다.

아침에 시작한 닭요리는 오후까지 약불에 천천히 고아내어 자정이 되어야 새해맞이 밥상에 오릅니다. 중국에서는 그믐날 밤을 새워 새해로 넘어가는 12시가 되면 새해맞이 식사를 합니다. 신년 첫 테이블에 정중하게 오른 치궈. 온 가족이 모여 뚜껑을 열면 보드라운 닭고기와 우윳빛 뽀얀 닭 국물이 가족을 감싸 안습니다.

수비드 조리법으로 만드는 치궈지

금불환, 삼칠

이 요리에 빠지지 않는 것이 삼칠(三七)입니다. '삼칠'은 '금불환(金不換, 황금과도 바꾸지 않는다)'이라는 별칭이 있을 정도로 귀한 약재입니다. 삼칠은 출혈을 멈추는 지혈(止血), 어혈을 풀어내는 산혈(散血), 종기와 상처의 염증을 없애는 소종(消腫) 및 통증을 가라앉히는 효능이 있습니다. 삼칠이 많이 나는 윈난에서는 많은 요리에 삼칠을 넣습니다.

치궈지를 먹을 때도 삼칠을 먼저 먹고 국물을 한 그릇씩 나눠 마신 후 닭고기를 먹습니다. 닭곰탕과 흡사한 맛인데 닭의 감칠맛이 절정으로 달아오르며 삼칠, 천마, 구기자 등 약초의 향이 더해지니 최상급 보약입니다.

04

西北

서북지역

산시(陝西), 간쑤(甘肅), 칭하이(青海), 신장(新疆)

실크로드 위,
밀의 역사

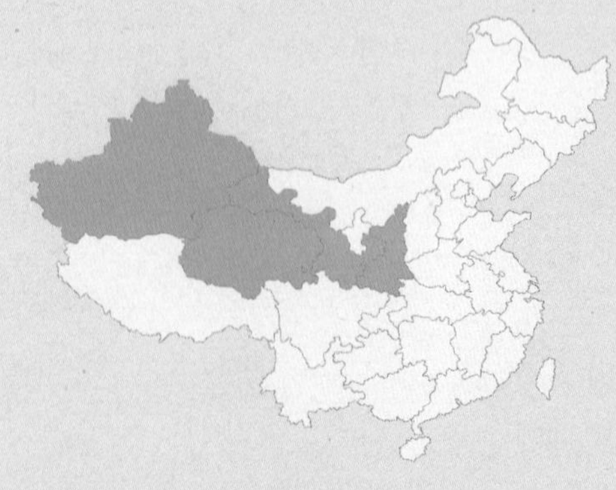

서북지역은 3천 년의 세월 동안 밀 중심의 식사를 차려야 했기에 다양한 면 요리가 발달하였습니다. 오직 수타의 힘으로 만들어지는 이 지역 면의 쫀득함은 타의 추종을 불허합니다.

실크로드의 역사를 품은 서북지역에는 무슬림을 신봉하는 다양한 소수민족들이 살고 있습니다. '칭전(清真)'이라 불리는 무슬림요리는 이 지역에서 중요한 계통을 이루고 있습니다. 이슬람 율법에 따라 돼지고기와 일부 해산물이 금기시되며 술로 맛을 내지 않는다는 엄격한 원칙을 준수합니다. 쇠고기, 양고기로 탕을 해 먹거나 허브를 사용하여 향을 내는 요리가 많습니다.

양고기탕에 말아먹는 밀빵

양러우파오모 羊肉泡馍

산시(陝西)지역은 쌀보다는 면식이 발달했고 소고기나 양고기를 비롯한 무슬림 재료들이 많습니다. 그중 뜨끈한 양고기탕에 모(馍)라고 부르는 딱딱한 밀빵을 뜯어 말아먹는 양러우파오모(羊肉泡馍)가 대표적입니다. 딱딱한 밀빵의 역사는 천여 년 전 실크로드를 오가던 아라비안 상인으로부터 전해져 산시 사람들의 DNA 속에 깊이 새겨져 있습니다.

스스로 뜯는 맛이 최고

시안(西安)의 양러우파오모 가게에 가면 지인들끼리 테이블에 둘러앉아 이야기를 나누는데 그들의 공통점은 빵을 손톱만큼 잘게 잘게 뜯고 있는 모습입니다. 꼬마도 할아버지도 아가씨도 사내도 모두들 잘게 잘게 열심히 뜯습니다. 모는 작게 뜯을수록 탕을 충분히 흡수하여 맛있게 먹을 수 있기 때문입니다. 최근 식당에는 귀차니스트들을 위해 모를 조각내는 기계를 갖추어 놓고 있지만 진정한 미식가들은 손수 뜯는 수고를 아끼지 않습니다.

육수를 살펴봅시다. 신선한 양고기와 뼈에 산초, 계피, 팔각 등 갖가지 향신료를 넣어 오래도록 끓이니 잡내가 사라지고 뽀얀 탕이 완성됩니다. 손님이 모를 잘게 뜯어 빈 그릇에 넣으면 직원은 사발 겉면에 번호표를 붙여 주방으로 전달합니다. 주방장은 모 위에 뜨끈한 육수를 붓고 당면, 채소, 양념장을 더해 다시 가져다줍니다.

뜨끈한 양탕에 말아먹는 밀빵

딱딱하게 굳어 있던 모는 뜨끈한 육수를 만나 금세 먹기 좋게 보송보송해집니다. 조각조각 양고기 육수를 흠뻑 머금었다가 입안으로 배달하여 다시 사르르 놓아 줍니다. 고추절임을 다져서 만든 매운 소스를 얹으면 얼큰한 기운이 단전까지 전해지며 땀구멍이 활짝 열립니다. 파와 고수는 기호에 따라 선택할 수 있습니다. 양러우파오모와 함께 나오는 마늘절임을 곁들이면 느끼함 없이 개운합니다. 양고기 육수의 비린내가 두렵다면 소고기 육수를 주문해도 됩니다.

모는 국물에 말아먹기도 하지만 조각내어 국물 자박하게 볶아 먹는 차오모(炒馍)도 있습니다. 모를 충분히 불린 후 잘게 잘라줍니다. 계란은 기름에 따로 볶아 둡니다. 파 기름을 내어 고춧가루를 넣고 충분히 볶습니다. 다음 푸른 고추를 넣어 볶다가 미리 불려둔 모와 계란을 넣어 마무리합니다.

육수를 흠뻑 머금은 양러우파오모

차오모는 파오모에 비해 양념장의 맛이 훨씬 강하게 느껴져 자극적인 맛을 좋아하시는 분들은 더욱 맛있게 드실 수 있어요.

Tip 중국의 할랄 푸드점, 칭전(清真)

오랜 세월 동안 실크로드를 따라 중동지역과 교류를 해온 서북지역에는 무슬림을 신봉하는 소수민족들이 많이 살고 있다. 무슬림은 이슬람 율법대로 돼지고기와 일부 해산물, 술로 맛을 내지 않는 등 엄격한 원칙을 준수한다. 칭전이라고 부르는 할랄 푸드점에서는 술을 팔지 않고 쇠고기, 양고기를 기본으로 율법에 맞는 음식들만 팔고 있다. 칭전 레스토랑은 간판에 푸른색 할랄 마크를 표기하여 쉽게 구분할 수 있다.

맛있게 배부른 중국식 햄버거

러우자모 肉夹馍

계속해서 모(馍) 이야기를 해볼까 합니다. 쌀보다 밀이 주식인 서부지역에서 모는 매우 중요한 주식입니다. 앞서 소개했듯이 모는 국물에 담가 먹기도 하고 볶음 요리의 자박한 국물에 찍어 먹기도 하고 잘게 잘라 볶아서 먹기도 합니다. 그중에는 햄버거처럼 빵 가운데 다진 고기를 듬뿍 넣어 먹는 러우자모(肉夹馍)가 있습니다. 겉은 바삭하고 속은 부드러운 모의 맛과 돼지고기조림의 고소함이 어우러져 맛있게 배부른 한 끼가 됩니다. 실제로 러우자모의 영문명은 '차이니즈 햄버거(Chinese Hamburger)'랍니다.

모는 밀가루 반죽을 동그랗게 빚어 구워낸 것입니다. 밀가루 반죽을 발효시킨 뒤 호떡 크기만큼 빚어서 팬에 구워냅니다. 구울 때는 기름을 두르지 않고 약불에서 천천히 부칩니다. 이때 양면으로 가열할 수 있는 청(铛)이라는 전용 팬을 사용합니다.

갓 구워낸 따끈한 모를 칼로 중간 부분을 잘라 공간을 낸 후 미리 조리한 고기를 듬뿍 밀어 넣습니다. 모는 완전히 두 쪽이 나도록 잘라내는 것이 아닌 끝부분은 연결되도록 남겨두어 주머니 모양을 유지합니다.

차이니즈 햄버거

러우자모 중앙에는 라쯔러우(腊汁肉)라고 하는 돼지고기조림이 들어가는데 그 역사가 전국 시기에까지 거슬러갑니다. 신선한 돼지고기에 생강, 감초, 산초, 향엽, 화자오, 팔각, 계피, 황주 등을 넣어 은근히 졸였기에 한국의 소고기 장조림과 비슷하지만 훨씬 부드러운 맛입니다.

모는 구수한 밀향으로 돼지고기의 잡내를 잡아주고 돼지고기는 또 특유의 보드라움으로 모의 뻑뻑함을 녹여냅니다. 이 둘은 환상의 궁합이지요. 돼지고기는 완전 살코기와 살코기 반 비계 반을 선택하실 수 있습니다. 담백하게 먹으려면 살코기가 좋지만 비계가 어느 정도 들어가 줘야 기름지고 고소한 돼지고기의 참맛을 느낄 수 있습니다.

산시 사람들의 조식

러우자모는 중국의 대학가나 야시장 곳곳에서 쉽게 사먹을 수 있습니다. 산시 사람들은 아침으로 러우자모를 즐겨 먹고요. 산시요리 전문점에서도 뜨끈한 면 한 사발과 함께 주문하면 좋습니다.

특이한 점은 러우자모와 양러우파오모(羊肉泡馍) 모두 산시지역의 모를

밀가루 반죽을 동그랗게 빚어 구운 모

기본으로 하지만 같은 레스토랑에서 찾기는 어렵습니다. 양러우파오모는 돼지고기를 금하고 양고기와 소고기를 고집하는 할랄 음식이고, 러우자모는 돼지고기를 소로 넣는 한족의 음식이기 때문입니다. 산시지역에는 무슬림을 신봉하는 회족들이 집단 거주하여 할랄 레스토랑이 많습니다. 중국어로는 칭전(清真) 레스토랑이라 부르는데 돼지고기나 술을 팔지 않고 양이나 소고기를 위주로 요리합니다.

양의 진국 고기의 탐미

시베이양탕 西北羊汤

중국요리에서 양고기는 유구한 역사를 지닙니다. 한자의 아름다울 미(美) 자만 봐도 알 수 있지요. 양(羊) 자와 대(大) 자가 아래 위로 붙어 있는 모양입니다. 아름다움이란 '크고 살찐 양'이라고 인식했습니다. 중국인은 이만큼 양고기에 남다른 애정을 지니고 있습니다. 맛있는 음식을 미식(美食)이라 하고 음식의 맛과 향미를 섬세하게 인지하는 미식가(美食家)라 한다면 양고기는 사랑스러운 존재로 다가오지 않을까요.

중국인들의 양고기 사랑

중국은 수천 년간 양고기를 먹어 왔습니다. 양은 성장과 번식이 빠르고 키우기 쉬워 유목민에게 가장 중요한 자산이자 식재료였습니다. 중국의 베이징, 내몽고, 신장(新疆), 깐쑤(甘肃), 칭하이(青海), 닝샤(宁夏), 산시(陕西), 산시(山西) 등 북방지역에는 모두 자랑할 만한 양고기 요리가 있습니다.

베이징에는 원나라 황실에서 전해 내려온 양고기 샤부샤부 '쏸양러우(酸羊肉)', 양 뼈로 우려낸 탕 '양셰즈(羊蝎子)'가 있습니다. 내몽고지역에서는 양을 통째로 구워 먹는 '카오췐양(烤全羊)', 양갈비를 푹 삶아 양념장에 찍어 먹는 '소우좌양러우(手抓羊肉)'가 있습니다. 내몽고의 후룬베이얼(胡伦贝尔)지역의 양고기는 중국에서도 최상급으로 간주됩니다. 신장에 가면 양고기를 조각조각 잘라 꼬치에 꿰어 구워 먹는 양꼬치와 양고기를 다져 소를 넣은 양고기 군만두 '카오빠오즈(烤包子)'가 있습니다.

양 뼈를 푹 고아 뜨끈하게 국물로 먹는 '시베이양탕(西北羊汤)'은 서북지역 각 민족이 모두 즐기는 양고기탕입니다. 서북지역에는 '6월 6일, 햇보리로 빵을 구울 때 양고기를 끓이게(六月六 新麦子馍馍熬羊肉)'라는 풍습이 전해지기도 합니다.

사실 양은 호불호가 분명한 고기입니다. 좋아하고 싫어함이 극명하여 그저 그래 하는 사람도 없지요. 좋아하는 사람들은 마니아가 되며 싫어하는 사람들은 먹기도 전에 질색을 합니다. 중국의 남방에서는 다양한 양념장의 힘을 빌려 양의 비린내를 잡고 북방에서는 조리법이 단순합니다. 북쪽으로 갈수록 양고기가 신선하고 잡냄새가 없어 단순하게 조리해도 풍미가 좋기 때문입니다.

겨울철 보양식 양탕

그중 시베이양탕으로 불리는 양고기 수프를 소개합니다. 시베이양탕은 한 모금만 마셔도 단전까지 뜨끈해지는 국물입니다. 서북지역 사람들이 겨울을 이겨내는 데 더없이 좋은 음식이었습니다. 양 다리뼈와 뒷다리 고기, 무를 썰어 넣어 6~7시간 푹 우려내면 뽀얀 우윳빛이 감도는 육수가 완성됩니다. 고명으로 양 선지, 두부, 당면, 유채를 데쳐 넣고, 고수, 파, 양고기 편육과 고추기름을 얹어 내옵니다. 고수를 먹지 않는 사람은 미리 이야기를 해야 하지만 함께 드시는 것을 추천합니다. 고수가 있어야 양탕이 완성될 만큼 그 둘은 환상의 궁합이니까요. 시베이양탕은 산시인들이 즐겨 먹는 양러우파오모의 밑 국물이 되기도 합니다. 진한 사골 국물의 맛을 내는 양탕은 겨울철 더없이 좋은 보양식입니다. 아, 그리고 '양꼬치에 칭다오'라는 광고 카피가 있지만 중국에서 양고기에는 무조건 백주를 곁들입니다.

서북지역의 양치기 부부

밀 전분으로 만든 투명하고 쫀득한 면발

량피 凉皮

면식을 좋아하는 사람들에게 산시는 천국입니다. 다양한 스타일의 면발이 먹는 순간을 즐겁게 해주지요. 한국의 여름철 냉면이 있다면 중국에는 량피(凉皮)가 있습니다. '시원한 껍질'이라는 량피는 중국의 길거리에서 흔히 볼 수 있습니다. 중국에는 차가운 면식이 드문데 량피가 대표주자입니다. 량피는 산시성(陕西省)의 음식으로 천여 년의 역사를 자랑합니다.

투명하고 쫀득한 보자기 같은 면을 여러 벌 겹쳐 넙적하게 칼질합니다. 이 면에 오이, 고수, 숙주나물 등 고명을 얹고 간장, 식초, 고추기름, 마늘 물(다진 마늘, 소금을 넣어 우려낸 물), 으깬 땅콩과 함께 비벼 먹는 음식인데요. 쫀득한 식감에 매콤새콤한 맛이 감기니 더위를 잊게 하고 입맛을 돋웁니다. 한국의 비빔 냉면과 비슷하면서도 또 다른 경지입니다.

량피면은 투명한 젤리를 연상시키는데 얼핏 보면 쌀국수와 비슷하지만 밀가루로 만든 음식입니다. 산시는 오래전부터 밀가루를 주식으로 하고 쌀은 매우 귀한 식재료였기에 대중적인 음식 재료로 쓸 수 없었습니다.

젤리를 연상시키는 쫄깃한 면발

면을 씻어 국수를 만든다

량피면 제작과정을 살펴봅시다. 밀가루에 물을 부어 반죽을 만듭니다. 반죽은 약 40분간 발효를 시킵니다. 여기까지는 일반 면식 제조법과 별다른 점이 없어 보입니다. 그런데 잘 발효된 밀가루 반죽에 물을 듬뿍 부어 넣고 빨래하듯이 쓱쓱 비빕니다. 이 과정은 보이는 그대로 '면을 씻는다'라는 의미의 '시멘(洗面)'이라고 합니다. 밀가루의 전분과 단백질을 분리하는 과정입니다. 시멘을 거치면 물은 뽀얀 쌀뜨물 색을 띱니다. 전분을 잃은 반죽은 한쪽에 두고 전분물은 채로 한 번 걸러냅니다. 프라이팬처럼 납작한 용기에 기름을 살짝 먹이고 진득해진 전분 물을 부어 뜨거운 물 위에 얹어 찌면 투명한 량피면이 완성됩니다. 밀가루로 만든 량피면은 쌀국수에 비해 훨

여름철 길거리 음식, 량피

씬 부드럽고 식감이 좋습니다.

전분기가 제거된 밀가루 반죽은 모양을 잡아 쪄내면 쫀득하고 탄력적인 빵으로 탄생합니다. 이를 '멘진(面筋)'이라고 합니다. 밀 글루텐 빵입니다. 멘진은 조각조각 잘라 량피 위에 얹으면 맛있는 고명이 되어 량피면과 조화를 이룹니다.

량피는 산시요리 레스토랑에서 항시 등장하는 요리이며 길거리에서도 데우지 않고 쉽게 먹을 수 있습니다. 량피만으로 뭔가 허전할 땐 러우자모(肉夹馍)를 곁들입니다. 이 둘을 함께 파는 곳이 많으니까요.

Tip 미식가들의 성지, 시안(西安)

시안은 중국 섬서성(陕西省, 산시)의 성도이며, 실크로드의 시작점에 있는 도시이다. 시안은 52개의 소수민족이 살고 있는 다문화 도시로 한족 음식은 물론 소수민족 특색이 짙은 음식들을 모두 맛볼 수 있어 매력이 넘친다. 러우자모(肉夹馍), 량피(凉皮)와 같은 각종 면 요리와 양꼬치(羊肉串), 서우좌양러우(手抓羊肉) 등 가장 전통적인 서북지역 소수민족 음식들을 맛볼 수 있다. 그래서 해마다 중국 미식가들이 성지 순례하듯 끊임없이 몰려든다.

05

면 요리의 고장 섬서의

사오즈면臊子面과 그의 친구들

중국의 지역명 중 '산시'라는 발음은 두 곳입니다. 타이항산을 분기점으로 산의 서쪽은 산시(山西, 산서), 산의 동쪽은 산둥(山东)입니다. 또 하나는 허난성(河南省) 산현(陕县)을 중심으로 서쪽에 위치한 산시(陕西, 섬서)가 있습니다. 두 지역은 황하를 사이에 두고 서로 바라보는데 똑같이 면식으로 유명한 고장입니다. 산서는 면의 육수를, 섬서는 쫀득한 면발을 강조합니다. 여기에서 이야기하고자 하는 면식의 고장은 섬서, 당나라 수도였던 시안(西安)이 있는 바로 그 지역입니다. 이해를 돕기 위해 섬서라고 표기해 봅니다.

중국은 오래전부터 남쪽은 쌀 문화, 북쪽은 밀 문화가 형성되었습니다. 남방인은 쌀밥을, 북방인은 면을 주식으로 먹습니다. 섬서는 그중에서도 대표할 만한 면식의 고장입니다. 옛날부터 쌀이 귀하여 산모에게만 쌀죽을 쒀주는 것이 전부였지요. 밀 중심의 식사를 차려야 했기에 다양한 면 요리를 개발했습니다. 섬서에는 많은 요리들이 있으나 일단 떠오르는 것은 대부분 면식입니다. 유포면, 사오즈면, 비앙비앙면, 마스 등 그 종류만 50여 가지가 넘습니다.

역사가 가장 오래된 면, 사오즈면(臊子面)

사오즈면은 주나라 때부터 즐겨 먹은 면으로 3천 여 년의 역사를 가지고 있습니다. 역사가 가장 오래되었지요. 사오즈면은 섬서성 치산현의 '치산사오즈면(岐山臊子面)'이 가장 정통입니다. 사오즈면은 자박한 국물과 고명이 중요합니다. 매콤하고 구수한 육수에 시큼함이 살짝 돌아 식욕을 돋웁니다.

섬서지방에서는 잔치나 제사, 생일이면 어김없이 사오즈면을 큰 가마에 끓여 손님들을 대접합니다. 며느리가 시집을 오면 면 뽑는 기술을 손님들에게 선보이는데 얇고 길게 뽑아낼수록 솜씨가 좋다고 여깁니다.

사오즈면은 무병장수를 기원하는 장수면에서 비롯되었습니다. 중국은 대부분 지역에서 생일날 '장수면'을 삶아 먹지요. 한국에서 미역국을 먹는 것처럼요. 장수면은 면의 종류에 상관없이 긴 면발이 중요합니다. 대부분의 중국 레스토랑에서 손님 중 생일인 사람이 있다 하면 주인은 기꺼이 장수면을 서비스로 내어 줍니다. 장수면은 면발을 끊지 말고 한 번에 후루룩 삼켜야 무병장수한다고 전해집니다. 면발을 가위로 자르는 행위는 중국에서 상상조차 할 수 없습니다.

사오즈면을 만들 때는 돼지고기를 껍질째 사용합니다. 고기는 얇게 썰어 기름에 볶다가 생강을 넣어 잡내를 없앱니다. 간장, 화자오 등을 가미하고 뭉근한 불에 끓이다가 고춧가루를 넣어 마무리합니다. 그릇에 담을 때는 먼저 육수를 붓고 면발을 넣습니다.

색감의 배합도 매우 중요합니다. 노란색의 계란, 검은색의 목이버섯, 붉은색의 당근, 녹색의 마늘종, 흰색의 두부를 넣어 오색오미를 만듭니다. 이 식재료들은 모두 상서로운 의미가 있습니다. 목이버섯과 두부는 흑백의 분별력을, 계란은 부귀영화를, 당근은 열정의 에너지를, 마늘종의 푸른색은 생기를 의미합니다.

지글지글 기름으로 만든 면 요리, 유포면(油泼面)

사오즈면 다음으로 유명한 섬서의 면식은 유포면입니다. 면 위에 각종 고명을 얹고 지글지글 끓어오르는 기름을 부어 만들어진 면식입니다. 면 위에 데쳐낸 청경채와 배추 등을 얹고 다진 파, 마늘, 고춧가루를 올린 다음 식초 한 방울을 뿌리고 준비를 합니다. 이제 주인공 기름을 맞이할 차례. 웍에 기름을 펄펄 끓여 면 위에 부어주면 불꽃처럼 터지는 소리와 향미가 청각과 후각을 동시에 자극합니다. 유포면을 한입 먹으면 고소한 기름 향이 입안에 가득히 퍼집니다. 유포면은 만들기가 쉬워서 중국의 가정집에서도 흔히 해 먹습니다.

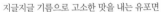

지글지글 기름으로 고소한 맛을 내는 유포면

가장 어려운 한자, 비앙비앙면(𰻞𰻞面)

비앙비앙면은 넓게 뽑는 면발이 특징입니다. 파스타의 페투치네 두 배의 너비, 쉽게 말하면 칼국수와 수제비의 중간 정도라 할 수 있죠. 면 위에 붉고 매운 고추를 얹고 거기에 간장, 두부, 땅콩기름, 마늘, 파, 각종 야채를 썰어 함께 먹는 비빔면입니다. 면발은 허리띠처럼 길고 넓은데 쫄깃한 식감이 일품입니다. 또한 비앙(𰻞) 자는 총 42획으로 중국어에서 가장 획수가 많은 글자입니다. 아마도 중국인도 이 글자를 잘 써내는 사람은 흔치 않을 겁니다. 섬서지역 면 요리에 자부심이 있는 식당은 이 글자를 간판처럼 크게 걸면 광고 효과가 좋습니다.

섬서 면식 비앙비앙면

시진핑 주석과 롄잔 타이완 국민당 명예 주석의 2014년 만남에서 비앙비앙면이 등장했습니다. 두 사람의 부친 모두가 섬서성 출신임을 감안해 마련한 음식이었지요. 시진핑 주석은 롄잔에게 비앙 자 쓰는 법을 가르쳐 주었고 비앙비앙면을 먹으면서 두 사람은 자연스럽게 섬서 사투리를 쓰며 대화를 이어갔다는 일화도 있습니다.

고양이 귀 수제비, 마스(麻食)

마스는 국수 모양이 아닌 밀가루 반죽을 엄지손톱만큼 작게 뜯어 각종 고명이나 육수와 함께 먹는 수제비 같은 음식입니다. 모양이 고양이 귀를 닮아 '마오얼둬(猫耳朵, 고양이 귀)'라고도 부릅니다. 각종 야채와 토마토를 볶아 육수를 내는데 새콤달콤한 맛이 납니다. 마스는 젓가락보다는 숟가락으로 면과 육수를 같이 떠먹는 음식입니다.

매콤달콤 닭볶음요리 신장따판지 新疆大盘鸡

중국 서북지역에 자리한 신장(新疆)은 중국 토지 면적의 1/6을 차지합니다. 7세기 당나라 현장법사가 서천취경(천축에서 불경을 가져옴) 이야기를 담은 『서유기』에 '여인국'으로 등장하며, 고대 중국과 서역의 경제 무역을 이어준 실크로드의 중심지였습니다. 중국 중원에서 실크와 도자기를 메고 온 상인들과 페르시아에서 양탄자와 금은보화를 싣고 온 상인들이 만나 흥성했지요. 당나라의 현장법사, 신라의 혜초스님처럼 부처를 숭앙하여 서역으로 떠난 불교 신자들이 잠시 머물던 곳이기도 했습니다.

돌이켜보면 전설과 같은 이야기지만 신장은 시간이 멈춰 선 것처럼 세월의 나이테를 그대로 간직했습니다. 현재 신장에는 위구르족, 회족, 몽고족 등 47개 소수민족이 거주하며 유목민의 생활 풍속에서 야채보다 소와 양고기, 닭고기 등의 육식을 주로 합니다.

신장에서 먹는 후난의 매운맛

따판지(大盘鸡)는 신장에서 양꼬치 다음 유명한 요리입니다. 비린내가 덜하고 향신료가 강하지 않아 타지 사람들도 선호합니다. 커다란 접시에 붉은 양념으로 볶아져 나온 모습이 한국의 안동찜닭과 흡사합니다.

닭고기는 한입 크기로 작게 썰어 감자, 피망 등의 야채와 볶아냅니다. 매콤달콤 양념의 자박한 육수는 쫄깃한 닭살로 스며 들어가 폭발적인 감칠맛을 탄생시키지요. 고기를 다 골라 먹고 남은 국물에 두텁고 넓은 면을 투하합니다. 쫄깃한 면발과 고기와 야채의 진미가 우러난 국물은 극강의 케미를 자랑합니다. 먹고 나서도 그 여운이 오랜 시간 감돌고요.

따판지는 신장에서 가장 유명한 요리지만 엄밀히 말하면 전통 요리는 아닙니다. 1970년대 신장지역을 개혁하고 발전시키고자 중국 정부는 후난, 상하이 등지의 지식 청년들을 대거 신장으로 이주시켰습니다. 그들 대부분은 신장에 뿌리를 내리고 살았으며 이들을 따라 중원의 수많은 음식 문화가 신장으로 전해졌습니다.

고추 향이 스쳐지나가듯 은은하게 맵다.

따판지는 후난과 신장요리의 접목입니다. 매운맛을 즐기는 후난 사람들이기에 고추가 빠지지 않지만 칼칼하거나 자극적이지 않으며 고추 향이 스쳐가듯 은은한 매운맛입니다.

따판지는 신장 사완(沙湾)지역을 오가던 화물차 기사의 주문에 의해 만들어졌다 합니다. 별다른 요리 없이 따판지 하나에 면 1인분만 추가하면 푸짐한 한 끼 식사를 끝낼 수 있어 이 지역 기사들 사이에서 인기 메뉴로 소문나다가 전국으로 퍼지게 되었습니다. 따판지는 신장의 사완지역이 가장 유명하지만 전국에 퍼져 있는 신장요리 전문점이라면 모두 맛볼 수 있습니다.

Tip 신장의 맛

땅이 넓고 풍부한 일조량을 자랑하는 신장에는 양꼬치, 따판지뿐만 아니라 수많은 특산품이 전국적으로 유명하다. 신장의 당도 높은 멜론, 포도, 토마토, 아기 주먹만 한 대추, 호두 등 농산물은 모두 중국에서 으뜸가는 품질을 자랑한다.

중국제일면, 소고기 탕면의 원조

란저우라면兰州拉面

요즘 한국에서도 우육탕면이 인기를 누리고 있는데 이 음식의 원조는 란저우라면이라고 할 수 있습니다. 중국에서 가장 널리 알려진 면식으로 '중화제일면'이라는 명예가 있지요. 란저우라면은 푸짐한 양에 가격도 저렴하여 누구나 배불리 먹을 수 있는 음식입니다. 본고장에 가지 않더라도 중국 전역에서 쉽게 찾아 먹을 수 있고요.

실크로드의 중요한 거점인 란저우는 기운찬 황하가 도시 전체를 가로지릅니다. 1915년경, 회족(이슬람) 남자 마바오즈(马保子)가 노상에 가게를 열어 소와 양의 간으로 육수를 낸 맑은 소고기 탕면을 팔았습니다. 호구지책으로 시작한 란저우라면은 큰 인기를 얻어 전 중국으로 전해졌습니다. 회족들이 많이 모여 사는 란저우에는 1,000여 개의 칭전(清真)이라 불리는 할랄푸드 라면 가게가 있는데 매일 100만 그릇 이상의 소고기 탕면이 팔립니다.

수타로 뽑은 명품 면발

제대로 된 란저우라면 전문점은 주문과 동시에 수타면을 뽑습니다. 란저우라면의 생명은 수타면에 있습니다. 면발은 비단실처럼 얇은 것에서부터 부추만큼 넓적한 것, 허리띠만큼 굵은 것까지 7단계로 나뉘며 손님은 취향에 따라 주문할 수 있습니다. 반죽은 여든한 번 치대고 발효와 숙성을 거치지요. 주먹 정도의 크기로 성형하여 면 뽑기가 시작됩니다. 면사부는 늘리고 접고 밀고 당기는 현란한 솜씨로 면 가닥을 뽑아냅니다. 오랜 기간 갈고닦은 제면기술에 팔 근육의 에너지가 더해져 명품 면발이 탄생합니다.

육수는 소와 양의 간, 무를 넣어 푹 고아냅니다. 맑고 따뜻한 육수를 면

면사부는 현란한 솜씨로 면 가닥을 뽑아낸다.

발에 붓고 두툼한 소고기 편육을 고명으로 얹으면 일단 완성. 그 위에 고수와 파, 고추기름을 듬뿍 올리는 것이 맛의 절정입니다.

일청이백삼록사홍오황

훌륭한 란저우라면을 만들기 위해서는 '일청이백삼록사홍오황(一清二白三绿四红五黄)'의 원칙을 지켜야 합니다. 첫째는 맑은 탕, 둘째는 흰 무, 셋째는 녹색의 고수, 넷째는 붉은 고추기름, 다섯째는 노란 면발이라는 의미입니다.

면을 떠먹기 전에 뜨거운 국물을 마셔보시기 바랍니다. 후루룩 시원하게 전해지는 국물의 푸근함에 가슴이 후련해집니다. 그때 면을 들어 올려 목구멍으로 쑥 들이밀면 온몸의 세포가 살아나는 듯한 생동감을 체험합니다.

중국에는 란저우라면집이 한국의 김밥집처럼 동네마다 있습니다. 대형 체인점은 전국 각 지역에서 찾아볼 수 있으며 재야의 고수들이 지역마다 라면집을 운영합니다. 라면집이 너무 많아 들어가기 망설여진다면 우선 할랄 마크가 있는 곳을 선택하세요. 초록색 마크에 이슬람 문자가 써 있다면 기본 이상은 하는 집입니다.

양꼬치까지 구워 파는 라면집을 만났다면 운수가 좋은 날입니다. 양꼬치와 란저우라면은 찰떡궁합입니다. 거기에 파이황과(拍黄瓜)라고 불리는 오이무침이나 감자무침을 함께 먹으면 느끼함을 달랠 수 있습니다. 고수가 듬뿍 들어가니 이를 즐기지 않는다면 주문 시 미리 말해 두어야 합니다.

Tip 마즈루 니우러우미엔(马子禄牛肉面)

1954년부터 지금까지 성업 중인 마즈루 니우러우미엔(마즈루 우육면)은 100년 전통을 이어온 란저우라면의 원조이다. 간판에 쓰인 '중화노자호(中华老字号)' 마크에서 브랜드의 오랜 세월과 자부심이 느껴진다. 중화노자호는 중국 정부에서 100년 이상 된 브랜드에 수여하는 인증이다. "냄새만 맡아도 달리는 말에서 내리게 만든다"라는 마즈루 니우러우미엔은 란저우 현지에서도 3대 명물로 꼽힐 만큼 유명하다. 소의 사골과 양지, 무로 우려낸 맑은 국물은 한국인의 입맛에도 잘 맞다. 수타면은 쫄깃한 식감이 살아 있고 씹을수록 고소하다. 육수는 항시 뜨끈하고 면과 육수를 따로 끓이므로 텁텁하지 않고 담백하다. 수타면은 살짝 덜 익은 상태에서 그릇에 옮겨 뜨거운 육수와 결합하는데 그 타이밍의 조절이 바로 요리사의 기술이다.

05

华中·华南

화중·화남지역

허난(河南), 후베이(湖北), 광시(广西), 하이난(海南)

남과 북,
음식 문화의 대단결

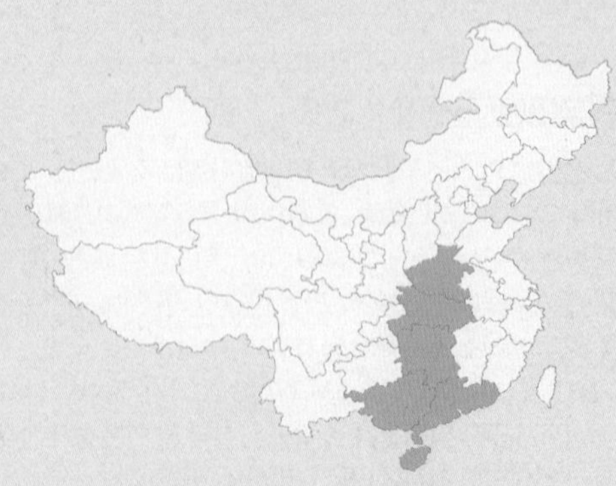

장강을 끼고 사는 화중지역은 물산이 풍부합니다. 『초한지』의 땅, 수많은 무협지에 등장하는 '중원'이 바로 이 지역입니다. 중국의 남과 북을 가르는 화이허(淮河), 친링(秦岭)이 위치해 있는 지리적 특색 때문에 벼와 밀이 공존합니다. 화중지역은 남과 북의 음식 문화를 아우르며 통합된 맛을 선보입니다.

화남지역은 광둥지역을 중심으로 음식 문화가 매우 발달한 곳입니다. 아열대 기후에 바다와 인접하니 강우량이 생명을 키우기에 충분합니다. 기후와 지리조건이 가져다준 풍부한 식재료를 바탕으로 다양한 조리법이 개발되었습니다.

중국식 참깨장 비빔면

러간면 热干面

중국어에서 면(面)이라는 말은 본래 밀가루를 의미하지만 밀가루도 면이라 하고 국수도 면이라 합니다. 밀가루의 본질은 곧 국수라는 인식입니다. 서양에서 밀로부터 빵을 발전시켰듯이 중국에서는 면을 다양하게 연구했습니다. 중국인의 밥상에 면은 빠질 수 없는 주식이었죠. 면의 탄생이 언제부터인지 뚜렷하지는 않지만 중국의 거의 모든 지역에서는 대표할 만한 특별한 면이 있습니다.

우한 사람들의 소울푸드

중국의 면 4천여 년의 역사 동안 탕면의 발달이 두드러졌습니다. 그런데도 유독 사랑받는 비빔면이 있으니 바로 짜장면과 우한의 러간면(热干面)입니다. 우한은 중국 내륙의 중심에 자리한 도시입니다. 러간면은 우한인들의 소울푸드라 이 음식을 빼고 우한(武汉)을 이야기할 수 없을 정도입니다. 우한 사람들은 일 년 365일 아침을 러간면으로 먹을 수 있을 정도로 이 면을 사랑합니다.

미리 삶은 국수를 참기름으로 코팅해 두었다가 먹을 때마다 끓는 물에 데쳐냅니다. 그 위에 참깨장으로 맛을 내고 파, 고수 등 고명을 얹어 비벼 먹습니다. 참깨장과 파의 향긋함이 어우러져 고소함이 치명적입니다.

우한은 무더운 기후로 충칭(重庆), 난징(南京)과 함께 중국의 3대 화로(火炉)라 불립니다. 자연히 뜨거운 탕면보다는 비빔면을 선호하게 되었고요. 그중 러간면은 현장에서 면을 삶지 않아도 되어서 언제 어디서든 해 먹을 수 있었습니다.

고소한 참깨장의 맛

러간면 장수들은 순식간에 한 그릇을 만들어냅니다. 미리 삶아둔 면을 대나무 조리에 담아 뜨거운 물에 휘휘 저어가며 스리슬쩍 데쳐냅니다. 국수의 물기를 탁탁 털어낸 후 참깨장 한 국자를 듬뿍 담아 줍니다. 참깨장은 러간면의 영혼입니다. 참깨장의 고소한 향이 면 그릇보다 앞서 코로 달려오기에 손님들은 주문해 놓고 미리 침샘에 시동을 켭니다. 파, 고수를 얹어낸 소박한 국수 한 그릇이 눈앞에 바로 대령됩니다. 국수에 참깨장을 쓱쓱 비벼서 고추기름을 서너 방울 휘둘러 먹으면 러간면의 매력으로 순식간에 빠져듭니다.

우한 사람들의 삶에서 빼놓을 수 없는 러간면

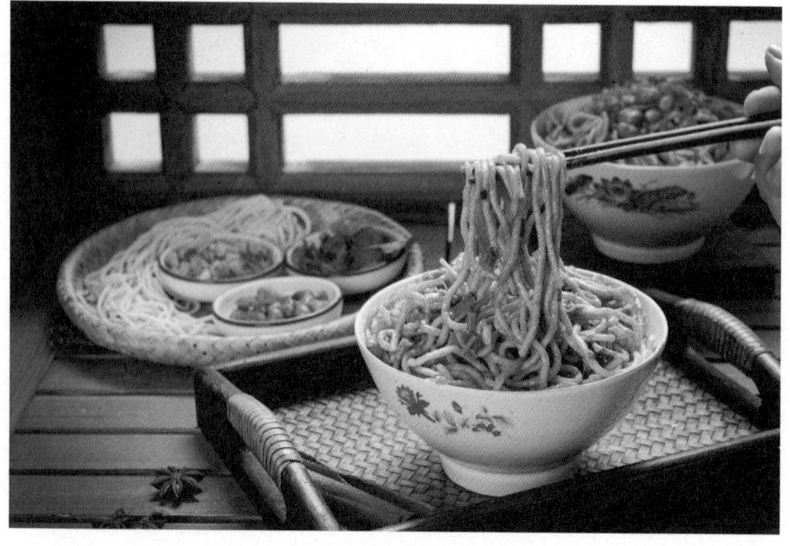

중국인들은 아침 식사를 대부분 밖에서 사먹습니다. 우한 사람들도 아침을 러간면으로 해결하지요. 주문하자마자 나오는 신속함, 푸짐한 양에 자극적이지 않은 맛까지 러간면은 질리지 않는 매일의 친구입니다. 러간면 한 그릇에 두유도 참 잘 어울립니다. 우한 사람들은 버스를 타거나 길을 걸으면서도 러간면을 먹을 수 있는 워킹식의 신공을 보여주기도 합니다.

Tip 삼국지 오나라의 땅, 우한

우한은 중국 후베이성(湖北省)의 성도이며 거주 인구 1,100만 명으로 중국 중부에서 인구가 가장 많은 도시이다. 춘추전국 시기 초나라의 땅이었으며 삼국지의 오나라, 손견이 사망한 곳으로도 알려져 있다. 원래 우창(武昌), 한양(汉阳), 한커우(汉口)의 3개 도시였다가, 1926년 우한이라는 이름으로 통합되었다. 신해혁명의 진원지로 청조의 멸망에 결정타를 날린 곳이기도 하다. 대한민국 임시정부도 1937년 잠시 우한에 머물렀다가 충칭(重庆)으로 이전했다.

매콤하고 얼얼한 오리목절임

야보즈 鸭脖子

굳이 8대 요리에 속하지 않더라도 중국은 각 지역마다 대표적인 요리 하나씩은 가지고 있습니다. 그런데 유독 우한(武汉)은 요리에서 맥을 못 추었지요. 초나라의 본고장이자 유서가 깊고 굵직한 역사적 사건의 배경이 되었던 곳인데도 말입니다. 그런 우한을 단번에 프랜차이즈 창업의 교두보로 만들어준 음식이 있습니다. 바로 '야보즈(鸭脖子)'라고 불리는 오리목절임입니다.

국민 간식, 야보즈

중국의 아파트나 유동인구가 많은 지역, 특히 기차역이나 지하철역, 야시장, 쇼핑센터 등에는 어김없이 야보즈 가게가 하나쯤 있습니다. 야보즈를 한입 베어 물면 입에서 불꽃이 뿜어지는 듯합니다. 맵고 얼얼하고 중독성이 강하고요. 매운맛은 쓰촨이나 후난의 매운맛과 또 다른데요. 간장에서 탄생하는 차가운 매움입니다. 쉽게 표현하자면 맵고 얼얼한 간장치킨 같다 할까요.

야보즈는 한국의 치킨처럼 식당에 앉아서 먹기보다는 포장하거나 배달시켜서 먹습니다. 밤에 출출할 때 야식으로 안성맞춤이지요. TV 앞에서 먹는 야보즈와 맥주는 꿀맛입니다.

오리목은 근육 운동이 활발하고 뼈가 치밀하여 뜯어먹는 식감이 좋습니다. 우한 사람들은 야보즈를 '먹는다'고 하지 않고 '줘(嘬, 쪽쪽 빤다)'라고 표현합니다. 목뼈에 붙은 살점을 뜯은 후 골수까지 빨아 먹고 마지막으로 손가락에 묻은 양념장까지 쪽쪽 빨아야 야보즈를 제대로 먹는 것입니다.

오리, 모든 부위 포장 가능합니다

야보즈는 콜드디시입니다. 양념장을 만들 때는 고추, 화자오, 팔각, 계피, 간장 등 온갖 재료를 넣고 푹 끓여서 양념장의 맛이 뼛속까지 침투되도록 합니다. 야보즈는 거의 하루 동안 육수에 담가 둡니다. 야보즈 전문점에 가면 오리목을 통째로 전시해두는데 오리목이 이렇게 길었음을 새삼 느끼게 됩니다. 손님이 주문하면 먹기 좋게 툭툭 잘라줍니다. 오리목뿐만 아니라 머리, 발바닥, 내장, 혀, 날개, 똥집 등 오리 한 마리의 온갖 부위가 동일 양념장에 조리되어 있습니다. 미리 잘 절여놓고 도시락 팩에 진공 포장해 테이크아웃이 편리하도록 준비해 주기도 합니다. 차가운 요리이기에 별도로 데우거나 조리할 필요도 없습니다. 오리고기뿐만 아니라 미역절임, 두부, 연근 등과 같은 야채들도 인기가 많습니다.

사실 야보즈는 1990년에 들어서야 탄생한 요리입니다. 우한 출신 양라지우(杨腊九)가 쓰촨에 가서 요리를 배우다가 쓰촨의 맛 마라를 우한의 흔한 식재료인 오리목에 접목시켜 개발한 것입니다. 그는 오리의 각종 부위를 조리해 먹고 쓸모 없어 버려지던 오리목을 싼값에 사서 각종 양념을 넣은 육수에 푹 끓여내어 야보즈를 만들어냈습니다. 야보즈는 순식간에 우한에서 인기를 끌었고 우한의 징우루(精武路)라고 하는 지역에는 무수히 많은 야보즈 전문점이 생겨 지금도 "중국 야보즈 1번지"로 불리고 있습니다.

폭발적인 인기에 야보즈는 소규모 창업 프랜차이즈로 크게 각광을 받았습니다. 참고로 중국 야보즈 브랜드인 저우헤이야(周黑鸭)는 전국에 700여 개의 매장을 가지고 있으며 2016년 홍콩 증시에 상장하기까지 했습니다.

퇴근길에 야보즈 한 팩을 사 들고 와 준비한 비닐장갑을 두 손에 착용합니다. 보고 싶은 드라마를 켜 놓고 입으로는 목살을 부지런히 뜯고 있으니 맛과 재미가 동시에 몰려옵니다. 전율이 느껴질 정도로 화끈한 매운맛, 몸의 스트레스는 날아간 지 오래지요. 목뼈에 붙은 살을 떼어먹다가 입술은 마라의 맛에 얼얼하지만 맥주 한 모금에 온 세상이 시원합니다.

맥주와 궁합이 좋은 야보즈

03

여덟 가지 축복을 담은 명절 음식

빠바오판 八宝饭

중국인은 숫자 8을 신봉합니다. 붉은색을 선호하는 것과 마찬가지로요. 전화나 차 번호는 8자가 하나 이상 들어가야 하고 연속해서 붙으면 비싼 돈을 내고서라도 쟁취합니다. 경매에 부치기도 하죠. 아파트 분양 시 8층은 프리미엄이 붙습니다. 숫자 8이 인기 있는 이유는 돈을 번다는 파차이(发财)의 파(发)와 발음이 같기 때문입니다.

8에 대한 사랑은 음식 문화에도 반영됩니다. 빠바오차이(八宝菜, 팔보채), 빠바오판(八宝饭, 팔보밥), 빠바오차(八宝茶, 팔보차) 등 먹기만 해도 부자가 된 것 같은 기분 좋은 요리들이 있습니다.

설날 음식, 빠바오판

8가지 식재료를 넣어 만든 빠바오판은 후베이 징저우(荆州)지역에 기원을 둔 음식입니다. 현재는 중국 전역에서 설음식으로 먹지요. 설날에 빠바오판을 먹으면 한 해가 풍요로우리라 믿습니다. 빠바오판은 맛이 달콤하여 먹는 내내 행복감이 들고요.

빠바오판은 오랜 역사를 자랑합니다. B.C. 12세기경 서주(西周) 주무왕(周武王)은 공적이 뛰어난 8명의 장수를 표창하고자 연회를 베풀었는데 그때 오른 것이 빠바오판입니다. 빠바오판은 찹쌀, 구기자, 대추, 연자, 율무, 용안, 체리, 계수나무 시럽의 8가지 재료를 넣고 만듭니다. 찹쌀이 주가 되어 한국의 약식과 비슷하지만 색이 하얗고 팥소를 넣는 점에 차이가 있습니다. 설탕과 시럽을 넣어 달콤하고 고명으로 들어가는 재료들이 예뻐서 케이크 같은 모양입니다. 주식보다는 디저트로 즐기면 좋지요.

빠바오판은 찹쌀이 메인이 되며 나머지 재료는 열려 있습니다. 대추나 연자 등 상서로운 의미의 재료들은 꼭 넣어주고요. 우선 찹쌀을 불려 밥을 짓습니다. 밥이 완성되면 돼지기름과 설탕 또는 시럽을 넣고 주걱으로 저어 줍니다. 케이크 틀처럼 둥그렇게 생긴 사발에 돼지기름을 살짝 코팅하고 고명으로 들어갈 재료와 말린 과일을 깔아 줍니다. 사발에 어느 만큼 찰밥을 채운 후 중앙에는 구멍을 내어 주먹만 한 팥소를 넣습니다. 다시 찹쌀로 팥소가 보이지 않도록 잘 덮어주고 테이블에 낼 때는 큰 접시에 뒤집어 케이크 모양을 완성합니다.

석가모니 성도일에 먹는 빠바오저우

한 해를 마무리하는 빠바오저우

빠바오판뿐만 아니라 빠바오저우(八宝粥, 팔보죽)도 유명한 명절 음식입니다. 섣달 초파일(음력 12월 8일), 석가모니 성도일(腊八节, 납팔절)을 기리며 8가지 이상의 곡물로 죽을 쑵니다. 초 7일 곡물의 껍질을 벗겨 물에 불린 후 8일 아침 부처님께 올리고 점심 전에 식구들과 나누어 먹지요. 송나라 때 석가모니 성도일에 칠보오미죽(七宝五米粥)을 끓여 스님들께 드리던 예법에 기원합니다.

납팔절은 중국에서 매우 중요한 명절입니다. 납팔절을 기점으로 새해맞이 준비가 시작되니까요. 사악한 기운을 물리치는 팥을 메인으로 멥쌀, 좁쌀, 찹쌀, 보리, 율무, 녹두, 대두, 완두, 대추, 연자, 구기자, 밤, 호두, 말린 과일 등 다양한 재료로 죽을 끓입니다. 또한 이날은 마늘을 식초에 절이고 설날이 되면 만두와 먹기도 하는데 납팔절에 담근 마늘은 '라빠솬(腊八蒜)'이라고 합니다.

여담입니다만 중국인들과 비즈니스를 하거나 인연을 맺을 때 8자에 신경을 써주면 매우 좋아합니다. 예를 들어 식사 때 요리를 8개로 맞춘다거나 축의금을 낼 때 8자에 맞추는 등 세심하게 마음을 쓰면 상대방에게 큰 감동으로 다가갑니다.

대륙을 휩쓴 핵인싸템 쌀국수

뤄쓰펀螺蛳粉

중국의 최남단, 광시좡족자치구(广西壮族自治区) 리우저우시(柳州市)는 대부분의 중국 사람들조차 들어본 적 없는 작은 도시입니다. 그런데 이 동네 사람들만 즐기던 음식 하나가 2012년 중국 CCTV의 다큐멘터리 〈혀끝으로 만나는 중국(舌尖上的中国)〉에 약 10초간 등장하더니 전국을 휩쓰는 초대박 아이템으로 거듭났습니다. 그 요리의 이름은 뤄쓰펀(螺蛳粉)이라고 합니다.

뤄쓰펀은 다슬기를 끓인 육수에 쌀국수를 넣어 먹는데 음식물 쓰레기의 쿼쿼한 냄새가 진동하여 보통 사람들이 접근하기 힘든 요리입니다. 고약한 냄새가 나지만 먹어보면 중독성이 강해서 이 요리는 온라인상의 여러 먹방러들이 한 번씩 도전해보는 음식이 되었습니다. 방송의 인기와 함께 실검 리스트 우위도 차지했지요. 뤄쓰펀은 국경을 넘어 일본, 한국, 서양 등 해외 크리에이터들에게까지 이름을 알렸습니다. 누군가가 의도적으로 작은 시골 마을의 쌀국수를 위해 이런 마케팅을 펼쳤다면 그는 분명 천재였을 것입니다.

로또 맞은 쌀국수

신이 내린 행운은 순식간에 작은 마을을 들끓게 했습니다. 사람들은 그 신비로운 맛이 궁금하여 리우저우를 찾았고, 집을 떠난 리우저우 사람들의 향수를 달래기 위해 차려진 작은 뤄쓰펀 가게들은 폭발적인 인기에 그저 당황하기만 했습니다.

전국의 사업 감각이 번뜩이는 사람들은 뤄쓰펀 프랜차이즈를 내기 위해

돈 보따리를 싸 들고 리우저우를 찾았습니다. 급기야 인스턴트 식품으로도 대량 생산되었지요. 리우저우에는 삽시간에 50여 개의 뤄쓰펀 공장이 들어섰고 200여 개의 브랜드가 생겼으며 2018년 뤄쓰펀 가공업 판매량이 한화 약 6,825억 원을 넘어섰습니다. 이 모든 것이 이루어지기까지 불과 4~5년, 그 어떤 요리도 뤄쓰펀이 이룬 최단기간의 기록을 깰 수 없을 듯합니다.

다슬기 육수 쌀국수

뤄쓰펀은 돼지 뼈와 신 죽순, 다슬기를 넣어 진하게 육수를 냅니다. 재료의 조합만 봐도 대략 국물의 냄새가 느껴지지요? 호불호가 극명한 맛에 매우 특이한 냄새가 나기에 처음 시도는 정말 힘듭니다. 그런데 청국장도 그러하듯 처음을 극복하면 묘한 중독성이 있습니다. 돼지 뼈의 구수함과 죽순 절임의 오묘한 산미, 다슬기의 개운함까지 육수는 뤄쓰펀에 진한 여운을 선사했습니다.

뤄쓰펀은 쌀국수보다 훨씬 쫀득합니다. 쌀 70%에 옥수수 전분과 밀가루를 배합하여 반죽합니다. 뤄쓰펀에 앞서 꾸이린미펀(桂林米粉)이라는 리우저우 옆 동네 평범한 쌀국수가 훨씬 널리 알려져 있었습니다. 지금쯤은 너도나도 간판을 바꿀지도 모르겠네요.

뤄쓰펀은 다슬기 육수에 쌀국수를 넣고 토핑으로 땅콩, 무절임, 파, 야채, 목이버섯, 죽순을 얹어 먹습니다. 진한 육수를 빨아들인 쌀면은 보드랍게 쫀득하고 땅콩은 오독오독 무절임은 아삭아삭 입체적인 즐거움에 춤추듯 한 그릇 금방 비워냅니다.

이제 중국 전역에 뤄쓰펀 전문점이 있고 인스턴트 라면으로도 앱으로 배달 주문도 가능하여 언제라도 즐길 수 있습니다. 살면서 리우저우까지는 방문하기 어렵겠지만 당장 뤄쓰펀에 도전할 수 있으니 여행처럼 신나는 일입니다.

Tip 중국식 원조 쌀국수, 꾸이린미펀(桂林米粉)

중국에서 가장 널리 이름을 알린 쌀국수는 사실 꾸이린미펀이다. 꾸이린미펀은 꾸이린지역의 음식으로 뜨끈한 육수가 인상적이다. 졸깃한 면발과 오도독 씹히는 땅콩, 고소한 고기의 맛이 어우러져 거부감없이 즐길 수 있다.

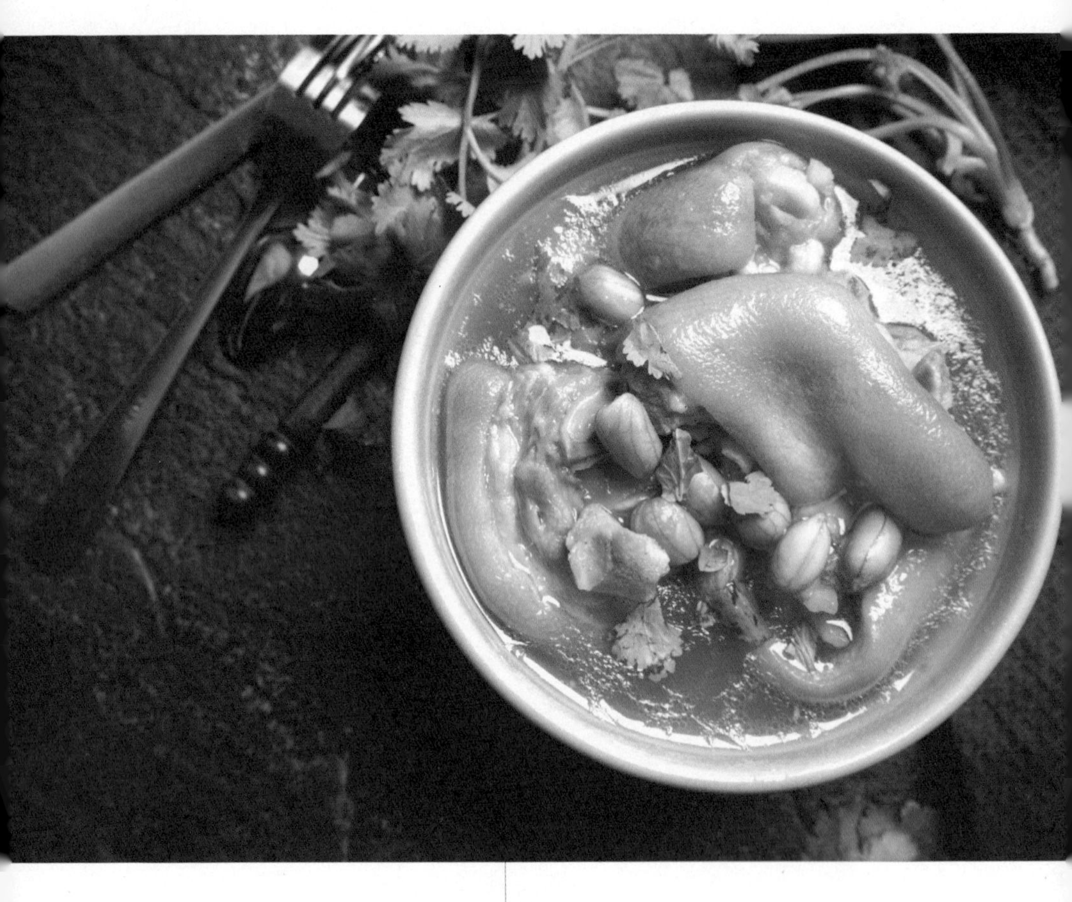

05

족발과 콩을 푹 고아낸 보양식

황더우먼주티 黄豆焖猪蹄

족발은 한국을 비롯하여 세계 각국에서 즐겨 먹습니다. 독일의 슈바인학센, 태국의 카우카무 덮밥이나 일본의 데비치 소바 등이 대표적이지요.

중국에서도 족발은 매우 훌륭한 식재료로 지역별로 다양한 요리를 해 먹습니다. 광둥에는 새해의 행운을 기원하는 설음식으로 달콤새콤한 맛의 '바이윈주서우(白云猪手)'가 있습니다.

상하이에는 오향장육과 비슷한 맛의 '펑징딩티(枫泾丁蹄)'가, 쓰촨에는 '마라족발(麻辣猪蹄)'이 마니아층을 형성하며 전국적인 인기를 얻고 있습니다. 한국식 족발의 원조 격인 '오향족발(五香猪蹄)'은 어느 지역 할 것 없이 중국 전역에서 즐기는 요리입니다.

산모를 위한 영양식

그중 황더우먼주티(黄豆焖猪蹄)는 족발의 영양적 가치를 최고로 끌어올린 요리입니다. 황더우는 '대두'를, 주티는 '족발'을 의미합니다. 객가요리에

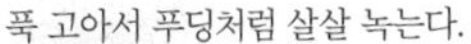
푹 고아서 푸딩처럼 살살 녹는다.

기원을 두며 불린 콩과 족발을 함께 넣고 푹 고아냅니다. 콩과 족발을 함께 끓이면 콩단백과 콜라겐의 소화 흡수율이 좋아집니다. 산모에게 이 요리를 해주면 모유가 잘 나온다 하여 한국의 미역국처럼 산후조리에 빠지지 않습니다.

황더우먼주티는 워낙 푹 고아내서 푸딩처럼 살살 녹습니다. 입에 넣는 순간 껍질이 녹진하며 육즙을 잔뜩 머금은 고기도 혀를 부드럽게 감싸 안지요. 껍질에 살코기가 순식간에 녹아들며 목으로 미끄덩 빨려 들어가는데 소스의 감칠맛이 여운으로 맴돕니다.

황더우먼주티에 들어가는 식재료들

단백질과 콜라겐의 만남

중국의 가정에서도 자주 해 먹을 만큼 레시피는 간단합니다. 콩은 깨끗이 씻어 전날 미리 불려 둡니다. 족발은 깨끗이 손질하여 먹기 좋게 토막 냅니다. 족발을 찬물에 넣고 센 불에 팔팔 끓여 핏물이나 불순물을 제거합니다. 웍에 기름을 붓고 약불에 빙탕(얼음 설탕)을 끓여 캐러멜화시킵니다. 캐러멜에 족발을 넣어 충분히 볶으면 껍질이 커피색으로 윤기가 돕니다. 중국요리의 삼총사 생강, 파, 마늘을 넣고 볶다가 화자오, 향엽, 팔각, 계피를 넣고 계속해서 볶습니다. 간장을 추가하여 볶다가 족발이 잠길 정도로 물을 충분히 붓고 센 불에 40분간 끓여냅니다. 미리 불려둔 콩을 함께 넣고 다시 20분간 끓입니다. 국물이 졸여지면 드디어 황더우먼주티가 완성됩니다. 국물을 충분히 내어 탕처럼 해 먹기도 합니다. 국물에 족발의 영양 성분이 녹아들어 맛있는 보양식이 됩니다.

Tip 오향족발

우샹주티(五香猪蹄)라고 부르는 오향족발은 중국의 가정에서 자주 해 먹는 요리이다. 돼지 족발을 깨끗이 씻어 반으로 자른 후 뜨거운 물에 데쳐낸다. 그다음 기름을 둘러 생강을 볶다가 족발을 넣어 센 불에 볶는다. 잠기도록 물을 부어 계피, 회향, 간장, 설탕, 황주, 땅콩을 넣고 센 불에 끓여 다시 약한 불에 2시간 정도 졸여내면 맛도 좋고 빛깔 고운 중국식 오향족발이 완성된다.

06

치킨라이스의 원조

하이난지판 海南鸡饭

중국의 최남단에 위치해 있는 하이난(海南)은 닭고기 사랑이 유별납니다. "닭요리가 빠지면 잔치가 아니다(无鸡不成宴)"라고 할 정도입니다. 그들은 설날부터 보름까지 하루도 빠짐없이 닭고기를 먹습니다. 닭은 중국어로 '지(鸡)'라고 발음하는데 상서로움을 의미하는 '길(吉)'의 중국어 발음과 같기 때문입니다. 그래서 명절에도 잔치에도 닭을 빠뜨리는 법이 없습니다.

둘째라면 서러운 닭고기 사랑

중국에서는 누가 닭고기를 제대로 먹는지 하이난 사람과는 절대 겨루지 말라고 합니다. 그들이 닭은 고르는 기준은 다양합니다. 소·중·대로 나누는 것은 기본이요, 초원에 풀어 키운 토종닭을 선호하며 그중에서도 첫 알을 낳은 암탉을 최고로 칩니다. 설에는 거세 수탉을 먹어야 합니다. 거세한 수탉은 호르몬이 감소되니 쓸데없이 싸우지 않고 잘 먹고 잘 잡니다. 자연스럽게 껍질은 얇아지며 육질은 두텁고 연하게 형성됩니다.

하이난의 유명한 닭요리 하이난지판(海南鸡饭)을 소개합니다. 치킨라이스의 원조 격으로 하이난뿐만 아니라 싱가포르와 동남아지역까지 퍼져 있습니다. 보드랍게 익혀 조각낸 닭고기, 닭기름이 반지르르한 쌀밥, 국물이 나오고 여기에 3가지 소스가 곁들여집니다.

하이난지판은 하이난 원창(文昌)에서 시작된 요리입니다. 20세기 초 동남아시아로 이주해간 원창 사람들은 닭고기와 밥을 죽통에 넣고 행상을 하며 생계를 유지했습니다. 그 음식이 세계적으로 유명한 아시아의 풍미가 되었고, '치킨라이스'라는 이름으로 싱가포르의 대표 메뉴까지 올랐습니다.

하이난의 명물, 닭고기밥

하이난지판의 닭고기는 보통 80% 정도만 익힙니다. 닭다리에 핏기가 감돌고 껍질과 고기 사이에 콜라겐이 탱글탱글 살아 있어야 제대로 된 요리입니다. 닭을 익힌 후 얼음물 냉수마찰을 하면 단백질이 응축되어 더욱 쫀득한 식감을 연출할 수 있습니다.

쌀밥은 닭 육수로 지어냅니다. 쌀알에 닭고기 기름이 스며 들어가 표면에 윤기가 감돌고 씹으면 알알이 통통 터집니다. 별다른 반찬이 없이 간장만 뿌려도 고소하게 맛있고요.

하이난지판은 곁들이는 소스가 매우 중요합니다. 간장, 고추, 생강 3가지 소스가 함께 나옵니다. 간장 소스는 쌀밥에 슬쩍 뿌려 먹습니다. 생강 소스는 다진 생강에 참기름과 닭기름이 들어 있고 고추 소스에는 다진 고추와 칼라만시즙이 섞여 있습니다. 닭고기의 느끼함을 잡고 풍미를 더욱 올려줍니다.

싱가포르의 대표 메뉴가 된 하이난지판

06

港澳台

홍콩·마카오·타이완지역

홍콩(香港), 마카오(澳门), 타이완(台湾)

세계적인
미식의 천국

홍콩, 마카오, 타이완은 자타가 공인하는 미식의 천국입니다. 1949년 국공내전이 결속되고 대륙 사람들이 대거 이주하면서 대륙의 조리법이 타이완에 집약되었습니다. 중국의 동서남북에서 모여든 사람들은 고향의 맛을 재현해냈고 현지 식문화에 충돌과 융합을 거듭하며 타이완의 맛을 탄생시켰습니다.

1841년 영국에 할양된 홍콩, 1887년 포르투갈에 할양된 마카오가 중국에 반환되기까지 오랜 식민지 역사는 두 도시의 음식 문화를 변화시켰습니다. 이 지역은 광둥요리에 유럽과 동남아 음식 문화가 결합되어 미식의 천국으로 거듭났습니다.

타이완의 대표 면식

훙사오 니우러우미엔红烧牛肉面

타이완요리 중에 가장 대중적인 것은 홍사오 니우러우미엔(红烧牛肉面, 홍소우육면)입니다. 타이완에서는 해마다 국제 니우러우미엔축제(国际牛肉面节)를 진행하여 최고의 우육면을 가려냅니다. 그만큼 타이완 셰프들은 니우러우미엔에 대한 열정과 자부심이 대단합니다.

쓰촨 제대 군인이 만든 우육면

타이완의 우육면은 쓰촨에서 이주한 어느 제대 군인에 의해 만들어졌습니다. 가오숑(高雄)에서 생활했던 군인은 현지에서 나는 콩으로 쓰촨식 두반장을 빚고 황소를 잡아 고기를 마련했습니다. 쓰촨의 풍미가 느껴지는 소고기면을 해 먹으면 두고 온 고향과 가족이 눈앞에 다가온 듯했습니다. 그가 만든 홍사오 니우러우미엔이 바로 오늘날 전 세계로 전파된 타이완 니우러우미엔입니다.

먼저 소고기를 푹 고아 깊은 맛의 만들어냅니다. 큼직하게 썬 소고기와 국수를 푸짐하게 말아냅니다. 오랜 시간 뭉근히 익힌 고기는 입술로도 씹을 만큼 부드럽습니다. 맵지만 자극적이지 않아 속을 시원하게 풀어주지요. 시뻘건 국물의 매운맛은 쓰촨의 마라처럼 얼얼하지도 자극적이지도 않고 오로지 육수의 시원한 감칠맛을 뒷받침할 정도로 조율됩니다.

중국 라면 넘버원, 캉스푸

1978년 중국이 전면적인 개혁개방 정책을 실시한 뒤, 타이완의 딩신그룹(顶新集团)은 대륙에 '캉스푸 홍사오 니우러우미엔(康师傅红烧牛肉面)'이라는 라면을 출시했습니다. 라면 시장이 제대로 활성화되지 않은 대륙에서 캉스푸 훙사오 니우러우미엔은 혜성처럼 등장하며 대륙의 입맛을 사로잡았습니다. 간편하게 끓인 라면에서 깊은 맛의 국물이 나고 중국인들의 입맛에 딱 맞도록 기름지며 면맛이 구수했습니다. 후루룩후루룩 소비자들은 신기한 라면에 열광했습니다. "이제까지 이런 맛은 없었다!" 캉스푸 훙사오 니우러우미엔은 대륙 사람들에게 타이완식 니우러우미엔에 대한 첫인상을 강하게 남겼습니다. 현재 타이완 요식 브랜드가 대거 대륙으로 진출했고 중국인들이 타이완을 어렵지 않게 방문하지만 여전히 빨간 봉지에 담긴 라면의 맛은 타이완을 떠올리는 가장 대중적인 방식입니다.

토마토 우육면, 판체 니우러우미엔

매콤한 홍사오 니우러우미엔과 쌍벽을 이루는 것은 토마토 우육면인 '판체 니우러우미엔(番茄牛肉面)'입니다. 간장을 베이스로 한 깔끔한 사골 육수에 토마토를 넣어 매력적인 산미를 더했습니다. 고기 반 힘줄 반의 푸짐한 소고기는 씹는 맛이 살아 있고 토마토가 통째로 들어가 고기 육수도 산뜻할 수 있음을 보여줍니다.

그 밖에도 니우러우미엔은 여러 가지 맛과 형식이 존재합니다. 칭뚠 니우러우미엔(清炖牛肉面)은 맑은 국물에 파, 고수를 얹어냈습니다. 우육면의 원조인 중국 란저우라면을 닮았지요. 쏸차이 니우러우미엔(酸菜牛肉面)은 백김치와 비슷하 배추절임을 어슷 썰어 고기와 함께 담아냈습니다. 시큼한 절임배추는 니우러우미엔의 느끼함을 개운하게 가셔줍니다. 니우러우미엔은 면발도 우동처럼 굵은 것에서 실오라기처럼 얇은 것까지 만드는 이의 솜씨에 따라 다양합니다. 그러나 진하게 우려낸 시원한 진국의 맛과 아기 주먹처럼 큼직한 소고기가 올려진 형식은 모든 니우러우미엔의 공통분모입니다.

타이완의 소울푸드
루러우판 卤肉饭

미식의 천국이라 불리는 타이완. 서민 음식으로 가장 대표적인 것은 루러우판(卤肉饭, 돼지고기덮밥)입니다. 간장에 잘 졸여진 삼겹살을 조각내어 밥에 비벼 먹는 음식입니다. 이 평범함 속에는 미식의 도시 타이완을 움직이는 저력이 숨어 있습니다.

중국요리에는 루(卤)라는 조리법이 자주 등장합니다. 루는 간장조림과 비슷한데 간장, 팔각, 맛술, 설탕, 오향가루, 후춧가루, 파 등을 넣고 장시간 끓여냅니다. 소, 돼지는 물론 닭이나 오리, 배추, 계란 등 다양한 식재료들을 '루'해서 먹을 수 있습니다. 루로 만든 요리는 단짠이 조화로워 밥반찬으로 그만이며 한 번 해두면 오래 보관할 수 있는 장점이 있습니다.

돼지기름 자르르한 비빔밥

루러우판을 먹을 때는 돼지기름과 양념장이 밥알에 스며들도록 쓱쓱 비벼 줍니다. 야들야들한 돼지고기는 눈처럼 녹아 쌀밥과 혼연일체가 됩니다. 고기맛이 살짝 느끼하면 배추절임이 나서서 절충해 주고요. 제대로 된 루러우판은 돼지고기의 살코기와 비계와 껍질 층이 분명합니다. 타이완 남부는 비계만으로 루러우판을 조리하고 북부에서는 살코기와 지방이 붙어 있는 부위를 사용합니다. 정답은 없습니다. 돼지기름이 자르르한 쌀밥 위에 루딴(卤蛋, 같은 방식으로 졸인 계란)이나 끄트머리가 바삭하게 타들어간 계란 프라이를 하나 얹으면 루러우판 계열에서 고급 버전이 연출됩니다.

타이완으로 이주한 첫 세대들은 낯선 땅에서 맨손으로 삶을 일구어야 했습니다. 가난한 집의 밥상에서 고기는 명절에만 맛볼 수 있는 귀한 음식입니다. 한 토막의 돼지고기를 여러 식구가 나눠 먹으려니 고기는 될 수 있으면 얇게 편 내고 간장과 향신료의 힘으로 진한 맛을 내었죠. 육즙을 한 솥 가득 내어 밥을 비비면 고기를 듬뿍 먹은 것마냥 든든했습니다.

루러우판의 루(卤)는 가끔 산둥을 의미하는 루(鲁)를 쓰는데요. 참고로 타이베이에서 매우 유명한 루러우판 식당은 '진펑루러우판(金峰鲁肉饭)'입니다. 이는 초기 타이완 이민자들이 잘못 표기한 것일 뿐 산둥지역과는 아무런 관련이 없습니다. 자칫 산둥요리에서 유래되었을 것이라고 생각하지만 루러우판은 온전히 타이완에서 만들어진 요리입니다. 결론은 '卤肉饭', '鲁肉饭' 모두 같은 음식이라는 것이죠.

돼지기름과 양념장이 밥알에 스며들어 하나가 된다.

루러우를 듬뿍 얹은 루러우판

03

개인의 취향대로 자유롭게

처자이미엔 车仔面

홍콩의 지인에게 홍콩 음식의 특징을 물었더니 "자유"라고 대답했습니다. 마음대로 골라 먹을 수 있는 자유, 미식의 천국 홍콩은 개인의 취향이 그 어느 곳보다 존중받는 곳입니다. 그런데 자유 또한 난감할 때가 있습니다. 선택의 범위가 너무 다양해서 초행자들은 선택 장애에 봉착하지요.

유연성 만렙의 음식

자유와 대면하는 음식이 있으니 처자이미엔(车仔面, 카트누들)입니다. 서브웨이에서 샌드위치 토핑을 주문하듯 면과 토핑 모두 자신이 선택해야 합니다. 쌀면, 밀면, 넓적한 포, 노란 에그누들 가운데 면을 선택하고, 칸칸이 나누어진 대형 양철 솥에는 온갖 식재료들이 끓고 있습니다. 소고기 양지, 돼지의 고기, 껍질, 선지, 내장, 천엽, 어묵, 피시볼 등등 토핑을 골라야 합니다. 가능한 조합의 수는 수백 가지에 이릅니다.

간택받은 국수는 뜨거운 물에 살짝 데쳐 물기를 탈탈 털어 그릇에 담깁니다. 팔팔 끓는 육수와 선택된 토핑들을 툭툭 얹고 야채와 양념장을 올리면 오직 홍콩에서만 먹을 수 있는, 아니 오직 나만을 위한 처자이미엔이 완성됩니다. 유연성 만렙의 음식이지요. 게다가 5분이면 뚝딱 만들어지는 초스피드를 자랑합니다.

리어카 분식

1950년대 처자이미엔은 리어카에서 팔던 분식이었습니다. 카트에 불을 여러 개 지펴 다양한 식재료를 끓이며 손님이 원하는 대로 내주었습니다.

싼값에 빠르게 먹을 수 있고 무엇보다 입맛대로 골라 먹는 재미에 카트누들은 순식간에 입소문이 퍼졌지요. 밤늦은 퇴근길 사람들은 카트를 찾아 끼니를 해결했습니다. 처자이미엔은 일상이 고되고 주머니가 얇아도 맘 편히 먹게 되는 영혼의 음식이었습니다.

1970년대 이후 홍콩 정부는 길거리에서 무허가로 영업하는 카트누들을 단속했는데 이때부터 음식점으로 들어가게 되었습니다. 이 동네 진씨 아저씨의 리어카는 '진씨 처자이미엔'이 되었고, 저 동네 임씨 아주머니가 하던 리어카는 '임씨 처자이미엔'이 되어 그 명맥을 이었습니다. 이제는 홍콩의 명물이 되었네요.

지금은 처자이미엔 전문점에 가지 않더라도 대다수 홍콩 음식을 파는 식당에서 처자이미엔을 주문할 수 있습니다. 빠르게 만들어진다는 특성 때문에 홍콩이나 중국 내륙의 호텔 조식으로도 자주 등장합니다.

입맛대로 골라먹는 카트누들

04

포르투갈에서 온 디저트

마카오 에그타르트 葡式蛋挞

1887년 포르투갈의 식민지가 되어 1999년 중국에 반환되기까지 마카오는 중국의 문화에 포르투갈의 문화가 더해져 독특한 도시로 거듭났습니다. 또한 광둥지역의 풍부한 음식 문화와 포르투갈요리, 이들을 혼합한 매캐니즈(Macau+Chinese의 합성어) 요리가 탄생했지요.

앤드류 스토우와 에그타르트

마카오를 대표하는 음식으로 에그타르트를 꼽습니다. 마카오 거리를 달콤하게 물들이는 노랗고 작은 보석입니다. 에그타르트는 200년 전 포르투갈의 한 수도원에서 처음 만들어졌습니다. 수도원에서는 계란 흰자로 제복에 풀을 먹이곤 했는데 남아도는 계란 노른자를 어찌할까 고민하다가 에그타르트를 만들어냈습니다. 훗날 에그타르트는 영국인 앤드류 스토우에 의해 마카오에 전해졌습니다. 그는 돼지기름, 밀가루, 계란으로 맛난 타르트를 만들었지요. 거기에 영국식 디저트 제법을 활용해 윗부분을 살짝 그을린 자신만의 에그타르트를 만드는 데 성공했습니다.

1989년 그가 오픈한 '로드스토우 베이커리'는 대박을 터뜨렸고, '푸스단타(葡式蛋挞, 포르투갈식 에그타르트)'는 마카오의 명물이 되어 홍콩과 마카오에서 인기를 끌었습니다.

에그타르트를 한입 물면 페이스트리가 바사삭 부서집니다. 그 속으로 계란찜처럼 부드럽고 촉촉한 토핑에 고소한 우유와 달콤한 캐러멜이 스며듭니다. 하나를 먹을 때쯤 맘 깊은 우울증마저 치료되는 기분이죠. 바삭함에 촉촉함, 녹진함에 달콤함이 잃어버린 감각들을 되살립니다.

Part 3

알아두면 득이 되는
중국요리 정보

01 비즈니스의 첫걸음 중국의 접대 에티켓
02 수천 년의 중국 문화 속 대표 미식가들
03 중국인들이 사랑한 중국의 술, 백주
04 심신을 안정시키는 치유의 힘, 중국의 차
05 중국 명절에 즐기는 다양한 전통 음식
06 고소하고 맛있는 중국의 대표 만두
07 입맛을 돋우는 중국식 애피타이저, 량차이
08 중국에서 대성공을 거둔 패스트푸드 브랜드
09 중국에서 꼭 마셔볼 만한 인기 토종 음료
10 라면의 신세계 중국의 대표 인스턴트 라면
11 중국요리에 자주 등장하는 필수 재료들

01

비지니스의 첫걸음 중국의 접대 에티켓

음식은 주인이 손님에게 베푸는 것이며 이러한 행위 접점에는 '접대'라는 무언의 양식이 존재합니다. 접대문화는 전 세계적으로 있다고 할 수 있지만 음식의 전통과 문화가 발달한 나라일수록 섬세한 주의를 요합니다. 중국의 식문화에서도 빼놓을 수 없는 부분이 바로 접대문화입니다. 접대하는 테이블에는 그 어느 때보다 풍요로운 음식이 올라가며 이면에는 음식의 함의, 술의 선택, 손님을 대하는 예의범절 등 오랜 시간 누적된 지혜로운 행위들이 펼쳐집니다.

중국의 접대문화는 단순히 먹고 마시는 차원을 넘어 감동을 주는 티핑포인트가 숨겨져 있습니다. 음식 문화, 술 문화, 예의범절 등 수많은 학문이 어려 있기 때문입니다. 중국 사람들이 접대하는 자리에서는 비즈니스의 연장선일 수 있지만 결코 일 얘기만 하지 않습니다.

식사 자리를 본인의 인간적인 매력과 센스, 학문, 성격 등을 두루 어필하는 기회로 활용합니다. 동시에 상대방의 인품이나 권력, 직위, 상식 수준을 떠보기도 하지요. 접대라는 하나의 관문을 잘 통과하면 협상의 다음 절차는 훨씬 부드럽게 진행될 수 있습니다. 그래서 협상에 강력한 목적을 둔 사람들은 술자리의 분위기를 잘 맞추고자 노력하며, 겸손하면서도 진중하게 먹고 즐길 줄 알아야 합니다.

자리에 앉기 전에

● 중국식 연회석에는 엄연한 서열이 존재하고 가장 중요한 두 사람이 있습니다. 호스트와 VIP입니다. 연회에 초대되었다면 우선 누가 이 두 역을 맡았는지 명확히 확인해야 합니다.

● 연회석은 대부분 원형 테이블입니다. 여러 테이블로 이루어진 연회에서는 중앙이 메인 테이블입니다.

● 테이블이 하나일 때는 출입문에서 가장 멀리 떨어져 있는 또는 동쪽 자리가 상석이며, 상석의 왼쪽이 차석, 상석의 오른쪽이 삼석입니다. 혼란을 방지하고자 레스토랑에서 미리 냅킨을 다른 모양으로 접어 상석을 표시해 두기도 합니다. 그 외는 성별, 직급에 따라 적절히 배정하면 됩니다. 출입문 가까이에는 호스트를 보조할 직원이나 관계자가 앉습니다. 중국에서 자리 배정은 자칫 소홀하면 상대방이 무시당했다고 느낄 수 있습니다.

● 호스트는 연회 시작 전에 미리 와서 준비하고 손님을 기다려야 합니다. 호스트가 입석 전에 자리 배정을 하므로 손님으로 가는 자리에는 절대 스스로 연회석에 입석하면 안 됩니다. 연회 식당에는 테이블 옆에 소파가 마련되어 있으므로 미리 온 사람들은 소파에서 앉아 환담을 나누며 주요 귀빈들이 오기를 기다렸다 동시에 입석합니다.

요리를 선정할 때

● 요리는 연회 시작 전에 미리 주문합니다. 손님들이 모두 입석하면 예의상 드시고 싶은 음식이 없는지, 기피하는 음식이 없는지 묻습니다. 일반적인 경

우 손님은 호스트의 안내에 따르지만 특별한 식습관을 가진 손님이 있다면 추가로 요리를 시킵니다. 혹시 늦게 도착하는 손님이 있다면 따로 1~2가지 주문하면 좋습니다. VIP 손님에게 음식을 시키도록 권하는 것은 결례이고 테이블에서 결제하거나 음식 가격을 묻는 것은 금기입니다.

● 요리는 보통 고기와 야채, 찬 음식과 뜨거운 음식, 주식, 다과로 구성됩니다. 중국은 짝수를 좋아하므로 6개, 8개, 12개로 시키고 홀수는 피합니다.

● 생선요리는 완전함을 상징하는 상서로운 음식이므로 꼭 하나씩 시킵니다.

● 요리는 보통 간단한 음식에서 메인요리 순으로 천천히 나옵니다. 메인요리를 어떤 요리로 시키는지에 따라 연회의 수준이 평가되는데 귀한 식재료일수록 손님은 굉장히 대접받았다는 느낌이 들 것입니다.

● 량차이라고 하는 냉채류가 먼저 나오고 볶거나 튀겨 조리한 요리가 나온 후 밥과 면 등의 주식에 탕이 곁들여집니다. 식사를 마무리할 즈음 과일 후식이 나옵니다.

음식이 상에 오를 때

● 새로운 음식이 오르면 상석부터 권합니다. 그리고 주변 사람들이 골고루 음식을 먹을 수 있도록 수시로 원판을 돌려주는 것도 중요합니다.

● 다른 사람이 요리를 집을 때 원탁을 돌리면 안 됩니다.

● 요리, 국이나 밥은 각자 앞접시에 조금씩 덜어서 먹습니다. 음식을 덜 때는 공용 수저를 이용하고 개인 접시에 담은 음식은 깔끔하게 먹는 것이 좋습니다. 도자기 숟가락은 탕을 먹을 때만 사용하고 다른 요리는 되도록 젓가락으로 먹어야 합니다.

● 식사 자리에서 웬만하면 가위나 칼 등 도구를 사용하지 않습니다.

● 생선요리는 절대 뒤집어 먹으면 안 됩니다. 윗부분의 살을 다 먹으면 그대로 뼈를 발라 집어내거나 뼈 사이로 밑부분의 살을 먹는 것이 좋습니다. 중국에서 생선을 뒤집는 행위는 "배가 뒤집혔다"라는 의미로 전달되어 매우 불길한 뜻을 나타냅니다.

술을 마실 때

● 중국요리로 차린 연회에 술은 십중팔구 백주이지만 경우에 따라 처음 입가심은 맥주로, 메인 페어링은 백주로, 마지막엔 와인으로 보완하기도 합니

다. 좋은 술은 레스토랑에서 주문하지 않고 대부분 호스트가 따로 챙겨 옵니다. 레스토랑에는 따로 콜키지 차지만 지불하면 됩니다.

● 술을 따를 때에는 맥주는 8부, 백주는 9부, 와인은 6부로 따릅니다.

● 건배사는 먼저 VIP, 다음은 호스트, 그리고 중요한 사람 순으로 이어집니다. 대부분은 호스트가 건배사를 할 사람을 지정하기도 합니다.

● 술이 약한 사람은 처음부터 술을 못 마신다고 미리 양해를 구해야 합니다. 술을 마시다가 중간에 못 마신다고 하면 굉장한 실례입니다.

● 주요 VIP와 호스트 등 어느 정도 건배사를 마치면 분위기를 파악하며 일대일로 술을 권합니다. 이때 테이블에 앉은 사람들이 누구인지를 알 수 있고 또 본인을 어필할 수 있습니다.

● 술을 권할 때는 오른손으로 잔을 들고 왼손으로 잔 밑을 받칩니다. 잔을 부딪칠 때는 본인의 잔을 상대방보다 낮게 하여 겸손함을 표합니다. 다가가서 술을 권할 때는 손님의 오른쪽 뒤편에 서서 하는 것이 좋습니다.

● 중국에서 잔을 부딪치거나 깐뻬이(干杯, 건배)라고 말하는 것은 정말로 다 마신다는 뜻입니다.

● 본인이 다가가 권할 때 상대방과 잔을 부딪치면 비우는 게 원칙이지만 상대방은 알아서 마시도록 배려해야지 강요해서는 안 됩니다.

● 내가 권하지만 잔을 부딪치지 않으면 굳이 잔을 비우지 않아도 되고 상대방이 마신만큼은 마셔줘야 합니다.

● 술을 권할 때는 일대일이 기본입니다. 다수가 한 사람에게 찾아가 권할 수는 있지만 한 사람이 한 번에 여럿에게 권하면 실례가 됩니다.

● 윗사람과 마실 때는 잔을 비우는 것이 원칙입니다.

02
수천 년의 중국 문화 속 대표 미식가들

한 나라의 식문화를 발전시키는 제1요소는 경제적 부흥입니다. 여기에 풍성하고 싱싱한 식재료가 수급되는 자연환경, 조리 기법을 발전시키는 인문적 환경이 양축을 이룹니다. 제반 여건이 갖춰진 가운데 기폭제 역할을 하는 것은 미식가들의 등장입니다.

중국은 예로부터 걸출한 미식가들이 활약했습니다. 그들은 현대적인 관점에서 뛰어난 크리에이터이고 트렌드 세터입니다. 섬세한 미각과 문예적 표현력을 겸비한 음식 작가이자 맛집 평론가였습니다. 미식가들은 새로운 맛을 찾고 탐미하는 일에 게을리하지 않고 인간의 본능 중의 하나인 식욕을 한껏 끌어내었습니다. 음식의 맛과 향은 그들의 붓끝에서 후세에 전해져 조상의 맛을 이어가고 새로운 맛을 창조해 나가는 밑거름이 되었습니다.

미식가를 중국에서는 라오타오(老饕)라고 부릅니다. 그들 중에는 천하독존의 황제가 있는가 하면 동양 문화의 근간을 마련한 철학자와 학자도 있습니다. 역사에 등장하는 라오타오들의 활약을 살펴봅시다.

공자, 미식가의 대스승

공자(孔子)와 공자의 유가사상은 중국 고대 왕조 통치 이념에 뿌리가 되었습니다. 중국을 넘어서 동아시아 전반에 걸쳐 철학과 인문의 근간이 되었지요. 공자라고 하면 인(仁)부터 떠올리지만 인에 못지않게 예(礼)에 대한 가르침도 많습니다. 특히 『논어』의 「향당」 편에는 식문화에서 갖춰야 할 예에 대해 기재되어 있습니다. 식사예절에 대한 굉장한 디테일이 돋보이니 그가 음식 문화에 조예가 깊었던 것을 알 수 있습니다.

이를테면 상한 음식, 밥이 쉰 것과 고기가 부패한 것을 입에 대지 않았고, 빛깔이 나쁜 것과 냄새가 나쁜 것은 먹지 않았고, 요리법이 잘못된 것은 물론 때가 아닌 것을 먹지 않았습니다.

고기와 술에서는 절제를 중시했습니다. 고기가 많더라도 밥의 기운을 이기지 않아야 하고 술은 일정한 주량은 없지만 정신이 혼미한 지경까지 이르지 않게 했습니다. 난잡한 시장에서 산 술과 포는 입에 대지 않고, 나라에서 제사 지내고 받은 고기는 밤을 넘기지 않았으며, 집에서 제사 지낸 고기는 3일을 넘기지 않았습니다.

진수성찬을 받으면 환히 기뻐하셨다고 하니 공자님도 맛있는 음식에 본능적으로 열광하는 미식가였음이 틀림없습니다.

건륭, 중국에서 가장 장수한 황제

건륭황제는 중국의 역사상 재위 기간이 가장 길고 가장 장수한 황제입니다. 집정 당시 나라는 안정적이고 풍요로워 역사적으로 "강건의 성세(康乾盛世, 강희제가 삼번의 난을 평정한 1681년부터 시작하여 건륭제 치세의 중반부까지)"라고 불렸지요.

풍류를 즐길 줄 아는 건륭황제는 재위 동안 여섯 차례나 강남(장강 이남 지역)으로 행차를 떠났습니다. 그는 민심을 살피고자 거창한 가마 행차를 피하고 허름한 옷차림에 백성의 삶으로 걸어 들어갔습니다. 암행어사 출두하듯 말이죠. 방랑벽으로 충만한 황제는 틈만 나면 궁을 비우고 양저우(扬州), 항저우(杭州) 일대를 여행하듯 맛있는 음식을 즐기고 아름다운 경치를 구경하러 다녔지요. 중국에 건륭황제를 다룬 사극이 유난히 많은 이유도 그에 얽힌 재미있는 일화가 많기 때문입니다.

항저우와 양저우에서는 많은 요리가 건륭황제와 연결 고리를 맺으려 애를 씁니다. 이를테면 룽징샤런(龙井虾仁)이나 쑹수꾸이위(松鼠鳜鱼), 원스더우푸(文思豆腐) 등이 모두 건륭황제와 연관이 있습니다. 건륭황제는 먹는 데 그치지 않고 궁으로 돌아가 보고 들은 이야기, 맛본 즐거움 등을 기록했으니 『청궁양주어당(清宫扬州御档)』이라는 문헌으로 전해집니다. 건륭황제는 생전에 두 번이나(재위 기간 1회, 태상황 시기 1회) 장안의 노인들을 위한 천수연을 베풀었습니다. 이는 궁중요리가 황실의 권위를 넘어 민간으로 전파되는 중요한 계기가 되었습니다.

위안메이, 중국 최초의 음식 작가

위안메이(袁枚)는 중국 청대의 시인으로 중국의 대표적인 미식가로 평가됩니다. 그가 1787년에 저술한 『수원식단(随园食单)』은 40여 년간 연구한 미식에 관련된 수필입니다. 그는 전당(钱塘, 지금의 절강성 항저우)에서 태어났습니다. 33세 때 부친이 사망하자 관직에서 사퇴하고 고향으로 돌아와 어머니를 모시며 살아갔습니다. 낡은 정원 '수원(随园)'을 사들이고 울타리를 치지 않아 지나가는 누구라도 들어올 수 있게 했지요.

『수원식단』은 이 집에서 집필한 서적입니다. 중국의 14세기부터 18세기, 건륭황제 재위 동안 장쑤(江苏)와 저장(浙江)지역의 음식과 요리법에 대해 자세하게 설명해 놓았습니다. 음식에 얽힌 그 시대의 문화와 철학도 곁들였지요. 이 책에는 요리사로서 숙지해야 할 20계명, 요리사가 경계해야 할 14계명이 인상적입니다. 또한 사전을 방불케 하는 326가지 방대한 요리 설명은 압권입니다. 생선을 비롯한 각종 해산물, 소, 돼지, 양, 사슴 등의 육류, 오리와 닭, 메추리 등의 조류로 분류하고 생선은 다시 비늘이 있는 것과 없는 것으로 세분하기도 합니다. 여기에 야채와 과일의 요리, 밥과 죽, 주식과 후식, 차와 술까지 겸비하니 중국 역사상 가장 중요한 미식 서적 중 하나로 꼽힙니다.

소동파, 미식가를 넘어 조리의 영역까지

당, 송 시기 8대 명인으로 꼽히는 소동파(苏东坡)는 중국을 대표하는 시인이자 미식가입니다. 동파 선생은 활달한 성격의 소유자로 추정됩니다. 그는 세도의 길에서 크게 중용을 받지 못했지만 자신의 자리에서 만족하며 재미있게 살 줄 아는 사람이었던 것 같습니다. 워낙 음식을 좋아했던지라 스스로 부엌에 드나들며 요리했고 "부엌에서 요리하느라고 분주한 것, 이 또한 즐거움이 아니겠는가(在灶台中忙前忙后, 不亦乐乎)"라고 말했습니다. 그 당시만 해도 남자들이 주방에 들어가는 것을 터부시하는 분위기였는데 말이죠.

그는 요리에 진심으로 흥미를 느꼈기에 스스로 레시피를 개발하기도 했습니다. 소동파 선생의 이름을 딴 요리는 동파육, 동파두부, 동파어 등 아주 다양합니다. 한편 그의 시에도 음식과 술에 관련된 표현이 참으로 아름답습니다. 특히 「두죽(豆粥)」, 「채갱부(菜羹赋)」, 「동파갱부(东坡羹赋)」 등의 작품은 꼭 한번 감상해볼 만합니다.

서태후, 식탐의 대가 사치의 끝판왕

서태후라는 이름으로 더 알려진 자희태후(慈禧太后)는 수렴청정으로 정국을 어지럽히고 온갖 사치를 누린 여인으로 묘사됩니다. 인간의 탐욕 가운데 식탐을 우선으로 친 여인입니다. 그녀의 불같은 식탐은 궁중 100첩 반상도 만족시키지 못했습니다. 그래서 늘 황실 밖의 음식에 호기심을 가졌습니다. 그녀를 흡족하게 한 요리 중에는 호화로운 것도 있지만 길거리 음식도 많습니다. 꺼우부리빠오즈(狗不理包子)나 취두부(臭豆腐)도 거침없이 시도했고요. 일단 그녀가 맛있게 먹은 요리는 조리사를 찾아 포상하였고 멋진 이름까지 하사했습니다. 팔국연합군의 침략으로 궁을 버리고 시안으로 도망가는 길에서조차 맛있는 음식을 찾는 데 힘을 아끼지 않았습니다. 베이징

자희태후가 군비를 남용하여 지은 여름 궁전, 이화원

짜장면이나 시안의 양러우파오모 등이 모두 그녀의 먹성 때문에 세상에 이름을 알린 요리들입니다. 눈치 없는 그녀의 식탐 덕분에 식당 몇 곳은 대를 이어 번성하고 그 일대의 사람들까지 업으로 삼고 살아가고 있습니다.

조설근, 홍루몽을 빛낸 중국 음식의 묘사력

『홍루몽(红楼梦)』의 작가 조설근(曹雪芹) 역시 굉장히 탁월한 미식가입니다. 당대 중국의 음식과 의복, 풍습, 교통 등 청나라 귀족의 일상을 이해하는 데 탁월한 작품이 바로 『홍루몽』입니다. 이 작품은 중국 문학계의 만한전석으로 비유되곤 합니다. 작품 안에는 고급 음식들이 다양하게 등장하고 맛을 표현하는 묘사력도 탁월합니다. 그는 귀족들이 즐기던 주지육림, 산해진미를 영상만큼 뛰어난 생동감으로 그려냈습니다.

그는 정백기(正白旗, 만주 귀족 중 하나)라는 명문가에서 태어났습니다. 난징에서 명망이 높은 가문이었지요. 비록 말년에 가난한 삶을 살았지만 어릴 적 난징에서 누렸던 부유한 삶에 대한 기억이 그가 훗날 가난한 환경 속에서도 『홍루몽』이라는 대작을 써내는 밑거름이 되었습니다. 『홍루몽』은 러브스토리이지만 미식의 대작이기도 합니다. 『홍루몽』에 등장하는 요리만으로도 5성급 호텔의 메뉴판을 한 권 만들어 낼 정도입니다.

조조, 지략과 권술은 미식으로부터

『삼국지』에 등장하는 조조(曹操) 역시 뛰어난 미식가입니다. 『삼국지』에도 조조가 연회를 베풀어 신하들을 보살피는 장면이 자주 등장하지요. 조조는 『사시식제(四时食制)』라는 조리서를 저술하기도 했습니다. 이 문헌은 훗날 위차이(豫菜) 허난(河南)요리에 중요한 영향을 끼칩니다. 『사시식제』에는 다양한 요리가 등장하는데 여름철 보양식으로 좋은 메기전골 조리법도 있고 조조가 낙타전골을 직접 만들어 아들에게 가르쳐 주었다는 이야기도 있습니다. 조조는 특히 닭고기를 좋아했는데 『사시식제』에는 닭의 부위별 조리법과 먹는 방법에 대해 상세히 기술되어 있습니다. 타이완에 위치한 타오위엔호텔(桃园大酒店)의 한 셰프는 『삼국지』에 등장하는 60여 개의 요리를 직접 구현했는데 그중 40개가 조조와 관련이 있음을 밝혀냈습니다. 이를테면 화타완자(华佗圆子), 허전위저(许田围猎), 위도연방(魏都莲房), 초선배월(貂蝉拜月) 등 말이지요.

03

중국인들이 사랑한 중국의 술, 백주

미식가들이 사랑하는 음식의 정점에는 술이 있습니다. 그 가운데 백주는 유구한 역사를 자랑하지요. 중국 전역에 걸쳐 수많은 백주 브랜드가 있고 하나의 브랜드일지라도 고급형과 보급형 등으로 나뉩니다. 한국에 알려진 백주는 그 가운데 극소수에 불과합니다. 알코올 함량이 10여 도의 저도주에서 높게는 50도 이상의 독주가 있고, 가격대도 슈퍼에서 흔히 살 수 있는 수준부터 가늠조차 못 하는 고가의 술도 있습니다.

백주는 지역 선호 브랜드가 따로 있습니다. 각 지역의 자연환경과 기후조건, 물의 맛과 공기의 향을 반영하지요. 백주는 증류주입니다. 색은 물처럼 투명합니다. 그러나 향은 술의 제조과정에 따라 다양하게 분류됩니다. 양조장에서 사용하는 누룩과 발효 숙성하고 증류하는 방식에 따라 장향(酱香), 농향(浓香), 청향(清香), 미향(米香) 등으로 구분됩니다. 중국 전역에 걸쳐 거대한 산업으로 분포되어 있습니다.

중국의 술 문화는 사마천의 『사기』에 기록된 바대로 그 시조를 두강(杜康)으로 봅니다. 그런데 이때는 자연 발효의 탁주인지 증류주인지는 불분명합니다. 오늘날 백주의 모습은 중국 전통의 양조 공법에 원나라 몽고군이 서아시아에서 전해온 증류 기술이 더해져 만들어진 것으로 추정됩니다. 청나라 문헌 『설미당잡기(说微堂杂记)』에는 1324년 루저우(泸州)의 양조사 곽희옥(郭

怀玉)이 현재의 모습에 가까운 백주를 만들어냈다고 기재되어 있습니다.

중국 고급 백주 가운데 유독 꾸이저우(贵州), 쓰촨(四川)지역의 술이 많은데 이유를 잘 살펴보면 흥미로운 주장이 있습니다. 장제스를 비롯한 국민정부의 고위층은 대부분 저장(浙江), 장쑤(江苏) 출신이어서 당연히 사오싱황주를 즐겨 마셨습니다. 그런데 강남지역이 일본군에 점령되면서 대부분의 황주 공장이 문을 닫게 됩니다. 1937년 충칭으로 수도를 옮기며 그들은 더 이상 정통 황주를 구해 마시기 힘들어졌습니다. 이때 힘을 발휘한 것이 쓰촨의 백주입니다. 쓰촨의 유명한 백주 브랜드는 이때부터 국빈 연회에 오르기 시작했습니다.

한편 중국 공산당 지도부가 장기간 꾸이저우에 체류해 있으면서 결속력을 다지는 데는 백주가 한몫했습니다. 꾸이저우성 준이(遵义)는 중국 공산당에서 마오쩌둥의 지도적 지위를 확립한 중요한 계기, '준의회의'가 개최된 곳입니다. 마오타이지우 생산지가 바로 준이에 위치합니다. 훗날 신중국 탄생 후 공산당과 역경을 함께한 그 지역 술들은 국빈 연회 국주(国酒)로 승격됩니다. 물론 산 좋고 물 맑은 천혜의 자연환경에서 만들어졌으니 좋은 술임은 의심할 바가 없습니다.

중국 10대 명주

● 마오타이지우(茅台酒, 모태주)

중국의 국주(国酒)로 불리는 마오타이는 1915년 '파나마만국박람회'에서 금상을 수상했습니다. 세계 10대 사치품 목록에도 오른 마오타이지우는 밀을 고온에서 쪄 누룩을 만들어냅니다. 마오타이지우는 두 차례에 걸쳐 생곡을 추가하고 8번의 발효, 9번의 증류를 거칩니다. 생산에만 총 9개월 이상 걸립니다. 여기서 완성된 것이 아닙니다. 발효된 술은 3년 이상 저장, 숙성하고 블렌딩을 거친 후 다시 1년을 발효하니 전체 공정은 최소 5년이 걸립니다. 오래 묵힌 것일수록 최고의 사치품으로 간주됩니다. 마오타이지우는 향이 짙어 다 마셔도 오래도록 술 향이 납니다.

생산지 : 꾸이저우성 준이시 마오타이진(贵州省 遵义市 茅台镇)
가격 : 마오타이 잉빈지우(迎宾酒) 150위안, 마오타이 왕즈지우(王子酒) 250~300위안, 마오타이 페이톈지우(飞天酒) 1,000위안

● 우량예(五粮液, 오량액)

우량예는 600년이 넘는 전통을 자랑하는 술로, 중국 술 가운데 가장 오랜 역사를 자랑합니다. 수수, 찹쌀, 쌀, 보리, 옥수수 등 갖은 곡식으로 빚은 술로 처음에는 여러 가지 곡식을 넣었다 하여 '잡량주'라 불렸으나 점차 5가지 원료로 고정되면서 이름이 우량예(5가지 곡식의 액)가 되었지요. 우량예는 향이 오래가고 맛이 깊으며 목 넘김이 부드럽습니다. 도수가 52도인 우량예는 마시고 나면 단맛이 남습니다. 마오타이의 명성에 미치지 못하지만 중국에서는 자타공인 고급 술로 증류주 중 판매량이 최고입니다.

생산지 : 쓰촨성 이빈시(四川省 宜宾市)
가격 : 보급형 400위안, 고급형 600~1,000위안

● 양허(洋河, 양하)

양허는 400여 년의 역사를 자랑하는 명주입니다. 수수, 보리, 밀, 완두를 원료로 하고 '미인천'이라는 유명한 샘물을 사용합니다. 생산 과정은 총 81개 공정을 거치며 장인의 엄격한 블렌딩 과정을 거쳐 탄생하는 백주입니다. 낮은 불에서 천천히 발효시키는 특별한 기술에서 달콤하고 부드러운 맛이 탄생합니다. 병 모양이 블루 드레스를 입은 우아한 여인의 자태를 연상시키는데, 이는 미인천의 물을 사용했음을 강조하는 디자인입니다. 양허는 하이즈란(海之蓝), 몽즈란(梦之蓝), 톈즈란(天之蓝)이라는 이름으로 레벨을 나눕니다.

생산지 : 장쑤성 스양현 양허전(江苏省 泗阳县 洋河镇)
가격 : 보급형 200위안, 고급형 300위안

● 루저우 라오자오 (泸州老窖, 노주로교)

루저우 라오자오는 중국 백주의 시조새로 상징될 만큼 원형이 담겨 있습니다. 최초의 증류주 기술이 바로 루저우에서 시작되었으니 백주 기업 중 유일하게 국가급 무형문화재로 선정되었습니다. 알코올 도수가 52도인 루저우 라오자오는 맛과 향이 그윽하며 마시고 난 뒤에도 입안에 향이 남는데 그 기분이 상쾌하고 여운이 오래 갑니다. 그래서 저도 모르게 자꾸 마시게 되지요. 루저우 라오자오는 보급형과 중급형의 루저우 라오자오 브랜드와 '궈자오1573'이라고 부르는 고급형 브랜드가 있습니다.

생산지 : 쓰촨성 루저우시(四川省 泸州市)
가격 : 보급형 150위안, 중급형 200~350위안, 궈자오1573 600위안

● 펀지우(汾酒, 분주)

펀지우는 1,500년 전의 남북조 시기에 궁중 술로 지정된 바 있습니다. 당나라의 유명한 시인 두목이 "술 파는 곳이 어디냐 물었더니 목동은 말없이 살구꽃 피는 마을을 가리키는구나(借问酒家何处有? 牧童遥指杏花村)"라는 시를 남기기도 했습니다. 살구꽃 피는 마을이 바로 펀지우의 고장 싱화촌(杏花村)입니다. 펀지우는 색, 향, 맛이 뛰어나 삼절(三绝)로 불립니다. 수수, 밀, 완두에 누룩을 가미하고 산천수를 이용해 빚은 후 땅에 묻어 발효합니다. 1949년 9월 중국의 개국 연회에 올랐던 술이 펀지우입니다.

생산지 : 산시성 펀양현 싱화촌(陕西省 汾阳县 杏花村)
가격 : 보급형 100위안, 고급형 200위안

● 시펑지우(西凤酒, 서봉주)

시펑지우는 수수를 빚어 3년 숙성시켜 출시합니다. 시펑지우의 특별한 점은 싸리나무로 만든 술통에 저장 숙성시킨다는 것입니다. 시펑지우는 당나라 때부터 이름을 날렸습니다. 당나라 시인 소동파는 "꽃이 피니 좋은 술로 취하지 않을 수 없네. 남산에서 바라보니 산색이 푸르네(花开酒美曷不醉, 来看南山冷翠微)"라는 시구를 남겨 시펑지우의 맛을 노래했습니다. 알코올 도수가 30~50대로 처음엔 어려울 수 있으나 시고 달고 쓰고 맵고 향기로운 오미(五味)가 융합되었다고 평가받습니다.

생산지 : 산시성 펑산현(陕西省 凤山县)
가격 : 보급형 200위안, 고급형 250위안

● 랑지우(郎酒, 랑주)

랑지우의 역사는 1898년 한 무제 시기까지 거슬러 올라갑니다. 랑지우의 생산지인 얼랑탄(二郎滩)은 풍수지리가 빼어난 곳으로 윈구이 고원(云贵高原)의 츠수이 유역(赤水流域) 해발 1,000미터 이상에 자리합니다. 이곳은 수천 년간 명주의 산지로 유명한 곳입니다. 과학적인 분석에 의하면 랑지우는 미생물이 400여 가지 생태계를 이루며 특수한 복합반응을 일으켜 독특한 맛을 낸다고 합니다. 랑지우는 고온에서 누룩을 만들어 2번 가미하고, 원곡을 9번 찌고, 8번 발효시키며, 7번 추출하는 과정을 거쳐 탄생합니다.

생산지 : 쓰촨성 구란현 얼랑진(四川省 古兰县 二郎镇)
가격 : 보급형 80~150위안, 고급형 200위안

● 젠난춘(剑南春, 검남춘)

당나라 시기 검남도지역에서 생산된 술이라 하여 젠난춘이라는 이름을 얻었습니다. 당나라 황실의 술로 대당국주(大唐国酒)로 통하며 유일하게 중국의 정사에 이름을 올렸습니다. 젠난춘 산지 쓰촨성 멘주시는 겨울에는 온화하고 여름에는 서늘하며 일조량이 풍부합니다. 비옥한 땅은 약산성 토양이 68.7%를 차지하여 좋은 술을 빚기 위한 천혜의 조건을 갖추었습니다. 향이 그윽하고 맛이 깊은데 이백, 소동파 등 시인들이 이 술을 가리켜 3일 동안 술 단지를 열어두면 성안에 술 향이 가득 넘친다고 묘사했습니다.

생산지 : 쓰촨성 멘주시(四川省 绵竹市)
가격 : 보급형 200위안, 고급형 350위안

● 둥지우(董酒, 동주)

둥지우의 제조 기술은 유일하게 중국 과학기술부와 국가안보국의 기밀 보호를 받고 있습니다. 제조법이 국가 기밀이라는 점을 마케팅 전략으로 활용하여 상품명에 국밀(国密)이라는 표시를 써 붙였지요. 수수를 주원료로 하되 95가지 약초를 넣어 만든 누룩이 독특한 단맛을 냅니다. 약초 향이 은은하게 감돌며 맛이 깊고 부드럽습니다. 둥지우의 독특한 맛은 2008년 국가관리부문에서 "둥향형(董香型)"이라는 새로운 백주 향을 인정받았습니다. 둥지우는 백주 향의 새로운 지평을 열었다 평가받고 있습니다.

생산지 : 꾸이저우성 준이시(贵州省 遵义市)
가격 : 보급형 200위안, 고급형 300위안

● 구징궁지우(古井贡酒, 고정공주)

구징궁지우는 조조가 태어난 안후성 하오저우(亳州)의 술로 옛 우물의 물맛이 차고 달고 감칠맛이 돈다고 전해집니다. 구징궁지우는 바로 그 우물물로 빚어내었습니다. 기원전 196년 조조는 고향의 술 제조법을 한헌제 유협에게 헌납하여 황실의 술을 빚도록 했습니다. 색이 구정처럼 맑고 향이 그윽하여 여운이 오래갑니다. 구징궁지우는 중국 원산지 유역 보호를 받으며 국가 문화유산으로 지정되었습니다. 맑은 술에 은은한 꽃 향이 나기에 '술 중의 모란'이라 칭송받습니다.

생산지 : 안후이성 하오저우시(安徽省 亳州市)
가격 : 보급형 150위안, 고급형 200위안

그 외 중국에서 만나볼 수 있는 술

● 황주

황주는 강남지역의 술로 화동지역에서는 사오싱(绍兴) 황주가 가장 유명합니다. 황주는 쌀을 주원료로 증류를 거치지 않은 천연발효주입니다. 색은 옅은 갈색을 띠고 약 10도의 도수로 맛이 부드럽습니다. 황주 브랜드는 콰이지산(会稽山), 구웨룽산(古越龙山), 타파이(塔牌)가 유명합니다. 황주는 3년 발효시키면 되고 시중에 판매되는 술은 새 술과 오랜 술을 섞어서 만드는 것이 일반적입니다. 황주에 구기자, 대추, 꿀을 넣어 단맛을 연출한 저도수의 스쿠먼라오지우(石库门老酒)도 유명합니다.

● 맥주

중국의 맥주 시장은 칭다오(青岛), 쉐화(雪花), 옌징(燕京), 하얼빈(哈尔滨)의 4대 맥주가 점유하고 있습니다. 칭다오 맥주는 20세기 초 독일 상인들이 칭다오에 세운 맥주 공장에서 만들어졌으니 독일의 기술력이 원류이고, 하얼빈 맥주는 러시아인이 하얼빈에 세운 공장에서 만들어졌으니 러시아 기술력이 근간입니다. 맥주는 지역별로 선호 브랜드가 다르지만 칭다오 맥주가 가장 큰 시장을 차지합니다. 칭다오 맥주 공장은 여행 상품으로도 개발되어 있습니다.

● 약주

약주는 술에 약초를 가미한 술입니다. 유명한 브랜드로 징지우(劲酒), 훙마오(鸿茅), 주예칭(竹叶青) 등이 있습니다. 또한 지역별, 레스토랑별로 특산 약주를 만들어 손님에게 특별 제공하기도 합니다. 술에 들어가는 약초는 인삼, 녹용, 뱀, 해마, 구기자 등 상상을 초월할 만큼 다양합니다.

● 와인

중국의 와인 시장이 급속도로 성장하면서 주목받은 자체 생산 브랜드는 장위(张裕), 창청(长城), 왕차오(王朝) 등이 있습니다. 윈난, 신장, 지린에 위치한 와이너리에서는 세계 정상급과 견줄 만한 와인이 만들어지고 있습니다. 중국 최초의 와인은 윈난에서 양조된 것으로 18세기 프랑스 선교사에 의해 만들어졌습니다.

04

심신을 안정시키는 치유의 힘, 중국의 차

중국의 옛말에 하루를 구성하는 힘을 7가지 요소로 표현했습니다. 장작(불), 쌀, 기름, 소금, 간장, 식초, 차(柴米油盐酱醋茶) 이렇게 말이죠. 특히 차(茶)는 일상을 연결하고 움직이는 혈맥과도 같았습니다. 차의 역사는 약 5천 년 전으로 거슬러 올라갑니다. 원래 약으로 음용하다가 당나라 때 귀족으로부터 일반 서민들까지 흘러 들어가 이제는 전국적으로 널리 사랑받는 음료가 되었습니다.

차를 우려 사람들과 나누는 행위는 '다도(茶道)'라는 특별한 절차로 전해지는데, 참여하는 이들은 차원 높은 정신적 안정감을 구할 수 있습니다.

차는 그 어떤 음료보다 사람의 몸에 이롭습니다. 체내에 적체된 노폐물과 독소를 녹여 몸 밖으로 배출시켜줍니다. 음식으로 흡수된 기름기를 제거하는 데도 탁월한 효과가 있지요. 더불어 장 기능을 원활히 하고 소화기관을 건강하게 만들어줍니다.

중국의 차는 200여 종이 넘으니 그 향과 맛이 다양합니다. 찻잎의 산지, 채취한 시기, 가공법에 따라 가격과 등급이 정해지지요. 차 산업이 거대한 시장을 형성하면서 차에 투자하는 차테크도 활발히 이루어집니다. 한편 좋은 차를 고르는 안목은 꽤 많은 학습을 필요로 합니다. 차를 좋아하는 사람은 많지만 좋은 차를 고를 수 있는 사람은 극소수에 불과합니다.

녹차

녹차는 자연 상태의 차로 발효되지 않은 것을 가리킵니다. 녹차는 찻잎의 발효를 막고자 채취 후 바로 덖어냅니다. 차라는 개념이 인류 역사에 등장하기 전부터 녹차는 이미 중국인들의 컵 속에서 아련한 향을 피웠습니다. 녹차는 오래 묵힌 것이 아니라 새해의 봄날 출시된 햇차를 가장 우선으로 칩니다. 맑은 찻물을 우려내어 목을 적시고 마음을 다듬고 정신을 어루만지니 대자연의 첫 눈물이라 할 수 있습니다.

● 룽징차(龙井茶, 용정차)

항저우(杭州)의 시후(西湖, 서호) 인근에는 룽징산(龙井山)이 있고 그 안에 작은 우물 룽징(龙井, 용정)이 있습니다. 예로부터 용이 산다는 전설의 우물이지요. 룽징산의 작은 절 룽징사의 한 스님이 우물 주변에 차나무를 가꾸고 이를 따다가 룽징의 물로 차를 우려내었습니다. 그 차 맛이 맑고 향기로워서 인근으로 퍼져나갔습니다. 룽징차는 향으로 승부를 겁니다. 건륭황제는 녹차 중에서도 룽징차를 특히 아꼈습니다. 용정 사봉산 아래에서 마셔본 용정차에 감탄해 그곳에 있던 18그루의 차나무를 어차로 지정하고 벼슬을 내렸는데 그 차나무는 아직도 생존합니다. 룽징차는 '짙은 향, 부드러운 맛, 비취 같은 녹색, 그리고 아름다운 잎사귀'라는 4가지 특징이 있어 '4절(四绝)'이라 평가됩니다.

● 비뤄춘(碧螺春, 벽라춘)

장쑤성 둥팅산(洞庭山, 동정산)에서 자라는 비뤄춘은 그 이름에 벌써 맑은 봄의 향기가 느껴집니다. 둥팅산은 사계절 꽃이 피고 갖가지 과일나무가 많이 자라는 곳입니다. 그 사이에서 싹을 피우는 비뤄춘은 과일의 은은한 향이 담겨 있어 싱그러운 맛을 냅니다. 어린 찻잎은 여린 비취빛이며 잎의 모양은 소라처럼 구부러져 있습니다. 강희제가 차색이 비취의 녹색이고, 찻잎이 소라고둥처럼 나선형이며, 동정산 벽록봉 아래에서 난다고 하여 벽라춘이라 하명했습니다. 찻잎 하나하나가 춤추듯이 하늘거리는 모습이 아름다워 투명한 유리잔에 마십니다. 다른 차와 달리 먼저 뜨거운 물을 잔에 따른 다음 찻잎을 넣습니다.

● 리우안과펜(六安瓜片, 육안과편)

안후이성 리우안시에서 생산되고 청나라 시기의 진상품으로 유명합니다. 소설『홍루몽』에서 80번 이상 언급이 되었을 만큼 사대부 귀족들이 즐겨 마시던 명차입니다. 현재에도 매우 비싼 차종으로 대우받고 있습니다. 피로회복, 갈증해소, 항암효과가 있다고 전해집니다.

● 타이핑허우쿠이(太平猴魁, 태평호귀)

찻잎이 채소 잎만큼 커서 깜짝 놀라기도 하지만 차 속의 독특한 난향이 일품입니다. 이름에 "태평"이라는 단어가 들어가 중국을 방문하는 귀빈들을 위한 국빈 선물로 많이 사용됩니다. 안후이 황산 북쪽의 태평현에서 나는 차입니다.

청차 또는 우롱차

청차는 일반적으로 우롱차(乌龙茶)라고도 부릅니다. 발효 정도가 녹차와 홍차 사이에 있는 반 발효차입니다. 찻잎을 발효시키는 과정에서 생기는 특유의 향과 맛이 강합니다. 녹차에 비해 떫은맛의 성분인 카테킨(Catechin)이 절반 이하라 부드럽고, 은은한 맛이 납니다. 우롱차와 홍차는 모두 푸젠 지역에서 많이 납니다. 우롱차를 마실 때에는 찻잎을 반 정도 다관에 채운 후, 뜨거운 물을 부어 우려냅니다. 뜨거울수록 우롱차의 맛이 제대로 우러납니다. 우롱차는 체내의 지방대사기능을 활성화시켜 비만을 억제하는 효과가 뛰어나며, 아토피성 피부염 완화에도 도움을 준다는 연구결과가 나오기도 했습니다.

● 티에관인(铁观音, 철관음)

티에관인은 푸젠 남부지역에서 나는 차로 우롱차의 대표적인 품종입니다. 찻잎은 철색, 우려낸 것은 황금색으로 달콤한 과일 향과 함께 은은하고 부드러운 단맛이 납니다. 티에관인, 즉 철관음이라는 이름은 찻잎의 모양이 관음과 같고 무겁기가 철과 같다고 하여 청나라 건륭황제가 하사한 이름입니다.

● 따홍파오(大红袍, 대홍포)

푸젠성 우이산(武夷山)에서 나는 따홍파오도 유명한 차종입니다. 따홍파오(大红袍)라는 이름은 이 차가 명나라 왕후의 병을 치료하여 그 보답으로 황제가 차나무에게 붉은 비단옷을 하사하였다고 해 붙여진 이름입니다.

홍차

홍차는 제조과정에서 80~100% 발효를 거치며 티 폴리페놀의 산화 작용을 통해 붉은색을 띠게 됩니다. '맑고(鲜) 상쾌하며(爽) 진하고(浓) 달콤한(甜) 맛'을 추구합니다. 홍차는 주로 중국의 푸젠지역에서 많이 생산하고, 중국에서는 17세기경부터 홍차가 유행했습니다.

● 치먼홍차(祁门红茶, 기문홍차)

안후이성 치먼(祁门)지역에서 나는 홍차로 인도의 다즐링, 스리랑카의 우바와 함께 세계 3대 홍차로 불리고 있습니다. 1915년 파나마만국박람회에서 금상을 수상하여 세계적인 평가를 얻었고 영국 귀족들이 즐겨 마셨던 것이 바로 이 지역의 홍차입니다.

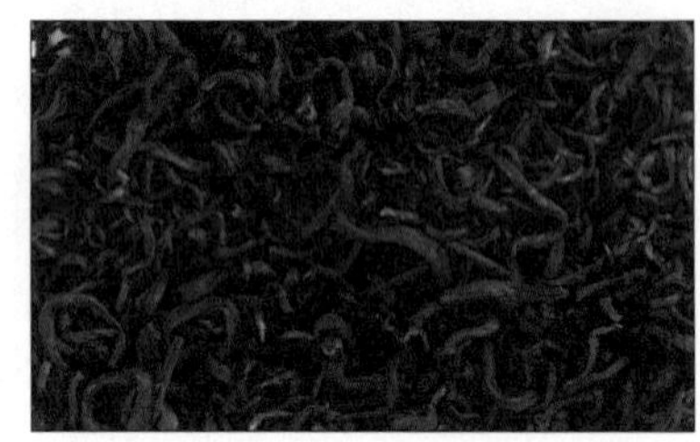

백차

차나무에 흰 털이 나서 백차라 불렸습니다. 백차는 경 발효차로 찻잎은 인위적으로 볶지 않고 자연건조를 거쳐 만들어집니다. 백차 역시 푸젠, 윈난지역에서 많이 납니다. 바이하오인전과 백모란이 가장 유명합니다.

● 바이하오인전(白毫银针, 백호은침)

찻잔에 뜨거운 물을 부으면 찻잎이 하나씩 세워져 마치 꽃잎이 춤을 추는 듯 아래위로 오르내리는 모양이 매우 우아합니다. 또한 향기가 좋고 단맛이 남으며 떫은맛이 적고 녹차보다 오래 보관하여도 향미의 변화가 적습니다.

흑차

흑차는 미생물의 작용을 통해 완전 발효를 거쳐 만들어진 차입니다. 주로 윈난(云南), 광시(广西) 등 지역에서 나는데 변방에서 중원까지 운송되어 오는 과정에서 녹차가 비바람과 햇빛에 노출되면서 자연스럽게 변화를 일으켜 흑차가 탄생했습니다. 흑차는 시간이 갈수록 향이 더욱 깊어져 두꺼운 마니아층을 가지고 있습니다.

● 푸얼차(普洱茶, 보이차)

가장 유명한 흑차로 윈난의 푸얼차가 있습니다. 푸얼(普洱)은 중국 윈난성 한 현의 이름으로 이곳에서 생산되는 차(녹차, 홍차, 전차)의 총칭이었으나 지금은 후 발효차를 이르는 이름으로 각인되었습니다. 틀에 담아서 증압 성형한 보이차에는 그 모양에 따라 타차(沱茶, 버섯의 삿갓 같은 형태), 병차(饼茶, 둥근 떡 모양), 방차(方茶, 사각형의 덩어리 모양)가 있고 오랫동안 보관이 가능하며 일부는 시간이 지날수록 경제적 가치가 증가하기도 합니다.

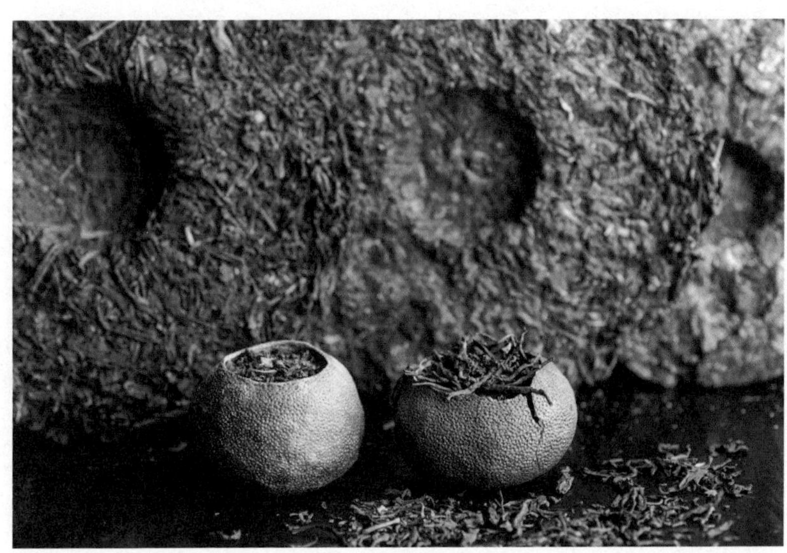

05

중국 명절에 즐기는 다양한 전통 음식

중국에는 음력을 기준으로 지내는 여러 가지 전통 명절이 있습니다. 새해를 여는 춘절, 가족이 한자리에 모이는 정월 대보름, 조상에게 성묘를 드리는 청명, 한 해의 풍요로움에 감사를 드리는 추석, 어르신들의 무병장수를 기원하는 중양절, 한 해를 마무리하는 납팔절 등 다양합니다.

오랜 세월 동안 전해 내려오는 전통 명절은 선조들이 남긴 소중한 유산입니다. 특별한 날 가족들과 함께 나누어 먹는 전통 음식을 통해 그 나라의 문화를 살펴볼 수 있습니다. 한국에서 설날 떡국을 먹고 추석날 송편을 먹듯이 중국에서도 명절날 가족들이 한자리에 모여 앉아 음식을 같이 해 먹고 담소를 나누며 정을 쌓아 갑니다. 명절 음식에 특별한 의미를 부여해 서로의 평안과 행복을 기원합니다. 어떤 음식은 가정에서 손수 만들어 먹고 어떤 음식은 이제 기성품으로 대체되기도 했습니다. 중국의 명절과 기념일, 그날 전 국민이 찾아 먹는 음식의 맛과 유래를 살펴봅시다.

춘절

음력 1월 1일
명절음식 : 자오즈(饺子, 물만두)

음력 1월 1일 새해를 맞이하는 춘절은 중국에서 가장 큰 명절입니다. 중국 사람들은 춘절 전날인 그믐날부터 정월 대보름까지 명절로 여깁니다. 섣달 그믐이면 가족이 둘러앉아 만두를 빚습니다. 새벽 12시가 되면 폭죽을 터뜨리며 홍색의 춘롄(春联, 축복의 글이 담긴 빨간색 종이)을 대문에 붙입니다. 액운을 쫓는 축사의 의미입니다. 따끈하게 물만두를 삶아 먹으며 새해를 맞이하고요. 물만두는 돈의 모양새와 비슷하여 재물이 모인다는 뜻을 지닙니다. 실제로 만두를 빚을 때 동전을 깨끗이 씻어 몇 개를 만두소에 숨겨 두는데 그 만두를 랜덤으로 집어 먹은 사람은 새해에 재물 운이 확 트이는 것이지요.

정월 대보름

음력 1월 15일
명절음식 : 위엔샤오(元宵, 새알심 모양의 찰떡), 탕위안(汤圆)

정월 대보름, 중국에서는 둥근 달을 바라보며 소원을 빌고 등불놀이를 합니다. 그리고 위엔샤오라고 하는 새알심 찰떡을 먹습니다. 북방지역에서는 "위엔샤오"라고 부르고 남방지역에서는 "탕위안"이라 부릅니다. 모양은 비슷하지만 빚는 방법이 서로 다릅니다.

위엔샤오는 참깨 앙꼬에 물을 살짝 적셔 찹쌀가루 속에서 굴려 만든 것이고, 탕위안은 소를 넣어 손으로 빚습니다. 위엔샤오는 안에 달콤한 참깨가 들어 있고 쪄 먹거나 기름에 지져 먹습니다. 탕위안은 참깨 또는 고기소가 들어 있어 만두에 가까우며 물에 끓여 먹습니다. 동글동글한 위엔샤오 또는 탕위안은 모두 가족의 화합을 의미합니다.

청명절

양력 4월 4~5일
명절음식 : 칭탄(青团, 팥소를 넣은 쑥떡)

중국에서도 한식, 청명에는 조상에게 성묘를 하고 후손들의 안녕을 빕니다. 남방지역에서는 청명절 칭탄이라고 하는 쑥떡을 먹습니다. 칭탄은 쑥을 갈아 찹쌀 반죽과 함께 섞어 팥과 대추를 소로 넣은 떡입니다.

중국에서는 춘추 시기 진나라 은사인 개지추(介之推)를 기리기 위해 청명 3일 동안 불을 지피지 않고 찬밥을 먹었습니다. 이것이 '한식(寒食)'이라는 이름의 기원입니다. 옛날 중국 사람들은 찬 것을 먹으면 오장육부가 상한다고 여겼습니다. 그러나 나뭇잎으로 푸르게 물들인 떡을 먹으면 양기를 돋아주어 차가운 기운을 막는다 여겼습니다. 오늘날 칭탄은 원래 제례음식이었으나 차츰 봄날의 기운을 주는 간식거리로 거듭났습니다.

단오

음력 5월 5일
명절음식 : 쭝즈(粽子, 찹쌀을 댓잎에 세모나게 싸서 찐 떡)

단오절은 중국의 초나라 시인 굴원(屈原)을 기리기 위한 날입니다. 굴원은 초나라가 진나라에 의해 함락되자 비통한 마음에 강에 몸을 던져 자살합니다. 사람들은 물고기가 굴원의 시신을 먹을까 봐 댓잎에 찹쌀을 세모나게 싼 쭝즈(粽子)라고 하는 찹쌀떡을 강에 던져 주었고 굴원의 시신을 찾기 위해 용주(용 모양의 배) 경기를 했다고 합니다.

지금도 중국에서는 단옷날이면 쭝즈를 만들어 먹습니다. 다만 남방지역에서는 고기소와 짠맛이 나는 쭝즈를 먹고 북방에서는 팥소, 대추소를 넣은 단맛이 나는 쭝즈를 먹습니다.

중추절

음력 8월 15일
명절음식 : 위에빙(月饼, 월병, 보름달 모양의 둥근 병과)

한 해의 풍요로움을 감사하며 달에 제사를 지냈던 명절 중추절은 중국에서도 한국의 추석만큼 중요한 명절입니다. 중추절이면 중국에서는 월병이라고 하는 병과를 먹습니다. 보름달 모양의 월병은 5가지 곡물과 견과를 넣은 우런(伍仁), 팥, 계란 등 다양한 소가 있습니다. 집에서 만들기보다는 기성품을 사서 먹습니다.

중국에서는 중추절 즈음이면 지인들에게 월병을 선물로 주어 한 해 동안의 배려에 감사를 드리기도 하는데 한 달간 반짝 팔리는 월병의 판매량이 어마어마하며 수십만 원 호가하는 초호화 월병이 등장하여 논란이 되기도 합니다.

중양절

음력 9월 9일
명절음식 : 중양까오(重阳糕, 중양고, 찹쌀밥), 국화주(菊花酒, 국화꽃을 넣어 담근 술)

중국의 중양절은 높은 곳에 오르고 집안 어른들의 무병장수를 기리는 날입니다. 한국의 어버이날과 비슷합니다. 옛날에는 시집간 딸이 친정에 들르는 날로 여아절(女儿节)이라고도 불렀습니다. 중양절에는 가족들끼리 모여 앉아 아홉 층으로 쌓은 중양고(重阳糕)라고 하는 떡을 해 먹고 국화꽃과 함께 담근 국화주를 마십니다.

중양고는 찹쌀로 찐 찹쌀떡에 팥, 견과류, 대추, 말린 과일 등을 올려 빚은 것입니다. 중양고는 높은 곳으로 오르라는 의미에서 여러 층으로 빚기도 합니다. 또한 중양고와 함께 먹는 국화주는 간을 보호하고 눈과 머리를 맑게 하며 노화를 방지한다고 믿어 어르신들이 즐겨 마시는 술입니다.

납팔절

음력 12월 8일
명절음식 : 라빠저우(腊八粥, 납팔죽, 8가지 곡식을 넣어 만든 죽)

석가모니의 성도일을 기리는 납팔절(腊八节)은 중국에서 한 해를 마무리하는 전통 명절이 되었습니다. 납팔절이면 액귀를 물리친다고 하는 팥이 듬뿍 들어간 라빠저우를 만들어 먹습니다. 섣달 초 7일 곡물의 껍질을 벗겨 물에 불린 후 8일 아침 부처님께 올리고 점심 전에 식구들과 나누어 먹지요. 라빠저우는 팥과 함께 멥쌀, 좁쌀, 보리, 율무, 녹두, 완두, 대추, 연자, 구기자, 밤, 호두, 말린 과일 등 여러 가지 곡물들이 들어간 죽입니다.

납팔절이 지나면 집 안 청소를 깨끗이 하고 새해 맞을 준비를 합니다. 또한 이날은 마늘을 식초에 절이고 설날이 되면 만두와 먹기도 하는데, 납팔절에 담근 마늘은 '라빠솬(腊八蒜)'이라고 합니다.

06

고소하고 맛있는 중국의 대표 만두

아버지가 밀가루 한 포대를 테이블에 올려놓고 팔을 걷어붙이면 아이들은 자오즈(饺子)를 만들 시간임을 직감합니다. 어머니는 중식도로 탁탁탁! 도마와 부딪치는 소리를 내면서 고소한 향을 내는 소를 만들어냅니다. 이제 온 가족이 둘러앉아 만두를 빚을 시간입니다. 자오즈를 예쁘게 빚으면 예쁜 부인을 얻을 수 있다고 하여 아이들은 더욱 열중해서 빚어 봅니다. 중국에서 자오즈는 가족이라는 이름에 가장 가까운 음식입니다.

중국에서 만두(馒头, 만터우)란 발효시킨 밀가루 찐빵으로 소가 없는 것입니다. 발효시킨 밀반죽에 각종 육류와 채소를 넣어 쪄낸 것은 '빠오즈(包子)'라 부르고, 생 만두피를 사용하여 물에 끓여내는 것은 '자오즈'라고 부릅니다. 지역에 따라 식습관에 따라 소, 양, 돼지, 닭고기 등을 넣고 새우, 생선 등의 해산물, 배추, 부추, 호박, 무, 버섯 등 다양한 소를 넣어 먹습니다. 각양각색의 만두를 통틀어 밀가루 분식, 미엔디엔(面点)이라고 합니다.

중국에서 미엔디엔은 간식으로 곁들여 먹기도 하고 정식으로 먹기도 합니다. 어떤 것은 명절의 특별한 음식으로 매우 중요한 위치를 차지하고 있습니다.

만두의 종류

● 쩡자오(蒸饺, 증교)

찐만두. 물에 넣고 끓인 것이 아닌 수증기로 쪄낸 것은 쩡자오라고 부릅니다. 수이자오보다 피가 좀 더 쫀득하고 탄성이 있습니다. 주로 남방지역에서 많이 먹습니다. 물만두에 비해 소가 더 푸짐하게 들어 있습니다.

● 사오마이(烧麦, 소맥)

꽃 만두. 얇은 만두피의 상단이 오픈되어 꽉 들어찬 소가 밖으로 분출된 모양새입니다. 피가 매우 얇아 소를 거들어주는 역할을 합니다. 중국 남방지역에서는 고기 소에 찹쌀을 섞어 쫀득한 맛을 더해 주기도 합니다. 주로 돼지고기, 새우, 표고버섯을 소로 넣어 먹습니다.

● 성지엔(生煎, 생전)

기름을 두른 프라이팬에 만두를 밑부분이 살짝 그을리도록 부쳐낸 것입니다. 부친 만두 위에 쪽파와 검은 깨를 송송 뿌려 색감을 더해 줍니다. 상하이식 길거리 만두로 육즙이 풍부하고 밑부분이 바삭합니다. 한입 베어 먹으면 입가에 기름기가 번지르르 돕니다.

● 수이자오(水饺, 수교)

물만두. 동그란 모양의 피 안에 만두소를 담아 예쁜 반달 모양으로 빚습니다. 뜨거운 물에 넣고 끓여 먹는 수이자오는 특히 북방에서는 중요한 명절이나 가족이 모이는 특별한 날에 꼭 등장하는 요리입니다. 돼지고기와 대파 혹은 돼지고기와 샐러리의 조합이 가장 인기가 많습니다.

● 빠오즈(包子, 포자)

만두 찐빵. 발효시킨 밀반죽에 각종 소를 넣고 윗부분에 주름이 18개가 가도록 동그랗게 오므려 줍니다. 그다음 죽통에 넣고 쪄 먹습니다. 빠오즈는 소의 종류가 매우 다양합니다. 모양도 얼굴만큼 큰 것에서부터 한입에 들어갈 만큼 작은 것까지 다양합니다.

● 더우샤빠오(豆沙包, 두사포)

팥 찐빵. 빠오즈와 같은 모양이지만 소는 고기나 야채가 아닌 팥을 넣습니다. 쫀득쫀득하고 달콤한 맛이 나 아이들도 즐겨 먹습니다. 광둥지역에 가면 우유와 설탕을 넣은 리우샤빠오(流沙包)도 있습니다. 더우샤빠오는 간식으로 먹기 좋습니다.

● 훈툰(馄饨, 혼돈)

네모난 만두피에 고기나 새우 소를 올리고 아주 작은 모양으로 두어 번 접어 만든 것입니다. 훈툰은 주로 탕에 넣어 만둣국처럼 먹습니다. 훈툰탕 국물은 김이나 마른 새우, 고수를 넣어 맛을 내고 아침 식사로 자주 먹습니다. 시원한 훈툰탕 국물과 신선한 새우 소의 맛이 잘 어울립니다.

● 샤오롱빠오(小笼包, 소룡포)

작은 죽통 샤오롱(小笼)에 쪄 나와 샤오롱빠오라 부릅니다. 샤오롱빠오 속에는 육즙이 찰랑거려 무심코 베어 먹으면 입천장이 데기 십상입니다. 샤오롱빠오는 숟가락 위에 올려 피를 살짝 찢어 육즙이 흐르도록 합니다. 육즙을 먼저 훌훌 마시고 간장과 생강을 곁들여 먹습니다.

● 궈티에(锅贴, 과첩)

군만두와 비슷한 모양이지만 만두피가 훨씬 두텁습니다. 동북지역에서 많이 먹는 것으로 큼직한 모양의 만두를 만들어 가마솥에 기름칠을 한 뒤 부쳐 익힙니다. 뜨거운 기름에 노릇노릇 지져 내면 밑부분이 누룽지처럼 바삭한 맛을 냅니다. 만두피는 밀가루 혹은 옥수숫가루로 만듭니다.

07

입맛을 돋우는 중국식 애피타이저, 량차이

차가운 요리라는 뜻의 량차이(凉菜)는 중국요리의 중요한 분야입니다. 기능상 서양의 애피타이저나 한국의 밑반찬과 비슷합니다. 메인요리가 나오기 전에 밥상 위가 민망하지 않게 미리 올려줍니다. 입맛을 돋우는 기능으로 새콤달콤한 맛이 주를 이룹니다. 기본적으로 식초와 설탕, 간장, 마늘, 파, 고수, 고추기름이 들어갑니다. 중국의 량차이는 돈을 받는 요리입니다. 한국처럼 무료로 내주는 밑반찬은 매우 드뭅니다. 일부 량차이는 인기가 많아 메인요리의 인기를 능가하기도 합니다. 니우러우 빤황과(牛肉拌黄瓜)나 커우수이지(口水鸡), 눠미어우펜(糯米藕片)과 같은 량차이는 간단한 애피타이저의 기능을 넘어 그 지역을 대표하는 요리로 거듭났습니다. 량차이는 차가운 음식이고 새콤달콤한 맛이 대부분이므로 여름철 더운 날씨에 입맛을 돋우어 주기도 합니다. 그럼 중국에서 어떤 량차이를 시키면 좋을지 살펴봅시다.

량차이의 왕, 소고기 오이무침
니우러우 빤황과(牛肉拌黄瓜)

동북요리 중 매우 유명한 량차이입니다. 야채가 일색인 량차이 중에 드물게 고기가 들어갑니다. 소고기를 미리 삶아 편육으로 얇게 썰어 오이와 함께 무쳐냅니다. 수분기가 많은 아삭아삭한 오이와 소고기가 더해져 입맛을 돋웁니다. 가끔은 팽이버섯을 함께 넣어 무쳐내기도 합니다. 시원하고 상큼한 식감 때문에 여름 요리로는 최고입니다. 웬만한 메인요리를 능가하는 인기 많은 요리입니다.

매콤새콤 감자무침
솬라투더우쓰(酸辣土豆丝)

감자를 살짝만 볶아 아삭한 식감이 살아 있는 량차이입니다. 식초와 소금으로 간을 하여 달콤새콤하지요. 감자는 전분을 씻어 내어 서로 들러붙지 않고 아삭한 식감이 살아 있습니다. 고추기름을 살짝 뿌려 먹으면 금상첨화입니다. 기름기가 많은 음식에 함께 먹으면 느끼함을 달래줍니다. 감자, 고추 등 쉽게 얻을 수 있는 식재료를 쓰고 조리법이 간단하므로 가정에서 널리 해 먹는 음식입니다.

시금치견과류무침
빠바오보차이(八宝菠菜)

살짝 데친 시금치와 당근, 죽순, 버섯 등 야채를 넣고 땅콩, 살구씨, 호두씨 등 견과류로 고소한 맛을 낸 량차이입니다. 중국식 흑초인 천추(陈醋, 중국 흑초)로 산미를 살려 야채 고유의 풍미를 덮지 않고 깊이 있게 받쳐줍니다. 8가지 식재료가 들어가 빠바오보차이(8가지 보석의 시금치)라고 불리기에 연회석에도 자주 등장합니다. 시금치의 보드라운 식감과 견과류의 고소함이 더해져 술안주로도 더없이 좋습니다.

고소한 건두부무침
빤깐더우푸쓰(拌干豆腐丝)

건두부, 고추, 당근을 실처럼 가늘게 채쳐 매콤새콤 무쳐낸 요리입니다. 본격적인 식사 전에 무심코 집어 먹고 있으면 시간 가는 줄 모릅니다. 건두부의 보드라운 식감이 포만감을 더하고 중간중간 씹히는 고추와 당근의 아삭함이 재미를 더해 줍니다. 북방지역에서는 매우 유명한 량차이입니다. 고추기름을 살짝 뿌려 먹으면 매콤한 식감이 더해져 더욱 풍미가 느껴집니다.

삭힌 오리알과 두부의 만남
쑹화더우푸(松花豆腐)

삭힌 오리알 송화단(松花蛋)과 두부를 주재료로 하는 량차이입니다. 흰자는 콜라색 젤리처럼 탱글탱글하고 노른자는 짙은 회색의 잼처럼 잘 발효된 오리알을 송화단이라고 합니다. 송화단을 세로로 썰어 연두부와 함께 플레이팅 되어 나옵니다. 흑식초와 다진 생강, 고수를 함께 곁들여 먹습니다. 송화단 특유의 알싸한 맛과 연두부의 부드러운 맛이 어우러져 고소한 맛을 냅니다.

중국식 땅콩튀김
자화성미(炸花生米)

양꼬치집에 가면 자주 등장하는 자화성미는 고소하게 튀겨진 땅콩에 소금, 설탕을 살짝 뿌려 먹습니다. 고소한 맛 때문에 자꾸 리필하는 량차이입니다. 중국 대부분 지역에서 쉽게 볼 수 있고 자화성미만은 돈을 받지 않고 무료로 내주는 곳이 많습니다. 맥주를 마실 때 자화성미만 있으면 별다른 반찬이 없어도 충분히 즐길 수 있습니다. 저렴하고 가성비 높은 량차이입니다.

중국식 장아찌
자차이(榨菜)

자차이는 중국 특유의 식재료로 제차이(芥菜)라고 하는 갓과 비슷한 식물의 뿌리입니다. 소금에 절여 잘게 썰어 버무려 먹으면 꼬들꼬들한 식감이 밥반찬으로 아주 좋습니다. 고추기름에 무쳐 먹기도 하고 돼지고기와 함께 볶아도 좋습니다. 중국에서는 매우 흔하게 먹는 반찬입니다.
시중에는 자차이를 여러 가지 소스와 함께 무쳐 만든 인스턴트 반찬 제품도 매우 많습니다.

샐러리 땅콩 오향조림
우샹화성(五香花生)

땅콩과 샐러리, 당근을 함께 넣고 팔각, 화자오, 계피, 정향, 월계수 잎, 소금을 넣고 끓여낸 요리입니다. 차갑게 식혀서 먹으면 땅콩의 고소한 맛과 샐러리의 아삭함, 부드럽게 익혀진 당근의 맛이 어우러져 중독성이 있습니다.
샐러리 특유의 향 때문에 약간 거부감이 들 수도 있지만 말캉말캉해진 땅콩의 식감은 밥반찬으로도, 술안주로도 인기만점입니다.

중국식 샐러드
따반차이(大拌菜)

적양배추, 방울토마토, 피망, 오이, 땅콩 등 여러 가지 식재료를 넣고 간장, 흑초, 참기름을 둘러 가볍게 무쳐낸 중국식 샐러드입니다. 흑초의 시큼한 맛이 발사믹과 비슷하여 익숙합니다. 시원하고 새콤한 맛 때문에 여름철 입맛이 없을 때 자주 해 먹는 량차이입니다. 식당에 가면 커다란 대접에 푸짐하게 나옵니다. 특히 동북 지역에서 즐겨 먹습니다.

참깨장과 유마이차이
마장유마이차이(麻酱油麦菜)

유마이차이라고 하는 중국 야채를 깨끗이 씻어 예쁘게 플레이팅합니다. 유마이차이는 인디언상추라고도 부릅니다. 참깨장에 설탕, 식초, 참기름을 잘 섞어 소스를 만들어 유마이차이 위에 뿌려 먹는 요리입니다. 조리법이 간단하고 참깨장의 고소한 풍미 덕에 인기가 많습니다. 참깨장 소스를 선호하는 베이징 등 북방지역에서 자주 만나볼 수 있는 량차이입니다.

08

중국에서 대성공을 거둔 패스트푸드 브랜드

1980년대 맥도날드가 처음 중국에 진출했을 때 사람들은 얼마 안 가 망할 거라 말했습니다. 먹거리가 넘쳐나는 중국에서 서양식 패스트푸드 따위는 거들떠보지도 않을 것 같았거든요. 그러나 예상은 보기 좋게 빗나갔고 맥도날드와 KFC는 그 어느 지역보다 중국에서 대성공을 거두고 있습니다. 그들은 중국에 패스트푸드라는 새로운 음식 문화를 전파하기 시작했지요.

1990년대 중반부터 중국에는 패스트푸드를 표방한 본토 브랜드가 등장하여 줄줄이 성공했고, 빠르게 시장을 장악해 가며 선두주자를 무색하게 만들었습니다. 초기 타이완에서 시작된 브랜드들이 대륙의 패스트푸드 시장을 점했다면 요즘에는 아이디어와 재력을 갖춘 중국 내 브랜드들도 승승장구의 신화를 만들어가고 있습니다.

중국 음식을 체험하고자 할 때도 패스트푸드점은 가볼 만합니다. 저렴한 가격에 빠르게 편하게 먹을 수 있는 장점이 있으니까요. 맛 또한 철저한 연구개발을 통해 출시한 메뉴이기에 평균 이상은 합니다. 일부 패스트푸드 브랜드는 중국 내에서 덩치를 키워 글로벌시장을 향해 중국의 맛을 알려가고 있습니다.

이소룡 백반집
쩐궁푸(真功夫)

쩐궁푸는 중국식 백반을 테마로 합니다. 노란색 옷을 입은 이소룡이 간판에 보이는데 쩐궁푸(진짜 내공)의 음식 맛을 보여주겠다는 브랜드 철학을 내세웁니다. 메뉴는 중국식 덮밥, 탕, 면 등이 있습니다. 독자적으로 개발한 인공지능 찜기를 이용하여 따끈따끈 찐밥을 60초 안에 고객에게 올리는 것이 핵심 포인트입니다. 현재 전국 40여 개 도시에 570개의 매장을 운영하고 있습니다. 가정식 백반 콘셉트로 정갈한 밥, 요리, 국물, 절임 양배추가 세트로 나와서 편히 먹고 길을 나서기에 딱 좋습니다.

시그니처메뉴 샹즈파이구판(香汁排骨饭 돼지갈비덮밥), 둥구지투러우판(冬菇鸡腿肉饭 표고버섯 닭고기덮밥), 위샹치에즈판(鱼香茄子饭 어향가지덮밥)

혼밥족을 위한 푸짐한 훠궈
샤부샤부(呷哺呷哺)

1998년에 세워진 샤부샤부는 이름 그대로 훠궈 패스트푸드점으로 전국에 800여 개의 매장이 있습니다. 여러 사람이 모여 다양하게 시켜 먹어야 제대로 먹었다 할 수 있는 훠궈를 혼자서 또는 둘이서 오붓하게 즐길 수 있습니다. 작은 핫폿과 고기, 야채 미니세트를 준비하여 젊은 사람들에게 인기만점입니다. 미니 세트이지만 기본적인 식재료는 모두 갖추었고 특별히 좋아하는 재료가 있다면 단품으로 추가 가능합니다. 게다가 육수도 일반적인 훠궈 육수 외에 버섯, 토마토, 카레 등 다양한 육수가 있어 선택의 즐거움이 있습니다. 특히 소포장으로 나오는 샤부샤부의 참깨장은 달짝지근하고 맛이 좋아 훠궈를 먹고 나면 일부러 몇 개씩 챙겨 집에 가져갈 정도로 인기가 많습니다.

시그니처메뉴 징디엔 니우양시엔 타오찬(经典牛羊鲜套餐 양고기/소고기 세트 메뉴)

캘리포니아를 정복한 이선생 우육면
리센성 니우러우미엔 따왕(李先生牛肉面大王)

1970년 미국으로 이민 간 리베이치(李北祺)는 캘리포니아에서 독창적인 우육면을 만들어 대히트를 쳤습니다. 그가 만든 브랜드는 1987년 중국으로 다시 진출하게 됩니다. 도톰한 면발과 푸짐한 쇠고기가 핵심 경쟁력입니다. 타이완식 우육면의 탕은 진한 간장색을 띠는데 가격이 무색할 정도로 깊은 맛을 냅니다. 후두둑 끊기는 면발도 먹기에 부담이 없습니다. 테이블에 비치해둔 고추기름을 한 숟가락 듬뿍 섞으면 매콤한 맛의 우육면으로 업그레이드됩니다. 리센성의 사이드메뉴인 냉채도 매우 유명합니다. 감자무침이나 오이무침의 맛은 마니아층이 생길 정도이며 패스트푸드라는 것이 무색할 정도로 훌륭합니다. 중국인들은 리센성에 가면 먼저 냉채 두어 개를 시켜 생맥주 한 잔을 시원하게 비우고 마무리로 우육면을 먹는답니다.

시그니처메뉴 리센성 니우러우미엔(李先生牛肉面 이선생 우육면), 빤황과(拌黄瓜 오이무침), 창반투더우쓰(炝拌土豆丝 감자무침)

란저우라면 패스트푸드점
마란라미엔(马兰拉面)

마란라미엔은 1995년에 시작된 란저우라면 브랜드입니다. 할랄 푸드인 란저우라면을 패스트푸드의 신속성과 정형화된 시스템에 접목시켰습니다. 패스트푸드이지만 면만은 수타를 고집하였고 면의 굵기도 다양하게 선택할 수 있습니다. 10여 가지 재료를 넣어 푹 끓여 낸 맑은 육수는 갈비탕처럼 구수한 맛으로 란저우라면의 풍미를 고스란히 살려냈습니다.

시그니처메뉴 마란라미엔(马兰拉面 마란라면)

길거리 조식의 변신
융허따왕(永和大王)

융허따왕은 아침마다 길거리에서 튀겨지는 요우티아오(油条), 노점에서 파는 빠오즈(包子)를 깔끔한 패스트푸드점으로 옮겨 놓아 대히트 친 브랜드입니다. 정갈하게 튀겨져 세팅되어 나오는 요우티아오나 말랑말랑한 빠오즈, 스타벅스 커피처럼 종이컵에 담겨 나오는 두유가 순식간에 아침 식사의 품격을 높여줍니다. 35년의 역사를 자랑하는 융허따왕은 500여 개의 매장을 운영 중이며 특히 출근족들이 붐비는 비즈니스 타운에 많이 입점해 있습니다. 중국식 길거리 조식이 불편하다면 융허따왕은 그 맛을 체험해볼 수 있는 아주 좋은 선택입니다. 아침에만 반짝 팔고 일찍 문을 닫는 조식 가게와 달리 늦은 밤까지 조식 메뉴를 즐길 수 있으며, 최근에는 우육면과 덮밥 등 든든한 식사 메뉴도 선보이고 있습니다.

시그니처메뉴 요우티아오타오찬(油条套餐 요우티아오 두유 세트), 위핀판체 니우러우미엔(御品番茄牛肉面 토마토 우육면)

중국식 덮밥 전문점
허허구(和合谷)

허허구는 2003년에 세워진 덮밥 패스트푸드점입니다. 궁바오지딩(宫保鸡丁)덮밥이나 마라샹궈(麻辣香锅)덮밥, 동파육(东坡肉)덮밥, 수이주위(水煮鱼) 덮밥 등 조리기술이 필요한 메뉴들이 뚝딱 만들어져 나와 신기할 정도입니다. 모든 메뉴는 일본식 덮밥처럼 정갈한 그릇에 담겨 나옵니다. 그 외에 다양한 면 종류도 있으며 베이징을 나서면 맛보기 힘든 베이징 짜장면도 있습니다.

시그니처메뉴 궁바오지딩판(宫保鸡丁饭 궁바오지딩 덮밥), 징웨이자장미엔(京味炸酱面 베이징 짜장면)

09

중국에서 꼭 마셔볼 만한 인기 토종 음료

중국에는 다양한 토종 음료들이 있습니다. 차의 종주국인 만큼 다양한 차 음료가 기성품으로 변신하여 매대를 채우고 있습니다. 녹차, 홍차, 우롱차, 재스민 생각나는 모든 차가 기성품으로 만들어져 있습니다. 공장에서 만들어지는 음료수지만 차의 맛을 섬세하게 표현해냅니다. 수천 년간 따뜻하게 마시던 차는 시원한 음료수로 변신하여 한여름의 더위를 잊게 해줍니다.

거기에 매실, 코코넛, 살구씨, 대추, 각종 한약재 음료까지 합세하여 중국 음료의 맛과 향의 스펙트럼은 타의 추종을 불허합니다.

유행 따라 반짝 나타났다 사라지는 음료들 말고도 음료 중에는 맛과 영양을 가득 담아 오랜 시간 동안 사랑을 받아온 스테디셀러들이 있습니다. 맛을 도저히 상상할 수 없는 기상천외한 중국 음료수들을 호기심에 하나씩 시도하다 보면 무릎을 탁 치게 만드는 신기한 맛에 푹 빠져들게 됩니다. 중국을 방문하면 한번쯤 꼭 도전해볼 만한 음료들을 모아보았습니다.

아이스 레몬 홍차
삥홍차(冰红茶)

"중국의 국민 음료"라고 할 정도로 여름에 빠질 수 없는 음료입니다. 레몬의 산미와 홍차의 쌉싸름함이 어우러진 훌륭한 음료입니다. 저렴한 가격에 웬만한 커피숍 아이스 레몬티보다 훨씬 퀼리티 좋은 것이 인기비결입니다. 중국요리, 특히 훠궈나 마라탕에 어울려서 식당에서 곁들여 마시기에도 좋습니다.

재스민 향이 은은한 꿀차
모리화차(茉莉花茶)

은은한 재스민 향과 달달한 꿀맛이 어울리는 차분한 차 음료입니다. 무더운 여름철 차갑게 해서 마시면 건강한 청량감이 느껴집니다. 푸른색 포장의 단맛이 덜한 모리청차(茉莉清茶)와 오렌지색 포장의 꿀맛이 좀 더 강한 모리밀차(茉莉蜜茶)가 있습니다.

유자 녹차
차파이(茶π)

유자의 산뜻함에 녹차의 은은함이 일품. 최근 떠오르는 음료입니다. 국내 아이돌 그룹이 광고 모델로 나와 화제가 되기도 했으며 대용량과 자극적이지 않은 담담한 단맛으로 인기가 높습니다. 유자 맛을 더한 녹차, 홍차, 우롱차, 재스민차 시리즈가 있습니다. 한꺼번에 먹기 벅찰 정도의 넉넉한 용량도 인기 비결입니다.

중국의 배 주스
삥탕쉐리(冰糖雪梨)

중국에서는 예로부터 얼음 설탕과 배를 달여 먹으면 호흡계 질병에 좋다고 하여 목감기에 걸릴 때마다 자주 해 먹습니다. 한국의 배숙과 비슷합니다. 삥탕쉐리는 바로 그 맛을 살려낸 중국 전통 음료입니다. 은은한 배향이 달달하게 퍼져서 산책하듯 쾌청한 느낌을 줍니다. 한국 유명 기업의 배 음료수와 비슷한 맛이 납니다.

훠궈엔 냉차
왕라오지(王老吉)

안 마셔본 사람은 있어도 한 번만 마신 사람은 없다는 냉차 음료. 광둥지역의 냉차 비법으로 만들어진 왕라오지는 달달한 차에 한약이 가미되어 처음 마실 때는 낯설지만 금세 중독되고 맙니다. 초기 "훠궈와 환상의 짝꿍"이라는 대대적인 광고 카피 덕분에 훠궈 전문점에서 술을 마시지 않는 사람들은 대부분 왕라오지를 찾습니다.

살구씨 음료
루루 싱런루(露露杏仁露)

쌉싸름한 살구씨 맛과 우유의 고소한 맛이 가미된 음료수입니다. 시원하게 얼려서 먹어도 좋지만 특히 따뜻하게 마시면 부드러운 목 넘김이 일품입니다. 한국에는 없는 맛으로 겨울철 음료로 인기가 높습니다. 루루는 건강한 음료라는 홍보 덕분에 중국에서 병문안 선물로 1순위를 차지합니다.

베이징식 매실즙
솬메이탕(酸梅汤)

베이징식 매실 음료로 달콤 쌉싸름한 매실 주스의 맛이 납니다. 기름진 중국요리를 먹을 때에 함께 마시면 느끼함을 없애주어 인기가 높습니다. 지우룽자이(九龙斋)는 1821년에 세워진 브랜드로 갖가지 약재를 가미한 전통 음료수를 생산하고 있습니다. 기성품뿐만 아니라 여러 식당에서 직접 짠 솬메이탕을 주전자에 담아 팔기도 합니다.

칼슘 듬뿍 요구르트
와하하 AD 까이나이(哇哈哈AD钙奶)

중국 사람들의 동년 시절 추억이 듬뿍 담긴 칼슘 요구르트로 달달 새콤한 맛에 우유가 가미된 한국의 요구르트보다 훨씬 라이트한 맛이 납니다. 이름에 AD칼슘 우유라 하여 많이 마시면 키가 듬뿍 클 것 같습니다. 국민 요구르트라 불리며 각종 요구르트, 유산균 음료 중의 왕좌를 놓치지 않고 있습니다.

코코넛 주스
예즈(椰汁)

야자수에서 주렁주렁 열리는 코코넛, 그 과즙은 갈증을 해소하고 달달한 맛이 납니다. 열대 지방에 위치하여 있는 하이난에서는 코코넛이 많이 납니다. 예수(椰树) 브랜드의 코코넛 주스는 하이난 특산품으로 중국 국빈 방문 만찬의 공식 음료로 많이 알려져 있습니다.

10
라면의 신세계
중국의 대표 인스턴트 라면

13억의 '인구 파워'를 지닌 중국은 당연히 전 세계에서 라면을 가장 많이 소비하는 국가입니다. 중국에서는 연간 무려 460억 개의 라면이 소비됩니다. 식문화가 발달한 만큼 매우 독특하고 다양한 라면이 마트의 진열대를 포석하고 있습니다. 라면은 대체식품으로 가볍게 먹을 수 있기에 간단히 끼니를 때우기도 좋고 장거리 기차 여행을 할 때는 필수 아이템으로 각광을 받기도 합니다.

중국에서 라면은 팡비엔미엔(方便面), 편의면이라고 부릅니다. 편리하게 만들어 먹는 면이라는 뜻이지요. 중국에서는 라면을 냄비에 끓여 먹기보다 컵라면처럼 뜨거운 물에 불려 먹는 것을 선호합니다. 때문에 라면 면발은 얇고 지그시 씹히는 식감이 있습니다. 라면 소스도 여러 개의 포장을 만들어 풍성한 느낌을 줍니다.

중국의 유명 라면 브랜드에는 캉스푸(康师傅), 진마이랑(今麦郎), 퉁이(统一), 바이샹(白象) 등이 있습니다. 중국의 다양한 라면, 어떤 것들이 인기 있는지 살펴볼까요?

깊은 매운맛의 타이완 우육면
캉스푸 훙사오 니우러우미엔(康师傅红烧牛肉面)

중국의 신라면 격, 그 인기가 대단합니다. 1992년 타이완의 딩신그룹(顶新集团)은 라면 시장이 제대로 활성화되지 않은 대륙에 캉스푸 훙사오 니우러우미엔을 출시하여 사람들의 입맛을 사로잡았습니다. 훙사오 니우러우미엔은 타이완식 우육면을 인스턴트화 한 것입니다. 중국 사람들의 입맛에 맞게 기름기가 흥건하고 면발이 숭덩숭덩 씹히지만 맛이 구수하고 진하여 인기가 높습니다.

시큼 매콤한 소고기라면
라오탄 쏸차이 니우러우미엔(老坛酸菜牛肉面)

자그마치 4개의 소포장된 스프가 핵심입니다. 라오탄 쏸차이 니우러우미엔은 쓰촨식 절임배추가 포함됩니다. 소고기 우육면의 자칫 느끼할 수 있는 국물을 절임배추가 시큼털털 개운하게 해주어 느끼한 맛에 약한 이들이 선호합니다. 자차이(榨菜)나 소시지와 같은 편의 식품을 함께 넣어 먹어도 좋습니다.

오곡으로 풍부하게, 토마토 우육면
우구따오창 시훙스니우난 즈수미엔(五谷道场 西红柿牛腩 紫薯面)

튀김면이 아닌 건면을 사용하기에 건강 라면의 대명사가 된 우구따오창. 그중 자색고구마가루를 더해 보라색이 감도는 즈수미엔(紫薯面)이 유명합니다. 타이완식 토마토 우육면 맛을 내는 시훙스니우난의 시큼달콤한 국물맛이 인스턴트의 품격을 높여주었습니다. 우구따오창의 건면 시리즈에는 닭고기 수프면과 매운맛 갈비면도 있어 골라 먹는 재미가 있습니다.

닭고기와 버섯 스프의 진한 맛
샹구뚠지미엔(香菇炖鸡面)

진한 닭고기 육수에 구수한 버섯 향이 우러나는 라면입니다. 닭고기와 버섯의 궁합을 최고로 치는 중국 스타일대로 100년 된 가게에서 우려낸 듯 깊은 육수의 맛을 냅니다. 특유의 버섯 향 때문에 호불호가 갈리지만 매운 라면이 싫은 사람에게는 좋은 선택입니다. 육수의 기름기가 부담스럽다면 기름스프를 반만 넣어 보세요. 훨씬 담백하게 느껴집니다.

신선한 바다의 향기
센샤위판미엔(鲜虾鱼板面)

새우와 어묵을 넣어 신선한 맛을 내는 라면입니다. 짙은 해물칼국수의 맛에 미역과 유부 조각까지 송송 띄워 감칠맛이 납니다. 신선한 바다의 향기가 듬뿍 느껴지는 깔끔하고 담백한 라면입니다. 우윳빛 육수는 감칠맛이 듬뿍 담겨 빨간색 일색인 매운 라면계에서 독특한 매력을 자랑합니다.

간편하게 먹는 충칭 솬라펀
충칭솬라펀(重庆酸辣粉)

충칭의 명물 솬라펀을 인스턴스 식으로 개발했습니다. 꼬실꼬실한 고구마 당면과 고추기름, 식초, 조미스프 봉지가 들어 있습니다. 면발이 탱글탱글하고 산미도 적당하여 솬라펀을 즐겨 먹는 사람이라면 매우 좋은 대체품이 될 수 있습니다. 시큼하고 얼얼한 매운맛은 솬라펀의 가장 큰 매력입니다.

속이 뻥 뚫리는 얼얼함
샹라 니우러우미엔(香辣牛肉面)

소고기 우육면에 맵고 얼얼한 쓰촨식 맛을 더했습니다. 기름기가 많아 호불호가 갈리지만 속이 뻥 뚫리는 얼얼한 맛을 원할 때 제격입니다. 또한 투명 소스 봉지에 푸짐하게 담겨 있는 야채 알갱이들도 인상적입니다. 다만 소스 속에 고수 가루가 함유되어 있어 입맛에 맞지 않을 수 있으니 신중하게 선택하시기 바랍니다.

중국식 짜장면의 체험
통이 짜장면(统一炸酱面)

한국의 짜장라면과 비슷한 유형인데 베이징식 짜장면을 기본으로 했기에 고소한 맛과 장맛이 더 강하게 납니다. 뒷맛이 깔끔하여 기름기 많은 중국 라면에 거부감이 생긴다면 한번 시도할 만한 제품입니다. 집에 있는 오이나 무 등을 채 썰어 함께 곁들여 먹으면 제대로 된 베이징 짜장면의 맛을 느낄 수 있습니다.

과자처럼 먹는 라면
깐추이미엔(干脆面)

"라면은 끓여 먹는 것"이라는 고정관념을 깨고 스낵계를 정평한 깐추이미엔. 고소하고 바삭한 맛으로 중국 어린이들의 사랑을 듬뿍 받아왔습니다. 겉모양은 라면과 별반 다를 바 없습니다. 포장지를 뜯은 후 스프를 마른 라면에 뿌려주고 두 손으로 힘껏 부숴 과자처럼 먹으면 별미입니다. 여러 가지 깐추이미엔 중에 샤오환슝(小浣熊) 브랜드가 단연 1등입니다.

11

중국요리에 자주 등장하는 필수 재료들

중국요리를 이해하는 가장 첫 번째 순서는 중국인들이 자주 사용하는 식재료들을 살펴보는 것입니다. 요리사는 단순한 조리법으로 식재료 본연의 맛을 먼저 살려줍니다. 그리고 다양한 소스와 향신료를 더해 보다 입체적인 맛을 이끌어내지요. 중국요리는 식재료, 소스, 향신료 간의 배합으로 완성됩니다.

중국요리를 먹을 때면 "중국 향이 난다"라는 말을 자주 합니다. 중국요리의 오묘한 향은 어디서 오는 것일까요? 중국에는 이름 모를 향신료들이 굉장히 많습니다. 향신료와 식재료 간의 케미를 통해 오묘한 중국의 맛이 만들어집니다.

예로부터 중국인들은 향신료를 치료제로 써 왔습니다. 식욕을 돋우고 건강을 위해 써 왔던 향신료들이 점차 주방의 일원으로 자리를 잡다가 오늘날 필수 식재료로 거듭났습니다. 서로 다른 식재료 간의 궁합, 수십 가지 향신료를 배합하고 거기에 요리사의 풍부한 경험이 더해졌을 때 음식은 비로소 '맛'이라는 경지에 다다릅니다.

신선채

따라자오 大辣椒 피망
따충 大葱 대파
띠과 地瓜 고구마
라자오 辣椒 고추
뤄보 萝卜 무
바이차이 白菜 배추
보차이 菠菜 시금치
샤오충 小葱 쪽파
샹차이 香菜 고수
성장 生姜 생강
시훙스 西红柿 토마토
쑤안 蒜 마늘
양충 洋葱 양파
오우 藕 연근
지우차이 韭菜 부추
친차이 芹菜 샐러리
투더우 土豆 감자
황과 黄瓜 오이
후뤄보 胡萝卜 당근

허브

깐차오 甘草 감초
보허 薄荷 박하
샹마오차오 香茅草 레몬그라스
샹예 香叶 월계수 잎
샹차오 香草 바닐라
지우청타 九层塔 중국에서 나는 바질의 일종

향신료

까리 咖喱 카레
깐라자오 干辣椒 건고추
꾸이피 桂皮 계피
딩샹 丁香 정향
띠엔펀 淀粉 녹말가루 : 고구마 또는 옥수수 전분
라자오미엔 辣椒面 고춧가루
빠자오(따랴오) 八角 팔각
싼자 山楂 산사 : 빨간색의 산사나무 열매 말린 것을 사용
싼치 三七 삼칠
옌 盐 소금
우샹펀 五香粉 오향분 : 산초, 회향, 계피, 팔각, 정향 5가지 가루를 섞은 향신료
웨이징 味精 미원

팔각

즈마 芝麻 참깨

지에모 芥末 겨자

지징 鸡精 치킨스톡

쯔란 孜然 커민 : 신장에서 나는 미나릿과 식물의 씨앗, 양꼬치와 함께 먹는 향신료

천피 陈皮 진피 : 귤껍질

화자오 花椒 산초 : 얼얼한 매운맛이 나는 쓰촨식 향신료. 훠궈 등 쓰촨 음식에 널리 쓰임

황치 黄芪 황기

후이샹 茴香 회향

후자오 胡椒 후추

액체류

라오처우 老抽 진간장 : 색이 진한 간장

랴오지우 料酒 맛술

바이추 白醋 투명색 식초

성처우 生抽 간장 : 색이 옅은 간장

천추 陈醋 토종 식초 : 흑색의 1년 이상 묵힌 식초

홍자오 红糟 술지게미 : 푸젠지역의 붉은색 술지게미

황지우 黄酒 황주 : 알코올 도수가 20도 이하, 미색과 황갈색의 저장지역의 술

삼칠

당류

바이탕 白糖 설탕

삥탕 冰糖 얼음 설탕 : 백색 혹은 담황색의 덩어리 설탕

펑미 蜂蜜 꿀

훙탕 红糖 흑설탕 : 순수 사탕수수즙으로 만든 중국 전통 설탕

장류

궈장 果酱 과일잼

더우반장 豆瓣酱 두반장 : 쓰촨식 된장과 고추를 다져 넣어 만든 소스

더우장 豆酱 된장 : 콩을 발효하여 만든 된장류

더우츠 豆豉 두시 : 콩을 물에 불려서 찌거나 끓인 후에 발효시켜 만든 청국

딴황장 蛋黄酱 마요네즈

사차장 沙茶酱 : 인도네시아의 사테(Sate)를 중국식으로 개량한 소스

엑스오장 XO酱 : 고추기름을 베이스로 게, 새우, 마른 해삼을 볶아 만든 소스

즈마장 芝麻酱 : 참깨장

지우차이화 韭菜花 부추꽃, 생강, 소금을 넣어 발효시킨 소스

발효두부

치엔다오장 千岛酱 아일랜드 드레싱
티엔미엔장 甜面酱 춘장 : 보릿가루를 주 원료로 발효하여 만든 장류
판체장 番茄酱 케첩
푸루 腐乳 치즈와 비슷한 질감의 빨간색 삭힌 두부
하오유 蚝油 굴 소스
화성장 花生酱 땅콩장

기름류

깐란유 橄榄油 올리브 오일
니우유 牛油 소기름
더우유 豆油 콩기름
라자오유 辣椒油 고추기름
샹유(마유) 香油 참기름
주유 猪油 돼지기름
차이즈유 菜籽油 유채씨기름
화성유 花生油 땅콩기름
황유 黄油 버터

곡류

까오량 高粱 수수
눠미 糯米 찹쌀
따미 大米 백미
뤼더우 绿豆 녹두
샤오미 小米 좁쌀
위미 玉米 옥수수
이미 薏米 율무
헤미 黑米 흑미
황더우 黄豆 콩
훙더우 红豆 팥

고기류

니우러우 牛肉 소고기
야러우 鸭肉 오리고기
양러우 羊肉 양고기
주러우 猪肉 돼지고기
지러우 鸡肉 닭고기
페이러우 肥肉 비계
훙러우 红肉 살코기

생선류

니엔위 鲶鱼 메기
따오위 刀鱼 갈치
리위 鲤鱼 잉어
빠위 鲅鱼 고등어
지위 鲫鱼 붕어
차오위 草鱼 초어

인덱스 _ 가나다순

중국요리 백과사전

한국인이 좋아하는 진짜 중국 음식

초판 1쇄 | 2019년 10월 2일

글 | 신디킴 · 임선영

발행인 | 유철상
편집 | 이유나, 이정은, 남영란
디자인 | Mia Design
마케팅 | 조종삼, 최민아, 윤소담

펴낸 곳 | 상상출판
주소 | 서울시 동대문구 정릉천동로 58, 103동 206호(용두동, 롯데캐슬 피렌체)
구입·내용 문의 | **전화** 02-963-9891 **팩스** 02-963-9892
이메일 cs@esangsang.co.kr
등록 | 2009년 9월 22일(제305-2010-02호)
찍은 곳 | 다라니

※ 가격은 뒤표지에 있습니다.

ISBN 979-11-89856-51-9 (03590)

※ 이 도서의 국립중앙도서관 출판예정도서목록(CIP)은 서지정보유통지원시스템 홈페이지(http://seoji.nl.go.kr)와
국가자료종합목록 구축시스템(http://kolis-net.nl.go.kr)에서 이용하실 수 있습니다. (CIP제어번호 : CIP2019034555)

www.esangsang.co.kr